海南省创新引进集成专项科技合作项目（KJHZ2013-04）

南繁作物
栽培育种技术

冯素萍　著

中国水利水电出版社
www.waterpub.com.cn

内 容 提 要

本书主要对南繁这个地区常见的农作物的育种方式进行了详细的介绍。每个章节都从农作物的生物特性入手,通过对农作物生物特性以及品种特点的详细分析和研究,总结出农作物适合的生长环境,从而进一步分析不同农作物的不同的栽培育种方式和技术,对农作物的栽培技术进行了非常详细的介绍。本书的特点主要表现在实用性和易懂性上,对于研究或种植农作物的人们来说,本书不仅详细实用,而且通俗易懂,是很好的实践指导资料。

图书在版编目(C I P)数据

南繁作物栽培育种技术 / 冯素萍著. -- 北京 : 中
国水利水电出版社, 2014.11(2022.9重印)
　ISBN 978-7-5170-2709-6

　Ⅰ. ①南… Ⅱ. ①冯… Ⅲ. ①作物—栽培技术②作物
育种 Ⅳ. ①S31②S33

中国版本图书馆CIP数据核字(2014)第282039号

策划编辑:杨庆川　责任编辑:杨元泓　封面设计:崔　蕾

书　　名	南繁作物栽培育种技术
作　　者	冯素萍　著
出版发行	中国水利水电出版社
	(北京市海淀区玉渊潭南路 1 号 D 座 100038)
	网址:www. waterpub. com. cn
	E-mail:mchannel@263. net(万水)
	sales@mwr.gov.cn
	电话:(010)68545888(营销中心)、82562819(万水)
经　　售	北京科水图书销售有限公司
	电话:(010)63202643、68545874
	全国各地新华书店和相关出版物销售网点
排　　版	北京鑫海胜蓝数码科技有限公司
印　　刷	天津光之彩印刷有限公司
规　　格	170mm×240mm　16 开本　17.75 印张　318 千字
版　　次	2015年5月第1版　2022年9月第2次印刷
印　　数	3001-4001册
定　　价	56.00 元

前　言

国以农为本，农以种为先，推广农作物优良品种是农业生产重要的生物措施，在农业生产重要的生物措施中，农作物的诸多增产因素占 1/3 以上，它为确保农业增效、农民增收、农村社会全面发展起着举足轻重的作用。特别是随着市场经济的发展和各项惠农政策的实施，广大农业工作人员和广大农民的科技意识进一步增强，对农作物优良品种的信息需求越来越迫切。

本书以农作物品种为章节名称，主要对南繁这个地区常见的农作物的育种方式进行了详细的介绍。每个章节都从农作物的生物特性入手，通过对农作物生物特性以及品种特点的详细分析和研究，总结出农作物适合的生长环境，从而进一步分析不同农作物的不同的栽培育种方式和技术。

本书共有二十六章，第一章是水稻，第二章是玉米，第三章是小麦，第四章是棉花，第五章是大豆，第六章是花生，第七章是马铃薯，第八章是高粱，第九章是谷子，第十章是青稞，第十一章是向日葵，第十二章是甜菜，第十三章是蓖麻，第十四章是烤烟，第十五章是西瓜，第十六章是甜瓜，第十七章是白菜，第十八章是萝卜，第十九章是番茄，第二十章是辣椒，第二十一章是茄子，第二十二章是菜花，第二十三章是大葱，第二十四章是荆芥，第二十五章是百合，第二十六章是牛膝。

本书的特点主要表现在实用性和易懂性上，对于研究或种植农作物的人们来说，本书不仅详细实用，而且通俗易懂，是很好的实践指导资料。

本书在撰写过程中，参考了大量的资料和文献，限于篇幅，笔者并未一一列出。在此，作者向这些文件的作者、出版机构表示最诚挚的感谢！

作者

2014 年 10 月

目　录

目　录

第一章 水 稻

第一节 水稻的生物学特性

水稻是一年生禾本科植物,高约 1.2m,叶长而扁,圆锥花序由许多小穗组成。水稻喜高温,多湿,短日照,对土壤要求不严,水稻土最好。幼芽发芽最低温度 10℃~12℃,最适 28℃~32℃。分蘖期日均 20℃以上,穗分化适温 30℃左右;低温使枝梗和颖花分化延长。开花最适温 30℃左右,低于20℃或高于 40℃,受精受严重影响。穗分化至灌浆盛期是结实关键期;营养状况平衡和高光效的群体,对提高结实率和粒重意义重大。抽穗结实期需大量水分和矿质营养;同时需增强根系活力和延长茎叶功能期。水稻属须根系,不定根发达,穗为圆锥花序,自花授粉。

水稻原产于中国,是世界主要粮食作物之一。中国水稻播种面积占全国粮食作物的 1/4,而产量则占一半以上。水稻栽培历史悠久,为重要粮食作物;除食用颖果外,可制淀粉、酿酒、制醋,米糠可制糖、榨油、提取糠醛,供工业及医药用;稻秆为良好饲料及造纸原料和编织材料,谷芽和稻根可供药用。

一、水稻的品种介绍

中国科学院上海生命科学研究院韩斌为首的研究团队,汇集出巨大数据库,用来比对稻米基因体(基因组)序列之细微变化。此数据库涵盖各地不同类型的普通野生稻(Oryzarufipogon)计 446 种,粳稻和籼稻共 1 083种。野生稻是现在食用、贩卖稻米的原生种。若干理论认为籼稻与野生稻是各自独立栽培出来的,研究人员表示,透过拼出稻米品种的谱系,就能证明这种理论是错的。第一种籼稻应是由粳稻和野生稻杂交培育而成。这个杂交种后来传到东南亚、南亚,农民为适应各地环境,栽培出数种品种,因而产生独特的籼稻。

由于稻是人类的主要粮食作物,据知世界上可能有超过14万种稻,而且科学家还在不停地研发新稻种,因此稻的品种究竟有多少,是很难估算的。有人以非洲米和亚洲米作分类,不过较简明的分类是依稻谷的淀粉成份来粗分。稻米的淀粉分为直链和支链两种。支链淀粉越多,煮熟后会黏性越高。

分类:稻分籼稻,粳稻,早、中、晚稻,水稻与陆稻,非糯稻和糯稻。

(一)籼稻和粳稻

籼稻(Indicarice):有20%左右为直链淀粉。属中黏性。籼稻起源于亚热带,种植于热带和亚热带地区,生长期短,在无霜期长的地方一年可多次成熟。去壳成为籼米后,外观细长、透明度低。有的品种表皮发红,如中国江西出产的红米,煮熟后米饭较干、松。通常用于萝卜糕、米粉、炒饭。

粳稻(Japonicarice):粳稻的直链淀粉较少,低于15%。种植于温带和寒带地区,生长期长,一般一年只能成熟一次。去壳成为粳米后,外观圆短、透明(部分品种米粒有局部白粉质)。煮食特性介于糯米与籼米之间。用途为一般食米。

(二)早、中、晚稻

早、中、晚稻的根本区别在于对光照反应的不同。早、中稻对光照反应不敏感,在全年各个季节种植都能正常成熟,晚稻对短日照很敏感,严格要求在短日照条件下才能通过光照阶段,抽穗结实。晚稻和野生稻很相似,是由野生稻直接演变形成的基本型,早、中稻是由晚稻在不同温光条件下分化形成的变异型。北方稻区的水稻属早稻或中稻。

(三)水稻与陆稻

要了解稻,最基本的方法,往往先根据稻生长所需要的条件,也就是水份灌溉来区分,因此稻又可分为水稻和旱稻。但多数研究稻作的机构,都针对于水稻,旱稻的比例较少。

旱稻又可称陆稻,水稻种在水田,陆稻种在旱地。水陆稻形态上差异较小,生理上差异较大。水、陆稻均有通气组织,但陆稻种子发芽时需水较少,吸水力强,发芽较快;陆稻的茎叶保护组织发达,抗热性强;根系发达,根毛多,对水分减少的适应性强。陆稻可以旱种,也可水种,有些品种既可作陆稻也可作水稻栽培,但陆稻产量一般较低,陆稻逐渐为水稻所代替,北方稻区只有少量陆稻栽培。

旱稻与水稻的主要品种其实大同小异，一样有籼、粳两个亚种。有些水稻可在旱地直接栽种(但产量较少)，也能在水田中栽种。旱稻则具有很强的抗旱性，就算缺少水份灌溉，也能在贫瘠的土地上结出穗来。旱稻多种在降雨稀少的山区，也因地域不同，演化出许多特别的山地稻种。旱稻已成为人工杂交稻的重要研究方向，可帮助农民节省灌溉用水。

有一说最早的旱稻可能是占城稻。中国古籍宋史《食货志》就曾经记载，"遣使就福建取占城稻三万斛，分给三路为种，择民田之高仰者莳之，盖旱稻也……稻比中国者穗长而无芒，粒差小，不择地而生。"但仍有争议，原因就在于学者怀疑以地区气候来论，占城稻有可能是水稻旱种，而非最早的旱稻。

(四)非糯稻和糯稻

糯稻：中支链淀粉含量接近 100%，黏性最高，又分粳糯及籼糯。粳糯外观圆短，籼糯外观细长，颜色均为白色不透明，煮熟后米饭较软、黏。通常粳糯用于酿酒、米糕，籼糯用于八宝粥、粽子。

中国做主食的为非糯米，做糕点或酿酒所用为糯米，两者主要区别在米粒粘性的强弱，糯稻粘性强，非糯稻粘性弱。粘性强弱主要决定于淀粉结构，糯米的淀粉结构以支链淀粉为主，非糯稻则含直链淀粉多。当淀粉溶解在碘酒溶液中，出于非糯稻吸碘性大，淀粉变成蓝色，而糯稻吸碘性小，淀粉呈棕红色。一般糯稻的耐冷和耐旱性都比非糯稻强。

二、水稻的生物学特性

水稻从种子发芽到谷粒成熟全生育期中，经过生根、长叶、分蘖、穗分化、孕穗、开花、灌浆到成熟，每一个生育期对外界条件即温度、水分、空气、光照、养分等都有不同的要求。只有掌握它的生长规律，不断提高水稻的栽培技术，才能达到高产、稳产的目的。

(一)水稻品种生育期的营养阶段划分

水稻品种生育期包括营养生长和生殖生长两个阶段，一般以幼穗开始分化作为生殖生长开始的标志。

营养生长阶段是水稻营养体的增长，它分为幼苗期和分蘖期。在生产上又分为秧田期和大(本)田期(从移栽返青到拔节)。

生殖生长阶段是结实器官的增长，从幼穗分化到开花结实，又分为长穗期和开花结实期。幼穗分化到抽穗是营养生长和生殖生长并进时期，抽穗后基本上是生殖生长期。长穗期从幼穗分化开始到抽穗止，一般 30d 左右。结实期从抽穗开花到谷粒成熟，因气候和品种而异，一般 25～50d 之间。

水稻生育类型（幼穗分化和拔节的关系）早、中、晚稻品种各异，早稻品种先幼穗分化后拔节，称重叠生育型；中稻品种，拔节和幼穗分化同时进行，称衔接生育型；晚稻品种拔节后隔一段时间再幼穗分化，称分离生育型。

（二）水稻品种生育期的稳定性和可变性

水稻品种的生育期受自身遗传特性的控制，又受环境条件的影响。

1. 水稻品种生育期的稳定性

同一品种在同一地区、同一季节，不同年份栽培，由于年际间都处于相似的生态条件下，其生育期相对稳定，早熟表现和晚熟表现和上一年相同，因为都是由基因控制的，环境因素影响较小。所以才能保持各种作物在各个时期遗传的稳定。早熟品种总是表现早熟，迟熟品种总是表现迟熟。这种稳定性主要受遗传因子所支配。因此在生产实践中可根据品种生育期长短划分为早稻，全生育期 100～125d，中稻 130～150d，连作晚稻 120～140d，一季晚稻 150～170d，还可把早、中、迟熟稻中生育期长短差异划分为早、中、迟熟品种，以适应不同地区自然条件和耕作制度的需要，从而保证农业生产在一定时期内的相对的稳定性和连续性。

2. 水稻品种生育期的可变性

水稻生育期随着生态环境和栽培条件不同而变化，同一品种在不同地区栽培时，表现出随纬度和海拔的升高而生育期延长，相反，随纬度和海拔高度的降低，生育期缩短；同一品种在不同的季节里栽培表现出随播种季节推迟生育期缩短，播种季节提早其生育期延长。早稻品种作连作晚稻栽培，生育期缩短；南方引种到北方，生育期延长。

（三）水稻品种的"三性"

三性是指感光性、感温性和基本营养生长性的遗传特性。不同地区、不同栽培季节，水稻品种生育期长短（从播种到抽穗的日期），基本上决定于品种"三性"的综合作用。因此水稻品种的三性是决定品种生育期长短及其变化的实质。水稻三性是在气候条件和栽培季节的影响下形成的，对任何一个具体品种来说，三性是一个相互联系的整体。

根据品种的感光性、感温性的强弱和基本营养生长期的长短，划分光温反应类型。实际上就是将不同生态类型的稻种的三性进行组合。早稻品种，绝大多数感光性弱，基本营养生长期短至中等，感温性中等，没有感光性强和基本营养生长期长的;中稻品种,多数基本营养生长期较长,感温性中等至强,感光性较弱;晚稻品种感光性强,基本营养生长期短至中等,感温性强至中等。我国晚稻基本营养生长期偏短,没有感光性弱和中等的,晚稻的感温性要在短日条件下才能体现。早稻类型的品种在温带高纬度地区种植,能在夏季日照较长条件下正常抽穗,在低温来临前成熟,而在长江中下游地区 5 到 6 月,日照较长的条件下,开始幼穗分化完成发育转变;晚稻类型品种,不适于温带高纬度地区栽培,但在长江中下游地区可作单季晚稻和双季晚稻栽培;中稻类型品种,早熟中稻其"三性"偏于早稻,迟熟中稻"三性"品种偏于晚稻。早季栽培时,抽穗期比早稻显著延迟,晚季栽培时又比晚稻延迟。

1.水稻品种的感光性

在适于水稻生长的温度范围内,因日照长短使生育期延长或缩短发生变化的特性,称水稻的感光性。对于感光性品种,短日照可以加速其发育转变而提早幼穗分化,这就是指短于某一日长时抽穗较早;长于某一日长时抽穗显著推迟,这又称为"延迟抽穗的临界日长",即是诱导幼穗分化的日长高限。水稻品种不同,种植地区不同,延迟抽穗的临界日长亦不同。我国南北稻区,水稻生育期间大多处于 11~16h 之间。

2.水稻品种的感温性

在适于水稻生长的温度范围内,高温可使水稻生育期缩短,低温可使生育期延长,这种因温度高低而使生育期发生变化的特性,称水稻品种的感温性。水稻在高温条伴下品种生育期会缩短,但缩短的程度因品种特性而有所不同。晚稻品种的感温性比早稻更强,但晚稻品种其发育转变,主要受日长条件的支配,当日长不能满足要求时,则高温的效果不能显现。中稻品种介于早、晚稻之间。

3.水稻品种的基本营养生长性

水稻进入生殖生长之前,由于受高温短日的影响,而不能被缩短的营养生长期,称为水稻的基本营养生长期。它是不受环境因子所左右的品种本身所固有的特性,又称为品种的基本营养生长性。营养生长期中受短日高温所缩短的那部分生长期,称为可消营养生长期。

一年生或多年生受体植物为一年生植物,在我国华南稻作区一年可种 2~3 季,华中、西南地区可种植单、双季,华北、东北、西北地区可种植单季。在热带地区,经适当管理,某些水稻可以多年生。然而,在我国北方,在自然条件下,水稻不能越冬。

繁殖方式水稻主要靠有性繁殖,水稻雌雄同花,着生在茎端的圆锥花序上,为严格的自花授粉植物,天然异交率低于1％。

在自然条件下同种或近缘种的异交率在普通栽培稻中有两或三个亚种,即粳稻和籼稻、瓜哇稻,籼粳稻杂交 F1 为半不育,瓜哇稻与籼、粳稻杂交均为可育,少数出现不育。亚种内各品种杂交正常结实,但也有少量组合出现不育(如选育不育系)。普通栽培稻与其祖先普通野生稻杂交多数可育,少量组合不育(如选育不育系)。在中国出现的三种野生稻之间因染色体组不同,杂种不育。

育性栽培水稻的大多数品种是可育的。在自然条件下有许多可以引起水稻雄性不育的因素,如高温、低温、干旱、辐射、化学药物处理等。水稻品种中也存在受遗传控制的不育类型,如受细胞质基因控制的细胞质不育型,核基因控制的核不育型,以及质核互作雄性不育型(三系杂交稻),温光条件诱导的核不育型(两系杂交稻)。本研究所使用的水稻品种为正常可育品种,以及杂交水稻配套体系中的恢复系和保持系。

栽培稻在自然界中的生存能力栽培水稻在我国大部分地区可正常开花结实。但在水稻幼穗分化期遇低温 20℃ 以下高温 40℃ 以上可影响花粉的正常发育,降低水稻的结实率,在华南稻作区的少数几个地区(海南省)可正常越冬,其他地区一般不能越冬。水稻不耐盐碱。栽培水稻对病虫的抵抗力较差。如果没有人类的帮助,在自然界中一般不能生存。

三、水稻的土壤质地选择

不同质地的土壤之间在温度、水分和养料上的差异,不仅影响水稻的生长和发育,而且对产品和质量同样有影响。种植水稻的土壤必须有良好的灌溉条件,总体上土壤肥力较高,多半为壤土。土壤颗粒是组成土壤的重要物质基础。它们的组合比例即土壤质地,可影响土壤的物理、化学、生物化学及物理化学等性质。因此,土壤质地是土壤的重要农业性状之一。水稻的根系有 80％ 以上都是集中在距地表 20cm 以内的土层中,无疑,耕层的质地是否良好极为重要。但是,适宜种植水稻的土壤,不仅要有一定的保水保肥能力,还要有适当的渗漏性。因此,不仅要有良好的耕层质地,也要求有良好的质地剖面。土壤质地的特点,主要决定于成土母质类型及其特点,但也受人类耕作、施肥等措施的影响。

太湖地区主要类型水稻土的颗粒组成的质地是"大同小异"。所谓"大同",即按我国暂拟土壤质地分类,耕层质地多属粉土,个别为黏壤土(按苏联卡钦斯茎分类属重壤土或轻黏土,个别为中壤土),所谓"小异",即由于土壤成土过程及耕作、施肥等措施的不同,各粒级的分配有所差异。

水稻分蘖节的节位一般在表土下 2～3cm 处，因此，土温和水温对分蘖的影响较大。而砂土正好具备温度高，供肥快的特性，所以水稻要比黏性黄泥巴者返青早，分蘖期也早；同样，其后的几个生育期也相应提前，这只是反映客观存在的一种趋势，因为在很大的程度上，各土的水稻生育期出现时间是随着当年夏秋气候变化而有提前或挪后，如像黏性土水稻成熟后期若遇到气温骤降并延续下去，很有可能出现"秋封"而不能完熟。

为获得水稻优质高产选择土壤应考虑以下几个方面。

（1）土壤质地：田地的土壤选择主要考虑土壤的结构及其是否能够满足水稻生长发育的要求。一般来说，富有团粒结构的土壤具有较好的保肥、保水和通气性能，最适于水稻的生长发育。所以选择砂壤土、壤土和黏壤土种水稻较为适宜。

（2）土壤酸碱度：土壤的 PH 值是水稻栽培所必须考虑的条件。大多数水稻以在微酸性和中性的土壤中生长为宜，即微碱性土壤中仍然生长为宜，即 PH 值在 6.5～7.5 范围内。

（3）地下水位的高低：地下水位高低对水稻的生长发育有直接的影响。土壤地下水位太高，使根系不能向下伸展，通气不良，病虫害易蔓延。一般水稻地下水位在 2m 以下为宜，最少也应在 1m 以下。

水稻对土壤的适应性较大，只要有水灌溉和一定的土层，均可栽培。但是，要夺取水稻的稳产高产，必须有良好的土壤条件。高产稻田的土壤应具有耕层深厚、水气协调、土壤肥沃的特点。

第一，耕层深厚。高产稻田的耕层厚度以 20cm 左右为宜，耕性要好，土壤松软，而且要求田面平整，达到灌水均匀，以有利于水稻根系的生长发育。

第二，水气协调。高产水稻要求稻田既能保水，又能爽水，水气协调。一般认为犁底层的厚度以 10cm 左右，紧密适度为宜。过厚、过紧，会妨碍根下伸；过薄、过松，会漏水漏肥。

第三，土壤肥沃。高产稻田要求土壤养分含量丰富，土壤肥力稳而长，既不致前期猛发而后期早衰，又不致早期发僵而后期猛发贪青，土壤酸碱度接近中性（PH 值 6.0～7.5），且不积聚有害的还原性物质。

壤土的性质则介于砂土与黏土之间，其耕性和肥力较好。这种质地的土壤，水与气之间的矛盾不那么强烈，通气透水，供肥保肥能力适中，耐旱耐涝，抗逆性强，适种性广，适耕期长，易培育成高产稳产土壤。砂土中施肥见效快，作物早生快发，但无后劲，往往造成后期缺肥早衰，结实率低，籽粒不饱满。这类土壤既不保肥，也不耐肥。若一次施肥过多，不但会造成流失浪费，还会造成作物一时疯长。

黏土的特性正好和砂土相反。它的质地黏重,耕性差,土粒之间缺少大孔隙,因而通气透水性差,既不耐旱,也不耐涝,但其保水保肥力强,耐肥,养分不易淋失,养分含量较砂土丰富,有机质分解慢,腐殖质易积累。这种土水多气少,土温变化小,土性偏冷,有机质分解不旺盛,养分分解转化慢,施肥后见效迟,肥料有后劲,不发小苗发老苗,若施肥过量会造成作物后期贪青晚熟。

土壤结构良好,不能有漏水的土地。加强农田基本建设,处理好排灌系统,旱不干,雨不涝。实施水旱连作,适当加厚耕层,重施有机肥料,使之松软肥厚。

土壤中养分含量充足而协调。主要营养元素充足,又不缺微量元素。既要有较多的活性有效养分,还要有大量的非活性有效养分,才能保证在整个生长期间源源不断地供应,不致缺素脱肥,影响稻株顺利而健壮的生长发育。要使土壤养分丰富而平衡,就得不断培肥土壤,关键是大量施用有机肥,改善土壤的理化性和生物性。

土壤的保水、保肥性。好水稻在栽培过程中要求土壤有较好的保水性,才能减少灌溉水量的消耗,避免有效养分流失。稻田土壤保持一定的渗漏量可随水向土壤输送一定数量的氧气,使氧气能更好地移动和平衡,促进水稻的营养环境不断更新,对于保持水稻根系健康生长是必要的。

第二节　水稻的栽培技术

一、选择适宜的水稻品种

正确地选择水稻品种是水稻高产、稳产、优质的基础。选好品种,在水稻生产上能起到事半功倍的作用。优良品种选用应遵循以下原则。

(一)选择适合当地茬口类型的品种

我们知道决定作物产量的三个因素是品种、气候条件和栽培水平。而气象因素是不可改变的,所以我们选择水稻品种,要根据当地的气候条件,当前生产的品种状况和栽培水平来确定。我省水稻茬口有单双季之分,双季稻上有早籼—晚籼、早籼—晚粳之别;中稻上有油菜茬、小麦茬和空闲茬,品种类型上有中籼和中晚粳。要因地制宜地选用适合当地茬口的品种。

（二）选择生育期适宜长的品种

在有效生长季节与种植制度许可的条件下,尽可能地选择可安全成熟且生育期相对较长的品种,以充分利用当地的温光资源。

沿江早稻:宜选择全生育期 100～110d 左右的早、中熟品种,苗期耐寒性强、分蘖力强、植株较矮、抗倒伏的品种。

晚籼选用 125～130d、晚粳选用 125～135d 的中熟高产优质品种(组合)。

江淮中籼:选用全生育期 140～150d 的大穗型或穗粒兼顾型的品种。

江淮沿淮中(晚)粳:选用全生育期 145～160d 的大穗型或穗粒兼顾型的品种。

（三）选择穗粒协调的大穗型品种

产量的高低主要取决于单位面积总粒数,而单位面积总粒数则是决定于单位面积的穗数和每穗总粒数。穗型过小,显然不可能超高产,穗型过大,往往导致结实率偏低。因此,选用分蘖能力较强的偏大穗品种有利于协调穗粒矛盾。

（四）选用株高适宜、叶片直立性好、抗逆抗倒的品种

植株高度的增加利于群体生长量的增长,但株高提高了,往往降低了抗倒伏能力,因此,应该选用株高适宜而抗倒的品种。

光合作用是水稻产量最主要的来源,超高产群体的 LAI 一般较高,群体内叶片相互重叠,下部叶片由于遮阴受光量减少,个体所具有的最高光合能力往往不能发挥。故保持水稻叶片直立则可有效改善群体内部光照状况。

（五）注意品种的合法性

购种要求到正规、大型种子商店购买,必须具备生产许可证、种子合格证、种子经营许可证和种子店营业执照(三证一照),并索要发票。

其次必须是国家审定推广的优良品种,品系是不允许商家做为种子销售的,只能做小面积试验用种。种田大户最好选择 2 个以上品种搭配种植。如庆安:龙粳系列,无常:稻花香,绥化:绥粳系列,三江:垦稻 12 等。

然后要符合国家规定的种子质量标准,即纯度 98% 以上,发芽率 95% 以上,净度 98% 以上,发芽势在 85% 以上,含水量 14% 以下。购种后要马上做种子发芽试验,水稻种子需 3 天调查芽势,确定种子活力高低,判断是

否是陈种子,决定出苗是否整齐。7 天调查芽率,确定苗床播种量。

二、水稻的种子处理

水稻的种子处理分为四个步骤:第一步,晒种;第二步,选种;第三步,浸种消毒;第四步,催芽。

(一)晒种

选晴天将稻种铺 5～7cm 厚翻晒 1～2d。晒种有利于促进种子中酶的活性,使种子内水膜变薄,提高种子的发芽势和发芽率。

浸种前晒种 1～2d,晒种时要薄摊勤翻,注意防止弄破种壳。晒种有很多好处:第一,增强种皮的透性,使种子内部获得较多的氧气,提高种温,以增进酶的活性,使淀粉降解为可溶性糖,提高发芽率;第二,使种子含水量一致,以使萌发较整齐;第三,降低种子内发芽抑制物质(如谷壳内酯 A、谷壳内酯 B、离层酸和香草酸等)的浓度,提高发芽率,加快发芽;第四,利用紫外光线杀死附在种子表面的病菌;第五,排除种子贮藏期间因呼吸作用积累的二氧化碳等废气。

(二)选种

籽粒大小,与幼苗生长密切相关。不饱满的种子,幼芽细弱,发根不良,如遇到不良环境或气温变化,易发生死苗烂秧。因此,要培育壮秧,必须选用充实饱满的种子,通过选种可以去瘪留饱,缩小种谷间质量差距,使其萌发整齐,苗体强健。选种的方法:首先结合晒种进行风选或筛选,除去杂质和部分空秕粒,提高种子净度;其次,在浸种时,用一定浓度的比重液选种。比重液可以是 50kg 水加 20kg 左右的黄泥搅拌而成,也可以用 50kg 水加 8～10kg 食盐配成。其比重一般要求达到波美度 1.10～1.12,即用鲜鸡蛋进行测试,待鸡蛋浮起露出水面有 5 分硬币大小时即可,再用箩筐装谷种浸于比重液中,充分搅拌,使秕粒种及杂物漂在液面上,然后迅速捞净。选种过程中,比重液的浓度会逐渐变稀,要注意补充黄泥或食盐等以保证比重。经过这样选种的种子,要用清水冲洗 1～2 次。除去附在种子的黄泥或盐分,以免影响发芽。还有一种简单易操作的方法,用箩筐等容器装谷种浸泡在清水中充分搅拌,将浮面的秕粒、杂物捞净即可。

(三)浸种消毒

浸种是使种子吸足水分,以便开始生理活动,通过吸水使种子膨胀软化,增强呼吸作用,使原生质从凝胶状态转变为可溶胶状态,在酶的作用下,把胚乳贮藏物质转化为可溶物质,并降低种子中抑制发芽物质的浓度,把可溶性物质运送到幼芽、幼根,使其生长。当种子吸水达自身重量的25%时才能发芽,但要发好芽,吸水量要达自身重的40%左右。因此,在种子消毒过程中未能吸收足够水分的都要用清水浸种补足。浸好种的标志是:稻壳颜色变深,稻谷呈半透明状态,种胚膨大,米粒易捏断,手碾易碎。杂交稻种壳通常较薄,浸种时间应适当缩短。一般情况下,浸种时间为 20～30h 即可。

将选好的种子用"浸种灵"或"使百克"1∶4 000 倍液消毒 3 天,换新鲜水浸种 3 天,每天换水一次。

(四)催芽

种子萌发需要有充足的水分和适宜的温度、氧气。谷种催芽前,除了要做好选好种、消毒等工作外,还必须做好浸种工作,让种子充满饱和水分,然后才能进行催芽。

(1)高温破胸:种子露白是在酶的催化反应下进行的一列系生理变化。酶的活动和温度变化密切相关,在一定的范围内,温度越高,酶越活跃,胚乳贮藏的营养物质分解越快,种子露白就快。所以,这个阶段主要是掌握适宜的高温。一般以 35℃～38℃为宜,最高不超过 40℃。早春气温低,催芽开始时,种子的呼吸作用较弱,释放热量不多,只靠种子本身的热量升温,露白较慢,这时必须进行人工加温。在催芽开始时,把谷种装进箩筐,放在45℃～50℃的温水中洗种 2～3min(根据气温高低,灵活掌握水温和洗种时间,使谷温不超过 40℃,以免烫伤谷种),捞起后,用消毒过的稻草盖好,或用塑料薄膜覆盖(如种量少,可用纤维袋装谷种,以方便浸温水加温)放入密闭的室内。一般经过 12h 以上就能破胸。

(2)适温催芽:当谷种露白 90%以上时,进行翻动,将温度降到28℃～32℃。因为温度过高,消耗养分多,影响谷芽苗壮,而且容易发生烧芽。要掌握"干长根,湿长芽"的原理,每天翻动淋水两三次,特别是晚造催芽,时值高温,谷种发芽生长快,温度升得快,释放有害物质多,更要注意翻动淋水,降温除害。给根芽的生长提供良好的条件保证谷芽发育生长齐一,促使达到根粗芽壮的要求。

(3)常温炼芽:当谷种的根有一两粒谷长、芽有大半粒谷长时,将谷种摊开,进行降温,在接近当时的气温下进行炼芽,提高对外界条件的适应能力。若遇寒潮不能播种,可在通风的室内,把谷种摊在竹垫上,3 寸厚度左右,适当翻动,保持谷种不干白,干了喷些水。室内温度保持在 14℃～16℃,可维持几天不烂种。等天气好转,及时播种。

三、播种

(一)播种前准备

首先,准备好管理工具。常见的管理工具主要有 $100cm^2$ 接种盘或标准框、压种器、温度计、技术推广员服务联系卡。

其次,控制好苗床底墒。苗床底墒不足的要提早上水浇床,确保底床浇足浇透,防止后期出现干床现象。

最后,摆盘标准不到位或摆后因其他原因毁坏的要及时整改,达到床平,盘整齐一致后再播种。

(二)播期标准

当天气温达到秧苗生育低限温度指标(气温 5℃,置床温度 12℃)时即可播种,例如,采用三膜覆盖技术或具备增温措施的大棚。4 月 8 日开始播种,最佳播期为 4 月 15 日～18 日。

(三)播量标准

机插中苗按每穴苗数 4～6 棵计算,每盘 648 孔共需播芽种 4 000 粒/盘(平均每孔 5 粒,种子发芽率 90%,机插中苗田间成苗率 90%),每平方米播种 250～275 粒;八行插秧机机插中苗播芽种 3 100 粒/盘,八行插秧机要比常规育苗增加 20%育秧面积;钵育大苗播芽种 3～5 粒/穴。每 $100cm^2$ 播种 253 粒;摆栽用的旱育钵苗,其播种量按每个钵穴播芽种 4～5 粒计算确定每盘播种量。高产创建钵育苗按每孔 3～4 粒计算,插秧时可两孔并一穴。

(四)插秧叶龄与适宜播种量

生产上要培育 3～5 叶龄的秧苗,适宜播芽种量在 100～125g(4 000～4 400粒)芽种/盘(八行机插播种量 80～90g 芽种/盘)。

(五)播种方式

以精密播种机和手动播种器播种为主,扩大工厂化机械播种面积。播种时要求匀速播种、播量标准、分布均匀、到头到边、无漏播重播,子盘边缘无压擦堆现象,播量误差 2%以内。

播种方式,全面积采用电动播种机播种,电动播种机使用规程如下:

①电动播种机使用前充足电,保证工作动力。明端播种机电压低于33V、农富播种机电压低于 31V 时,请及时充电。

②蓄电池盒里各个电瓶的"＋""－"连接点连接牢固可靠。

③转动链条紧度适宜,增减链节可以改变长度。

④控制调节器电源插头与蓄电池插座连接牢固。

⑤播种机控制往返和停止磁铁安装位置,明端播种机左侧距滑道前端490mm,右侧末端 450mm;农富播种机左侧距前端 400mm,后端 400mm,不合适可以进行前后调节。

⑥明端播种机速度调节开关控制在 5～7 位置,农富播种机速度调节开关控制在 0.98～1.05 和 1～6 位置。

⑦每天使用结束后播种箱清理干净,电瓶充满电。

⑧播种量准确,253 粒/100cm^2;明端通过控制挡板位置调节,农富通过改变链轮传动比。调播量时,应在装种量为一半时进行测试调整。播种时应在调试时的状态下播种,每个往复都要重新装入一个往复所需的种量。

⑨种子要求芽长在 1～2mm,播种前晾种,湿度不宜过大;用手攥不沾手为宜。

⑩种子应严格脱芒,不准有杂物,否则导致播量不准。

(六)覆土与地膜

播种后覆土,厚度 0.7cm。覆土后不使用封闭除草剂。播种后至出苗前,床表要盖好地膜保温、保湿。早期播种的要进行三模覆盖。

四、水稻的杂交授粉

杂交水稻是通过不同稻种相互杂交产生的,而水稻是自花授粉作物,对配制杂交种子不利。要进行两个不同稻种杂交,先要把一个品种的雄蕊进行人工去雄或杀死,然后将另一品种的雄蕊花粉授给去雄的品种,这样才不会出现去雄品种自花授粉的假杂交水稻。可是,如果技术人员用人工方法在数以万计的水稻花朵上进行去雄授粉的话,工作量极大,实际并不可能解决生产的大量用种。因此,研究培育出一种水稻做母本,这种母本有特殊的个性,它的雄蕊瘦小退化,花药干瘪畸形。靠自己的花粉不能受精结籽。水稻手工杂交中,采用当日授粉 1 次、当日隔时授粉 2 次和隔日授粉 2 次对杂交结实率的影响差异并不显著。不同授粉方式对穗颈以上 2 个节位枝梗上结实率的影响差异也不显著,且穗颈以上 2 个节位枝梗上的结实数与整穗结实无密切关系,可去除。

杂交水稻的制种,是以雄性不育系作母本,雄性不育恢复系作父本,父母本按照一定的行比相间种植,花期相遇,母本接受父本的花粉而受精结实,生产杂交种子,是一个异交结实的过程,因而杂交稻制种又称为水稻的异交栽培。在整个生产过程中,技术性强,操作严格,一切技术措施主要是为提高母本的异交结实率。制种产量的高低和种子质量的好坏,直接关系到杂交水稻的生产与发展。

杂交水稻制种基本的技术环节有:制种生态条件(基地与季节)的选择、花相遇技术(包括播种期、播差期与理想花期的安排、花期预测与调节)、父母本群体的建立与培管、"九二〇"喷施技术与异交态势的改良、人工辅助授粉、特殊病虫害的防治等。杂交水稻制种田间使授粉器产生一种大于父本花粉悬浮速度的风速持续不断地驱使花粉落到杂交水稻母本穗上;实现该方法的授粉器由风机、导粉膜、撼粉绳、授粉管、固膜板、卷膜筒和左右手柄构成。本发明显著提高了母本异交结实率,同时可进一步扩大父母本行比,缩小父本行距,增加母本颖花量,使杂交水稻繁殖制种大幅度增产。

杂交水稻授粉是一项技术要求强、精度要求高、时间要求紧的作业,授粉效果受各种因素影响明显。其中作物性状因素包括父母本的高度差、花絮密度、花穗数量、柱头外露度、父母本花期重合度;环境因素包括温度、湿度、光照强度和风力;管理因素包括施肥、排水灌溉以及病虫害防治等。水稻花粉花期较短,盛花期 7~10d,一般一天内只有 1.5~2h 的开花时间,且花粉寿命很短,只有 4~5min,因此,必须在有限的时间内完成授粉作业。现行的人工辅助授粉包括人力式和机械式。人力式授粉作为传统的授粉方式,在中国、印度等人力资源丰富、机械化水平较低的制种地区得到了广泛的应用。这种授粉方式收获的种子质量较高,单位产量较高,但劳动强度大、生产效率低,不能满足现代制种技术的发展要求。目前美国等少数进行杂交水稻制种的发达国家和地区已经开始实施机械授粉,机械式授粉主要包括碰撞式和气力式两种,碰撞式对植株易造成损伤,实际生产中气力式应用较多,如美国采用小型直升飞机进行杂交制种授粉。机械式授粉生产效率高、操作简便、适应于现代制种规模化生产的发展,但研制授粉机械的技术要求高、实际应用的授粉机型较少、授粉效果不够理想,适用于我国实际生产情况的杂交水稻制种授粉机还有待进一步研究和开发。

人们进行水稻杂交育种时,一般采用毛笔或镊子蘸粉的方法,工作难度大,速度慢,工效低,一人一天只能做几个杂交组合。几年来,我们采用水稻杂交自由授粉法,收效良好。其好处有以下几方面。

①比人工授粉提高工效 3~5 倍。

②用一穗或几穗父本授粉,花粉量多,授粉面大,时间充裕,采粉时间短,花粉活力旺盛,因而结实率高,可提高杂交结实率到 70%～80%。

③授粉时不受高温、风雨等环境条件。

抽穗未开花前将甲稻植株的花药取出,放到乙植株已经剥去花药的柱头上即可。如果是三系法杂交稻,则是用保持系、恢复系分别和不育系配合产生新的保持系与杂交种子。两系法则多是用药剂或特殊环境条件(如温度等)使得一种种子产生的植株雄花败育,其柱利用种植于同一块田的另一品种水稻的花粉受精形成杂交种。

五、水稻的光、温、水、肥、气管理

水稻生长季太阳总辐射和光合有效辐射量,东北地区和四川盆地最少,华南地区最多,西北和长江中下游地区相近,而在此期间,日光合辐射量的分布则相反,东北和西北地区最高,西南稻区最低,其他大部地区处于其间。

北方稻区,应选在较低温度下分蘖多,叶面积生长快的品种,发挥日射量多,光合强度大的优势,提高光合效率,增加物质积累,提高单产;南方稻区应选择株型挺拔的好品种,提高受光量,建立合理的高产结构。应提高水稻复种,扩大再生稻面积,增加总产。

(一)光管理

种子萌发和植株生长都要光。水稻是喜阳作物,对光照条件要求较高,其单叶饱和光强一般在 3 万～5 万 lx 左右,而群体光和饱和点随叶面积指数增大而变高,一般最高分蘖期为 6 万 lx,孕穗期达 8 万 lx 以上。但其光合作用随日照度的增加不如 C4 作物玉米明显。水稻是一种短日照作物,不同品种对光照长度反应不同。一般来说早稻和中稻无一定的出穗临界期,在短日照或长日照下均可正常抽穗,属短日照不敏感类型。晚稻品种大多数是短日照促出穗,长日照延迟出穗,有严格的出穗临界光长,属短日照敏感型。

(二)温管理

水稻种植范围广,气温要求不高,可以适应多种气候,海南地区可以种植 3 季。水稻为喜温作物。生物学零度粳稻为 10℃、籼稻 12℃,早稻三时期以前,日平均气温低于 12℃ 三天以上易感染绵腐病,出现烂秧、死苗,后季稻秧苗温度高于 40℃ 易受灼伤。日平均气温 15℃～17℃ 以下时,分蘖停止,造成僵苗不发。水稻的温管理的关键期在育苗期,在育苗期可通过人工温棚控制水稻生长温度,该时期主要通过控制水稻周围与外界通风度和喷洒水来控制温度。在其他生长时期,可以通过田间水量来调控温度,控制昼夜温差,维持水稻生长的最适宜温度范围,进而优化水稻生长环境,提高水稻质量和产量。

(三)水管理

水稻生长适合有水环境,其他缺少水地区亦可种植旱稻。水稻全生长季需水量一般在 700～1 200mm 之间,大田蒸腾系数在 250～600 之间,水稻蒸腾总量随光、温、水分、风、施肥状况、品种光合效率、生育期长短及熟期而变化。

1. 浅水灌溉或间歇灌溉

水稻插秧后,由于根系的吸收水肥的能力较弱,此时,外界气温高、风大,叶片的蒸腾作用比较大。因此,插秧后,应立即建立水层,一般灌苗高的 1/2～2/3 深水,以不淹没秧心为好。这样不但可以防止叶片的蒸腾失水造成干枯,而且也可防止低温秧苗受冻,起到以水护苗的作用。水稻返青后,应将水放浅,保持 3～5cm 的浅水,这样有利于提高水温、地温,特别是阴雨天气,水浅温度在 15℃ 以上,出点太阳很快会使水温升高,这样有利于促进秧苗根系生长健壮,也就是泥温相对比水深的要高些,出根快些,能多发新根,秧苗早分蘖、快分蘖。或者水稻返青后采取间歇灌溉,即一次灌 3～5cm 浅水,待自然落干,等到脚窝有水、田面无水时再灌一次水,如此循环。

2. 晒田

晒田是指水稻分蘖盛期后到幼穗分化前的排水晒田,是我国水稻灌溉技术中的一项独特的措施。一是改变土壤的理化性质,更新土壤环境,促进生长中心从蘖向穗的顺序转移,对培育大穗十分有利。二是调整植株长相,促进根系发育,促进无效分蘖死亡,使叶和节间变短,秆壁变厚,植株抗倒力增强。高产栽培中,当全田总苗数达到一定程度时,常采取排水晒田措施,以提高分蘖成穗率,增加穗粒数和结实率。当田间茎数达到计划茎数的 80% 时(6月上中旬),也就是水稻接近有效分蘖终止时,要对长势过旺、较早出现郁闭、叶黑、叶下披、不出现拔节黄及土质粘重、排水不良的低洼地块,要撤水晒田 5～7d,相反则不晒,改为深水淹。晒田程度为田面发白、地面龟裂、池面见白根、叶色褪淡挺直,控上促下,促进壮秆。晒田常根据气候、土壤、施肥和秧苗长势不同而掌握不同的晒田时期与晒田程度。晒田一般多在水稻对水分不甚敏感的时期进行,以分蘖末期至幼穗分化初期较适宜。晒田程度要视苗情和土壤而定。苗数足,叶色浓,长势旺,肥力高的田应早晒、重晒,以人立不陷脚,叶片明显落黄为度;相反则应迟晒、轻晒或露田,田中稍紧皮,叶色略退淡即可。晒田不宜过头或不足,要灵活掌握。

3.增温灌溉

由于白天灌水会降低稻田的水温、地温,影响水稻的生育,导致蘖数不足、生育拖后。因此,灌水应当在日落前 1~2h 到日出后 1~2h 之间进行。特别是井水灌溉的稻区,更应注意。不仅要昼停夜灌,而且要采取如设晒水池、延长灌水渠、加宽进水口、表层水灌溉等增温措施,防止或减轻水温低对水稻生长发育的影响。

4.经常检查加固田埂,防止漏水

水田田埂应经常检查,防止漏水。漏水会造成除草剂效果差和影响水稻正常生长,施肥后的肥水流入其他稻田导致别的地块贪青,而该稻田又长得不好。另外还会加深其他稻田水层,引起池埂连锁毁坏等。因此,水稻插秧后,要经常检查修补田埂。

(四)肥管理

水稻生长需要大量肥料,可以用作物秸秆,畜禽粪肥等有机肥料,也可以用过磷酸钙,碳铵等化肥。氮对水稻生理作用:氮素对维持和调节水稻生理功能上具有多方面的作用。水稻施肥应强调配合施用,首先是有机肥料,其次是保持氮、磷、钾成分平衡,尤其在缺乏有效磷钾的水田,增施磷钾肥能充分发挥氮肥的效果。具体应根据当地土壤肥力、品种、当年气象条件、生产指标及经济条件等综合分析后加以确定。

1.肥量的确定

肥量的确定应从经济效益和生态效益方面考虑,在当地条件下设计不同的施肥等级,经产量统计,获得最佳施肥量。

2.施肥时期的确定

肥料施用时期,磷、钾比较简单。磷通常作基肥或种肥施;钾肥除在质地比较砂的土壤上提倡分次施外,也提倡适当早施,一般作基肥或分蘖肥。关于氮肥,各地看法不一,主要归纳为"前促、中控、后保"施肥法和"前稳、中攻、后补"施肥法。

3.肥料品种及其合理搭配

随着氮肥用量的日益增加,水稻缺钾、缺磷的现象时有发生,此时配施钾、磷肥效果明显。此外有机肥和化肥配施能提高肥料利用率,提高经济效益。

4.磷对水稻生理作用

直接参与糖、蛋白质和脂肪的代谢,一些高能磷酸又是能量储存的主要场所。磷参与能量的代谢,存在于生理活性高的部位,因此磷在细胞分裂和分生组织的发育上是不可缺少的。

5.钾对水稻生理作用

在碳水化合物的分解和转移等,钾都具有触媒作用。钾还有助于氮素代谢和蛋白质的合成,所以施氮越多,对钾的需要量也就相应增加。钾对植物体内多种重要的酶有活化剂的作用。适量钾能增加稻体碳水化合物含量,从而增强植株抗病抗倒伏能力。

(五)气管理

水稻根深埋在水里,不能进行有氧呼吸,只能依靠无氧呼吸供能。而植物性的无氧呼吸是会产生乙醇的。乙醇不能有效排出就会导致中毒,而使植物死亡。所以要给水稻田换水,增加氧气含量。氧气和二氧化碳对水稻有十分重要的作用,适量提高氧气浓度,有利于水稻生长。

水稻的气管理主要体现在光合作用和呼吸作用上,而二者主要影响因素是温度、光照和有机养分等,因此,水稻的气管理一般可通过对水稻生长环境的温度、光照、肥料等方面调控即可。

六、水稻的病虫害防治

水稻病虫害种类较多,目前,水稻整个生长期常见主要病虫害有立枯病、稻瘟病、纹枯病、稻曲病、二化螟、稻苞虫、稻飞虱等。所以要根据水稻常见病虫害发病规律、发病条件、传播途径进行防治。

(一)水稻害虫综合防治技术及措施

水稻主要害虫为稻飞虱、稻纵卷叶螟和水稻螟虫。不同时期要针对不同的主要害虫进行防治。水稻害虫的综合治理措施主要有以下几方面。

①明确当地水稻不同生育期的主要害虫。

②创造不利于害虫滋生的环境,最大限度地利用自然的力量,减少化学农药的使用。

③向稻田生态系引入生防物及其产物。

④培育选用抗虫耐害的优质高产良种。

⑤安全科学使用农药,推广应用高效、低毒、低残留农药品种。

(二)稻飞虱

1. 为害习性

稻飞虱主要有褐飞虱和白背飞虱两种。褐飞虱和白背飞虱都是以成虫和若虫群集稻株基部,刺吸水稻汁液为害。被刺吸后水稻茎秆出现许多褐色斑点,稻茎部变黑褐色。同时,雌虫产卵在叶鞘组织中,使叶鞘受损出现黄褐色伤痕。受害轻者,下部叶片枯黄,千粒重减少,瘪谷率增加;重者,生长受阻,叶黄株矮,甚至出现秆烂而形成稻田成团成片死秆倒伏,造成严重减产现象。

2. 防治方法

①60%杀螟虫每亩 60g 兑水 60kg 喷雾,可兼治稻纵卷叶螟、螟虫。

②25%扑虱灵每亩 25g 兑水 60kg 喷雾。

③15%叶蝉散每亩 125g 兑水 60kg 喷雾。

(三)稻纵卷叶螟

1. 为害习性

稻纵卷叶螟又名纵卷叶虫、刮叶虫等,除为害水稻外,还为害大麦、小麦、甘蔗、谷子、茭白等作物,以及稗草、狗尾草、马唐等杂草。以幼虫为害水稻,初孵幼虫先在心叶、叶鞘内或叶片表面取食叶肉。2 龄以后,移到叶丝纵卷稻叶上、中部,躲在卷叶内取食稻叶上表皮和叶肉,仅留下白色条斑。水稻苗期受害严重的稻苗枯死;分蘖期受害,轻者植株缩短,分蘖减少,重则生育期推迟,抽穗不完全;穗期受害,影响正常抽穗结实,瘪谷率增加,千粒重降低,导致严重减产。

2. 防治方法

①25%杀虫双每亩 0.2～0.3kg 兑水 60kg 喷雾。

②25%甲胺菊酯每亩 100ml 兑水 60kg 喷雾。

③25%甲乐菊酯每亩 100ml 兑水 60kg 喷雾。

④90%杀虫单每亩 40g 兑水 60kg 喷雾。

⑤60%杀螟虫每亩 60g 兑水 60kg 喷雾,可兼治稻飞虱、螟虫。

(四)稻秆蝇

1. 为害习性

以幼虫钻入稻茎为害心叶、生长点和幼穗。苗期受害,抽出的心叶有椭圆形或长条形小洞孔,以后发展为纵裂长条,叶片破碎;夏季高温时,取食时断时续,被害叶片仅形成细的裂缝,有的只见细小孔洞。生长点被害,则分蘖增多,植株矮化,抽穗延迟。幼穗形成期被害,形成扭曲的短小白穗,或穗型残缺不全;幼穗期受幼虫间歇取食,可形成有如雀害状的部分穗粒枯白,称"花白穗"。

2. 防治方法

①5％杀虫双大粒剂每亩 1kg 拌土撒施。

②3％米乐尔颗粒剂每亩 1kg 拌土撒施。

③10％大功臣每亩 20g 兑水 60kg 喷雾。

(五)螟虫

1. 为害习性

螟虫主要有二化螟和三化螟。

①二化螟的为害习性:二化螟别名蛀秆虫、蛀心虫。除为害水稻外,还为害茭白、玉米、甘蔗、芦苇和取食其他禾本科杂草。成虫有趋光性,喜欢在叶宽、秆粗及生长嫩绿的稻田产卵。在水稻苗期和分蘖期,卵块多数产在叶片上;圆秆拔节后大多数产在叶鞘上。初孵幼虫先侵入叶鞘为害,造成枯鞘,2、3 龄开始蛀食稻茎。造成枯心、白穗或虫伤株。在水稻幼苗期,初孵幼虫一般分散为害或几条幼虫为害一叶鞘,在大苗或孕穗期一般先集中为害,数十条至百余条集中在一株稻苗上为害,发育到 3 龄以后才能转株为害。水稻被幼虫为害,在水稻分蘖期,造成枯鞘和枯心苗;在孕穗、抽穗期造成枯孕穗和白穗;在灌浆乳熟期造成半枯穗和虫伤株。

②三化螟的为害习性:三化螟只为害水稻,初孵蚁螟从卵块正面或底部咬孔爬出,多数在稻株上爬行咬孔钻进稻茎内,有一部分吐丝悬挂,随风飘到附近的稻株,或落入水面游到别的稻株上,咬孔钻入。在秧田期,蚁螟由秧苗下部从叶鞘的缝隙潜入,如无缝隙时,就直接从叶鞘的外面脉间穿孔侵入。幼虫在秧田期、分蘖期为害,咬断心叶基部,造成枯心苗,拔断处有虫咬痕迹。在孕穗至齐穗前侵害,因穗茎被咬断,抽穗后稻穗失水,变成白穗。

2. 防治方法

①25％杀虫双每亩 0.2～0.3kg 兑水 60kg 喷雾。

②5％杀虫又大粒剂每亩 1kg 拌土撒施。

③60％杀螟虱每亩 60g 兑水 60kg 喷雾。

(六)稻瘟病

1. 症状

水稻从发芽到收获都可受稻瘟病菌的侵害。根据侵染水稻生育期和部位的不同,又分为苗瘟、叶瘟、叶枕瘟、节瘟、穗瘟、谷粒瘟等。

①苗瘟在秧苗3叶期以前发病,多由种子带菌侵染引起。以旱育秧、薄膜育秧发生较重;发病初期在芽或芽鞘上出现水渍状斑点,接着芽基变成灰黑色,最后秧苗卷缩枯死。

②叶瘟在叶片上发病,从秧苗3叶期至本田期的叶片都可发病。由于天气条件、品种抗病性及生育期的不同,导致病斑的形状和大小各异。叶瘟又可分为慢性型、急性型、白点型、褐点型等4种类型病斑。

③叶枕瘟发生在叶片与叶鞘的交界处,包括叶茸、叶舌和叶环,初呈淡褐色,以后向叶片基部和叶鞘扩展变成灰褐色,严重时使整张叶片枯死。

④节瘟在稻节上发病,多发生在穗颈上第1、2节,稻节的一部分或全部变成黑褐色,后期病节干缩、凹陷、易折断,造成白色或谷粒不饱满。

⑤穗瘟和谷粒瘟在穗颈、穗轴、枝梗和谷粒上发病,以穗颈瘟为害最严重,发生早而重时常造成白穗;发生迟而轻时造成谷粒不饱满或秕粒增加,病部初呈暗褐色,然后向上下扩展,逐渐形成水浸状褪绿病斑,最后变成黑褐色,有的后期呈枯白色。

2. 防治方法

①每亩用20％三环唑50g＋25％多菌灵50g＋喷施宝1支兑水60kg喷雾防治效果最好。

②20％三环唑每亩100g兑水60kg喷雾。

③25％多菌灵每亩100g兑水60kg喷雾。

④70％甲基托布津每亩100g兑水60kg。

⑤施宝灵每亩一支兑水60kg喷雾。

(七)纹枯病

1. 症状

发病期在近水面的叶鞘上出现暗绿色水渍状小圆斑,似开水烫伤,以后病斑逐渐扩大,汇成云纹状斑块,并长出许多像蛛丝的白色菌丝,侵害邻近稻株及上部叶片,严重时可侵害到顶叶及穗部,在病害发展过程中菌丝不断集结成白色菌丝团,最后形成褐色菌核。天气特别潮湿时,病斑上可长出一层白色粉末。

2.防治方法

①井岗霉素每亩 1 包兑水 60kg。

②25％多菌灵每亩 100g 兑水 60kg。

③5％菌毒青每亩 200g 兑水 60kg 喷雾。

七、水稻的收获与贮藏

水稻必须达到完全成熟才能收割,从稻穗外部形态看,谷粒全部变硬,穗轴上干下黄,有 70％的穗轴和一、二次枚梗呈干黄色,达到上述指标(稻谷含水量为 20％～25％),说明谷壮已充实饱满,植株停止向谷粒输送养分,此时为收获适期。未完全成熟时收割,穗下部的弱势花灌浆不足,造成减产,品质下降。据测定,以单季中、晚稻抽穗后 55 天收割产量为 100％计算,则抽穗后 50 天收割,产量为 94.2％,抽穗后 45 天收割,产量为 89.1％,抽穗后 40 天收割,产量为 85.7％,大约每早割 1 天减产 1％。而且青粒米及腹白等不安全的米粒增多,稻米品质下降,适当延迟收获可减少青米的比率,改善米饭的适口性。

(一)水稻种子收获要把好"五关"

①质量关。稻种收获的质量要求是单品种收割,单品种运输,单品种脱粒,单品种晾晒,单品种贮藏。无论是人工收获,还是机械收获,都要提高收获质量。

②收期关。原则是霜前收获,活秆成熟,一般比稻谷提前 3～5d 收获,但不能过早,过早成熟度不好,籽粒不饱满,影响种子质量,导致发芽率不高,发芽势不强。但又不能过晚收获,过晚易遭霜害,易落粒,还容易造成穗发芽,因此稻种要适时收获。在水稻籽粒全部饱满,黄熟末期收获。

③水分关。水稻种子含水量要控制在 14％以下,这样才能做到安全贮存。

④脱粒关。在脱粒时要做到专品种入场,专品种脱粒,专品种保管,不能混杂,提高纯度。

⑤干燥关。割后放开铺子晾晒,2～3d 后捆成小捆,加快脱水,充分干燥。

（二）稻谷的贮藏保管

稻谷贮藏主要是防止受潮霉变和虫蛀。最简单易行的办法是将容器洗净晒干，容器下垫隔潮木板 20～30cm 高，离墙放。然后将晒干稻谷装入，在表面上铺上纸，纸上放适量混匀的草木灰、糠灰、石灰、煤灰，既可防潮又可防虫，也可在稻谷中，按 50kg 拌一斤洗净晒干臭椿树叶，然后密封。万一贮粮发霉，要翻堆散热，在强阳光下晒 5～6h，每半小时翻动一次。摊晒不宜太厚，以 1～1.5 寸为宜。这样既可除霉，又可杀虫。生虫不多，也可用风车或筛除或将粮表面作成一个个小堆子，待虫爬上再取出筛或车除。虫子发生量大或仓库贮存稻谷多，可用氯化苦、敌敌畏等熏蒸。家庭贮藏稻谷，可根据稻多少取少量花椒装入小布袋内，放入容器内防除虫害，利用花椒强烈刺激气味驱杀。若已生虫则要埋在谷底下。冬季贮藏稻谷晒干入库，防止结露（出汗），并在谷堆中插入空竹管通气降温。

作种用的稻谷在成熟收割前进行田间除杂除稗，去杂去劣。按品种收割后单打单晒分别贮藏。贮藏过程中，要防雀、虫、鼠、霉害，以保持稻的正常生活力（特别是发芽力），同时防止混杂。种子贮藏前，要利用太阳能或烘干机进行干燥，车净。贮藏库或器具要严格消毒。仓库可用千分之一的敌敌畏溶液和漂白粉喷洒一次，以杀虫灭菌。

采用机械干燥法，失水快，效率高，注意不能将种子直接放在加热器上烘干，严防烤焦稻种丧失发芽力。同时严格掌握出机种温，水分在 17％ 下的稻种，需采取两次间隙烘干法。自然干燥法采用水泥晒场，高温天气也要防止灼伤种子。

水稻种子收获后到播种要休眠 8 个月左右的时间，有的农民朋友由于不重视稻种的贮藏与保管，以致出现了种子含水量高、被老鼠偷食、混杂等现象，给水稻生产造成了诸多不利。因此，农民朋友在稻种收后，一定要做好贮藏保管工作。

①要晒干种子。种子含水量的高低是影响种子寿命的主要因素。因此，贮藏时，必须严格控制种子的水分含量，籼稻在 13％ 以下，杂交稻在 12％ 以下。鉴别稻种含水量最简单的方法，就是抓几粒种谷放进嘴里用牙咬，若发出尖脆的响声即为干燥的种子。

②要有良好的贮藏条件。种子不能与化肥、农药、油类等有腐蚀性、易受潮、易挥发的物品混贮在一起，种子入仓库内，要保持 5℃～20℃ 的温度和一定的通气条件。

③要有合理的贮藏保管方法。农家贮藏种子大多采用散堆、包装,或用仓、柜、桶、缸等存放。建议按不同品种分别用布袋装好,悬挂在通风、干燥的屋里。

④要严防混杂。贮藏时,种袋内外应有种子标签,注明品种名称、种子来源、数量、纯度等。在一个仓库同时贮藏几个品种时,品种之间要保持一定距离,以防搞错。同时要特别注意不要将种子袋弄破了,以防种子混杂。

⑤要加强贮藏期间的管理。稻种贮藏期间要经常检查,及时通风、透气,调节温、湿度,以免种子发热引起霉烂变质。在贮藏前,要将虫窝捣毁,将鼠洞堵住。用布袋挂贮的种子,可在袋周围用杉树枝叶、金钢刺等防鼠。

第二章 玉 米

第一节 玉米的生物学特性

一、玉米品种介绍

玉米的品种多种多样,不同国家和地区的玉米品种又不同,按照不同国家和地区人口的文化习惯和习俗,对主食的选择不同,玉米又可以分很多类。

（一）按形态和颖壳分

①硬粒型:也称燧石型。籽粒多为圆形,顶部及四周胚乳都是角质,仅中心近胚部分为粉质,故外表半透明有光泽、坚硬饱满。粒色多为黄色,间或有红、紫等色。籽粒品质好,这种类型的玉米是中国长期以来栽培较多的,作为主要的粮食作物。

②马齿型:这种类型又叫做马牙型。籽粒扁平呈长方形,由于粉质的顶部比两侧角质干燥得快,所以我们看到的顶部中间下凹,形状像马齿,才因此得名马齿。籽粒表皮皱纹粗糙不透明,多为黄色、白色,少数呈紫色或红色、食用品质比较差。马齿型玉米是世界及中国栽培最多的一种类型,适宜制造淀粉和酒精或者作饲料。

③半马齿型:也叫做中间型。半马齿型是由硬粒型和马齿型玉米杂交而来。籽粒顶端凹陷较马齿型浅,有的不凹陷仅呈白色斑点状。顶部的粉质胚乳较马齿型少但比硬粒型多,品质较马齿型好,这种类型玉米在中国的栽培较多。

④粉质型:又叫做软质型。其胚乳全部为粉质,籽粒乳白色,无光泽。这种类型玉米只能作为制取淀粉的原料。

⑤甜粉型:其籽粒上半部为角质胚乳,下半部为粉质胚乳。

⑥蜡质型:又叫做糯质型。其籽粒胚乳全部为角质但不透明而且呈蜡状,胚乳几乎全部由支链淀粉所组成。食性似糯米,黏柔适口。

⑦爆裂型玉米:籽粒较小,米粒形或者珍珠形,胚乳几乎全部是角质,质地坚硬透明,种皮多为白色或者是红色。尤其适宜加工爆米花等膨化性食品。

⑧有稃型:籽粒被较长的稃壳包裹,子粒坚硬,难以脱粒,是一种最原始类型,并没有栽培价值。

(二)按颜色分

①黄玉米:种皮为黄色,包括略带红色的黄玉米。

②种皮为白色,包括略带淡黄色或粉红色的玉米。

③黑玉米:黑玉米是玉米的一种特殊类型,其籽粒角质层不同程度地沉淀黑色素,外观乌黑发亮。

④富含黏性的糯玉米。⑤杂玉米:是指三种以上玉米中混合有本类以外的玉米超过5%的玉米。

(三)按品质分

①特用玉米:指除常规玉米以外的各种类型玉米、传统的特用玉米有甜玉米、糯玉米和爆裂玉米,近来新发展起来的特用玉米有优质蛋白玉米、高油玉米和高直链淀粉玉米等。由于特用玉米比普通玉米具有更高的技术含量和更大的经济价值,国外把它们称之为"高值玉米"。

②甜玉米:甜玉米通常分为普通甜玉米、加强甜玉米和超甜玉米。甜玉米对生产技术和采收期的要求比较严格,并且货架寿命短。国内育成的各种甜玉米类型基本能够满足市场需求。

③糯玉米:糯玉米的生产技术比甜玉米简单得多,与普通玉米相比几乎没有什么特殊要求,采收期比较灵活,货架寿命也比较长,不需要特殊的贮藏、加工条件。糯玉米除鲜食外,还是淀粉加工业的重要原料。中国的糯玉米育种和生产发展非常快。

④高油玉米:含油量较高,特别是其中亚油酸和油酸等不饱和脂肪酸的含量达到了80%,具有降低血清中的胆固醇、软化血管的作用。

⑤优质蛋白玉米:产量不低于普通玉米,而全籽粒赖氨酸含量比普通玉米高80%~100%,在中国的一些地区,已经实现了高产优质的结合。

⑥紫玉米:紫玉米是一种非常珍稀的玉米品种,因颗粒形似珍珠,有"黑珍珠"之称。紫玉米的品质虽优良特异,但棒小,籽粒少,亩产只有50kg左右。

二、玉米的生物学特性

玉米属禾本科玉蜀黍属,多果穗分蘖型玉米,属半紧凑型,株高 1.7m 左右,除顶节外,多数品种每个节均可结果穗,每株发生 3～4 个分枝。主茎叶片数约 11～12 片,从播种到出苗约 7d,播后 35d 左右开始拔节,生殖生长较快,播种后 45d 左右即进入生殖生长阶段开始抽雄,10d 后抽雄齐,出现抽雄后可见果穗出现,授粉后 15～20d 即可采收,从播种至采收 80d 左右。基层农技推广项目的实施有利于技术的组装应用,有利于玉米的高产创建,有利于农户的增产增收。

玉米是喜温暖,短日照作物,怕霜冻,其生长发育要求光照充足。在中国地区常年都可以以玉米作为主食,种植玉米的温热条件也具备。发芽适温 21℃～27℃、最低温度 10℃。秧苗生长适温 21℃～30℃,开花结穗期适温 25℃左右,高于 35℃时授粉、受精不良;温度低于 16℃籽粒停止灌浆,不能正常成熟,影响产量与品质。高产玉米要求灌浆结实期在最适宜温度 20℃～24℃、平均日照时数 6～10h、土壤持水量 80%～85%。品种熟期不同,对温度要求也有差别,15～17 叶的早熟品种积温要求 2 100℃～2 300℃,18～19 叶的中早熟品种 2 300℃～2 500℃,20～22 叶的中晚熟品种 2 500℃～2 800℃;玉米从播种到开花的发育速度,主要取决于温度的影响,温度高发育快,温度低发育慢,茎秆生长点感受的温度是起主要控制作用的因素。积温和有效积温对玉米的生育期长短起决定性作用,即温度高积温多则生育期缩短,反之则延长。玉米对光周期敏感,属短日照植物,热带品种移到温带栽培不易开花,在引种新品种时需要注意这一点。玉米根系发达、吸收能力强,以种植在肥沃的菜园土上为好。苗期较耐旱而不耐涝,因此需土壤排水良好,拔节抽穗时需肥水充足。

三、土壤质地选择

无论是免耕还是翻耕,玉米的产量均表现砂质粘壤土最高,砂质壤土其次,砂土最低,且砂质粘壤土壤的玉米产量显著高于砂土玉米的产量,砂质粘壤土与砂质壤土之间以及砂质壤土与砂土之间差异未达到显著水平。

玉米适应性广,但以 PH 值为 6.5～7 之间的壤土或沙壤土及粘壤土为好;玉米喜肥水,好温热,需氧多,怕涝渍,过酸、过粘和瘠薄的土壤都会使玉米生长不良。因此,以选择排灌方便,土层深厚、肥沃的壤土种植为宜。不同质地土壤上玉米的叶面积动态变化不同,苗期玉米叶面积变化为:中壤＞

砂壤＞重壤;吐丝期中壤叶面积最大,重壤与砂壤差别不大。吐丝后叶面积逐渐减小,成熟期单株叶面积大小表现为:中壤＞重壤＞砂壤,其中中壤比重壤、砂壤分别高 8.62％、34.88％。重壤叶面积比砂壤高 21.14％。从吐丝至成熟,砂壤、中壤和重壤叶面积降低的幅度分别为 61.63％、52.69％和52.54％。不同质地土壤玉米产量也不同,中壤产量最高,其次为重壤,砂壤产量最低,砂壤产量比中壤、重壤分别降低了 22.63％、5.77％。中壤和重壤、砂壤产量差异达显著水平。

而南繁地区从陵水到三亚直到乐东县,黄流、冲坡、梅山、崖城、田独、藤桥及周围的南红农场、南滨农场和师部农场均可作为玉米的最佳基地。这些地区天气晴朗,温度高,土质好。首先选择靠近水源水库、河流、主干渠有水可灌的地块。地块一定要平坦,易于灌水。土壤有机质高,四周最好有农户菜田,不要选择漏水漏肥的沙土地,或四周都是荒弃地的地块,否则老鼠危害严重。在土壤方面,选择黑色砂壤土最好,黄砂壤土一般,白砂壤土肥力最低。南繁制种田和扩繁田必须有隔离带,隔离繁殖和制种,应注意风向和空间距离,避免外来花粉造成遗传污染。有时不易找到合适的隔离地块,最好的办法就是采取时间隔离,进行错期播种。

第二节　玉米的栽培技术

一、玉米品种选择

根据生态条件,选用审定推广的高产、优质、适应性强、生育期所需活动积温比当地当季度年活动积温少 100℃左右的优良品种。优良的品种和种子是丰收的基础,品种选择是玉米生产的第一步。品种间在生育期、产量水平、抗病性、耐旱性,抗病、抗倒性以及适应区域上均存在较大的区别。在一个地区表现优良的品种,在其他地区可能表现很差,生产上经常有品种选择不当或劣质种子导致减产甚至绝产的事情发生。如何选择适宜的玉米良种,是关系到秋季增收的关键。

(一)选择通过审定的品种

购种时要看是否通过品种审定,要有品种审定号。最好选择在当地进行了 3 年以上试验示范的品种。在当地经过 3 年或更长时间的试验示范以后,基本上可以知道该品种在当地的适应性。选择在本地区能够正常成熟的品种。选择在本地区能够正常成熟的中早熟和中晚熟品种,少用晚熟品种,一般生育期短的品种产量较低,生育期长的品种产量较高。生育期过短,不能充分利用当地的热能资源,影响产量提高,生育期过长,本地生育时期不够,达不到正常成熟,不能充分发挥品种的增产潜力,延误下茬作物的正常播种。我市以 90～110d 的品种最为合适,105～110d 的品种最好采取麦垄套种,105d 以下的品种以麦收后机械化贴茬播种为好;选择生产潜力大、适应性广的品种;生育期相近的品种产量潜力可以相差很大,品种的潜力不能由穗子的大小、穗行数、行粒数、粒深、双穗率和叶子竖立与平展等形状决定,品种的生产潜力体现在产量水平上。选择抗倒伏的品种。在多风地区,一般选择抗倒伏的玉米品种。选择抗病或耐病品种。病害是玉米生产中的重要灾害,近年来品种改良更新的主要作用是抗病能力的提高。选择多熟期多品种搭配种植。多熟期、多品种搭配种植是减少病虫害和抗干旱、低温等不利环境条件的最有效的措施之一。选择实用品种。新品种的出现,是科技水平的提高和新技术的应用,但新品种不一定能高产,要选择与生产管理水平、土地肥力状况等相匹配的品种。

(二)适宜当地的热量资源

当地的热量资源与玉米品种的生长期有关。生长期长的玉米品种丰产性能好、增产潜力较高,当地的热量和生长期要符合品种完全成熟的需要。热量充足,就尽量选择生长期较长的玉米品种,使优良品种的生产潜力得到有效发挥。因此,在保证玉米正常成熟和不延误下茬作物的正常播种的前提下,尽量选育生育期长的品种。但是,过于追求高产而采用生长期过长的玉米品种,则会导致玉米不能充分成熟,籽粒不够饱满,影响玉米的营养和品质。所以,选择玉米品种,既要保证玉米正常成熟,又不能影响下茬作物适时播种。地势高低与地温有关,岗地温度高,宜选择生育期长的晚熟品种或者中晚熟品种;平地生育期适宜选择中晚熟品种;洼地宜选择中早熟品种。

(三)适宜当地生产管理条件

玉米品种的丰产潜力与生产管理条件有关,产量潜力高的品种需要好的生产管理条件,生产潜力较低的品种,需要的生产管理条件也相对较低。因此,在生产管理水平较高,且土壤肥沃、水源充足的地区,可选择产量潜力高、增产潜力大的玉米品种。反之,应选择生产潜力稍低,但稳定性能较好的品种。

(四)与前茬种植作物相协调

玉米品种的增产增收与前茬种植有直接关系。若前茬种植的是大豆,土壤肥力则较好,宜选择高产品种;若前茬种植的是玉米,且生长良好、丰产,可继续选种这一品种;若前茬玉米感染某种病害,选种时应避开易染此病的品种。另外,同一个品种不能在同一地块连续种植三四年,否则会出现土地贫瘠、品种退化现象。

(五)与当地降水和积温相适应

根据经验,上年冬季降雪量小,冬季不冷,第二年夏季降雨会比较多,积温不会高,生长期过长的品种,积温不够,影响成熟。反之,上年冬季降雪量大,冬季很冷,翌年夏季降雨一般偏少,积温偏高,宜选择抗旱性能强的品种,洼地可以适当种些中晚熟品种。

二、种子处理

玉米是北方地区主要的粮食作物。种子处理是有效防止病虫入侵的第一道防线。确保作物苗全、苗壮、安全生产。处理方法如下。

(一)精选种子

用玉米选种机械或人工粒选,剔除混杂粒、病斑粒、虫蛀粒、小粒、秕粒、破碎粒及杂质。

按 BG4404—1996 的要求执行,具体要求是种子纯度不低于 96%,净度不低于 98%,发芽率不低于 85%,含水量不高于 13%。

穗选种子精选包括穗选和粒选。穗选即在场上晾晒果穗时,剔除混杂、成熟不好、病虫、霉烂果穗后晒干脱粒做种用。

粒选,粒选即播前筛去小、秕粒,清除霉、破、虫粒及杂物,使之大小均匀饱满,利于苗全、苗齐。

一般选用作物的早熟品种。

(二)晒种

选择晴朗微风的天气,把种子摊在干燥向阳的地上或席上,连续晒 2～3d,经常翻动种子,晒匀,白天晒晚上收,防止受潮。经过晾晒后可提高种皮的透气性,使种子发芽率和发芽率提高,出苗率可提高 13%～28%。出苗期提前 1～2d。同时日光中的紫外线可以杀死种皮表面的病菌,减少玉米丝黑穗病的危害。

(三)药剂处理

1.种子包衣

播种前将干种子或催芽刚露白种子,用专用玉米种子包衣剂进行包衣,或直接选择包衣种子。种子包衣是防治苗期地下害虫、苗期病害,提供肥源,防丝黑穗病的有效措施。种衣剂是由杀虫剂、杀菌剂、复合肥料,微量元素、植物生长调节剂,缓释剂,成膜剂等加工制成。可防治地下害虫和苗期病害,防除种子带菌,促进生长发育。可按一定的药种比(一般2%)处理种子,种衣剂在种子表面3~5s迅速固化成一层药膜,好象给种子穿上"防弹背心"。对丝黑穗病常年发生的地块,宜选择含戊唑醇的种衣剂,同时正确使用含烯唑醇成分的种衣剂(播种深度超过3cm产生药害)。对丛生苗较多的地块可宜选用含有克百威含量7%以上的种衣剂。

2.增产菌拌种

增产菌是从作物根系或根际土中提取或培养出的芽孢杆菌,每亩地种子用50ml增产菌拌种,加适量水喷洒在种子表面,搅拌均匀,稍晾干后即可播种,拌种后不能超过24h,要及时播种。可以促进玉米植株生长发育健壮,增强抗病能力,提高玉米产量。也可采用生物钾肥、生物磷肥进行拌种。

3.清水浸种

浸种可促进种子发芽整齐、出苗快、苗整齐。方法有冷水浸种12~24h;50℃温水浸泡6~12h,可使种子发芽、出苗快而整齐。

4.人尿浸种

在播种前,用30%人尿浸种12h,或用50%人尿浸种6~8h,可加速种子内部养分的转化,有利于培育壮苗,可增产5%~10%。

5.磷酸二氢钾浸种

用500倍磷酸二氢钾浸种8~12h,比不浸种的玉米早出苗1~2d,增产效果明显。

6.辛硫酸拌种

用50%辛硫酸乳油50g,兑水20~40kg,可防治苗期地下害虫。

浸种应注意饱满的硬粒型种子时间可长些,秕粒、马齿型种子时间宜短;浸过的种子勿晒、勿堆放、勿装塑料袋;晾干后方可药剂拌种;天旱、地干、墒情不足时,不浸种;浸过的种子要及时播种。

三、播种

耕深以 18～24cm 为宜。对土壤肥力高,耕层厚,基肥施用量大,耕深可达 20～26cm;反之则宜浅,以免翻起生土层。一般黏土、壤土可稍深些,沙土可浅些,春玉米可深耕,夏、秋玉米则宜浅耕。整地一般要求细碎,平整,沟渠畅通。其中稻田春玉米厢宽(包沟)以 2.2～2.6m 为宜,要求冬前翻耕、冻坯,早春及时耙耢,起垄。旱地春玉米厢宽 2.4～3.0m,土层浅或排灌不便地块稍窄,翻耕要做到无漏耕、无立垡,播种前及时起垄。

(一)播种方法

玉米播种方法主要有条播和点播两种。点播按计划的行距、株距开穴、施肥、点种、覆土,套种玉米多采用此种方法。条播是用机械播种,功效较高,适用于大面积种植。

(二)播种密度

因种子大小,发芽率高低、种植密度、播种方式和栽培目的的不同,凡是种子大,发芽率低和种植密度大时,播种量应适当增加,反之减少。一般条播用种量为 45～60kg/hm²,点播为 38～54kg/hm²。此外,播种时还可以从以下几个方面考虑。

①选择纯度、净度、发芽率都达标的正规种子公司的包衣种子。此为出苗好的关键基础,最好播种前在室内做一下发芽试验,如果发芽率、发芽势不过关及时更换种子,避免时节过后损失不可挽回。使用包衣种子还可以防治苗期病虫害。

②精选种子。播种前精选种子,剔除秕粒、病虫粒。播种时按种子大小分级播种,保证出苗后整齐度高。

③比较选择播种方式。相同密度,条播比点播的播种量要大;种子大或发芽率低的播种量要大;土壤条件差或地下害虫较多的播种量要大。

④足墒、匀墒播种。土墒不足或不匀,是造成缺苗断垄或出苗早晚不齐的重要原因。所以如果墒情不够一定要及时灌溉。

⑤播种深浅和覆土厚薄要均匀一致。播种过深,出苗时间长,消耗养分多,出苗后苗瘦弱;播种过浅,容易落干,出苗不全。若播种深浅不一致,有的出苗早,有的出苗迟,出苗迟的易受欺,成为弱株。一般情况下播种深度 3～5cm 为宜,墒情差时,可适当增加播种深度。

⑥种肥隔离。播种时若带种肥,要注意种、肥不能接触,以免烧种。现

在很多地方的播种机下种口和下肥口单独分开设置,种子和化肥同时在播种的时候施用但是在土层的不同位置,这是一个很好的选择。

(三)播种注意事项

在播种时有几个方面是需要注意的,具体如下。

①注意适时播种,播种应在小春作物收获后 3d 内抢时播种,尽量争取较多的光热资源,充分发挥品种增产潜力。

②注意药剂拌种,玉米播种期至苗期病虫害发生种类多、危害重。因此,搞好药剂拌种是防治苗期病虫害的有效措施。采取种子包衣和药剂拌种,可有效防治根腐病、蓟马、地下害虫。

③适当增加播种量和注意种植密度,有钱买种,无钱买苗,增加播种量是留壮苗、保密度的基础。玉米的每亩播种量要根据计划密度、播种方式、种子大小、发芽率高低、土壤情况以及地下害虫情况而定。不能密度过大增加定苗间苗的工作量也不能缺苗断垄。因为种植密度直接影响着玉米的产量和品质。应根据品种类型和种植目的,调整好种植密度。一般品种种植密度应在 3 500 株/亩至 4 000 株/亩。对饲用青贮玉米的密度可适当提高,高淀粉玉米也应适当增加密度,有利于淀粉含量的提高。

④注意种肥施肥的原则是基肥为主,追肥为铺;有机肥为主,化肥为铺,有机与无机结合;氮、磷配合,增钾补微;基肥和种肥平衡配合施用。

为达到一次播种,实现苗全、苗齐、苗匀、苗壮。播种时,亩施农家肥 1 000kg、磷肥 20kg、复合肥 15kg 作种肥,先开沟将肥料施入再播种,使种、肥分开使用,防止烧苗。在高海拔地区应采取地膜覆盖栽培等方法。

此外玉米的播种期一般在 10 月下旬至 11 月 15 日最好。10 月以前有台风危害的可能性较大,一般在垄上开沟播种,播深为 5cm 左右,如果墒度差可以播深一些。播种后及时检查出苗情况。如果发现没有出苗,对没有出苗的垄应及时进行灌溉。灌溉时要特别注意不能大水漫灌,水不能超过垄面,如果水面超过垄面,就会影响出苗率。

四、授粉

人工辅助授粉是玉米制种生产中合理利用花粉,提高结实率,增加产量的有效方法。要收到理想效果,必须注意以下几点。

①套袋隔离。在母本植株的雌穗露出但还没有伸出柱头时,用牛皮纸袋套好。当出柱头时,用牛皮纸袋套在父本植株的雄穗上,雌、雄穗的纸袋,要用细绳或回形针扎紧,以免脱落。

②选择采粉株。玉米雄粉穗的开花顺序是：先从主轴中上部的小花开始，然后向上向下同时进行。因此根据玉米雄穗开花的规律，要选择雄穗中上部开花的父本采集花粉。

③适时采粉。从上述玉米的开花习性中可以知道，其雄穗在始花后的第 2～4d 内开花最多，进入盛花期，一天中开花最多的时间是上午 8～10时，而此时花粉的生活力也最强；雌穗在始花后的第 2～4d，处于盛花期，柱头已基本抽齐。

因此，采粉时间应选择父、母本的盛花期，并选择上午 8～10 时进行采粉。采集花粉时，将父本雄穗稍稍下弯，轻轻抖动，用人工辅助授粉器盛接花粉、采粉时要防止其他品种的花粉混入。

人工辅助授粉器是用光滑的厚纸制成 1 个圆锥形的纸筒，用厚纸作纸盖盖住下口，另外用细铁丝网做成 1 个筛子，平放于低筒内。采集的花粉可通过筛子均匀授到柱头上。在无风或微风的晴天，露水干后，一般上午 9 点以后采粉为宜，阴天可延长到下午。采粉时，一只手捏住雄穗轻轻摇动，另一只手拿采粉器接住花粉。采下的花粉过筛后分批量装到授粉器里，以免一次装多成疙瘩。采粉时切忌用金属器皿作收粉器和授粉器，以免降低花粉活力。另外，对旗叶包得紧的品种，要先将旗叶扒开再采粉。

由于玉米是单性花、异花授粉，因此在杂交时，不需要去雄，因而也不需要整穗。其杂交方法和步骤主要为调节开花期、选株、隔离、采粉、授粉和收获等。

①调节开花期。由于玉米是单性花，在调节开花期方面，必须使母本的雌穗和父本的雄穗的花期一致。可用分期播种的方法调节父、母本的花期。

②选株。父、母本均应选择生长健壮、无病虫害和具有本品种典型性状的植株，作为杂交对象。

授粉时，先取下雌穗上的纸袋，立即用人工辅助授粉器的下口对准雌穗的柱头，轻轻抖动授粉器，使花粉落在柱头上。授粉后，仍用原来的纸袋将雌穗套好，但应在袋顶和穗顶之间留出一定的距离，以防止因果穗伸长而顶破纸袋。纸袋套好后，应在雌穗基部拴上纸牌（或塑料牌），写明杂交组合、授粉日期和操作者姓名等项内容。

此外玉米生育中期，喜欢 26℃～28℃ 的温暖生态环境。而海南岛玉米开花期间正值春节前后，这时受冷空气南下影响，气温下降并伴有冬旱，往往导致玉米雌雄不调。人工授粉可以解决这一难题，提高结实率。具体作法是，大面积配制新组合的，除按正常行比和错期播种及偏肥偏水管理外，还可另选一块地单繁部分父本（可分期播种），作为采粉区。每天上午，用塑料盆或瓷盆收集花粉，过筛，倒入自制的授粉器（如玻璃瓶，口上扎有纱布），拿到母本花丝上方轻轻振动(注意节约花粉),使花丝授粉。对于吐丝慢的母本,可提前将苞叶尖部剪掉一小段,辅以偏肥偏水管理,可促使其提早吐丝。对于抽雄早的父本,可采取隔株"断根"的办法,延缓其散粉。实践证明,在抽雄前浇水对于雌雄开花协调,增大花粉量,延长开花期有决定性的作用。

五、玉米的光、温、水、气、肥管理

玉米苗期气温高,生长快,一般 7d 左右就可出苗。出苗后如发现缺苗,应及时采取措施。一是移苗,在 16 点以后进行移植,注意保护好根系不受伤害,带土移栽,移完以后每天灌水一次,保持 2～3d;二是补种,先开沟灌水后进行补种;三是对于墒度差种子没有腐烂而引起的缺苗进行沟灌,灌溉时千万注意用水适量,水不能超过垄面。在玉米 5～6 叶时进行定苗,株距为 20～30cm。同时注意杂草的防治,防止杂草过多影响玉米苗期的生长。在玉米生长期内一般追肥两次,分别在玉米苗期后和大喇叭期,每次施用尿素 225kg/hm²,施肥后可根据墒情及时灌溉。同时在抽雄前后根据具体情况可增加叶面肥的施用,这样可以增加玉米的千粒重,防止早衰,在施肥时要注意合理施肥,因为玉米施肥要求施足底肥,早施苗肥,重施穗肥,补施粒肥。玉米苗期如果缺水,应及时进行灌水,宜沟灌。水分以土壤保持湿润为宜,在雨天、土壤潮湿、积水的情况下,要注意开深沟排积水,改善土壤通气条件。前期宜浇不宜灌,中后期干旱可灌水,灌后即排。全生育期一般灌水 4～6 次,灌水量要足。此外玉米高光效栽培技术是一种新的增产增收的新型种植模式,在其田间管理过程中应做到以下几点。

①化学除草:播种后 5～7d,应用高效除草剂进行土壤封闭处理。

②查苗补种:出苗前及时检查发芽情况,如有粉种,及时催芽坐水补种。

③间苗定苗:当幼苗长到 3～4 片叶时,间掉小苗,弱苗,留壮苗。

④防治玉米螟:利用赤眼蜂防治玉米螟。

⑤防治大小斑病:在玉米抽穗前后,病情扩散前用百菌清或甲基托布津进行预防。

六、收获

玉米分春玉米和秋玉米,春玉米 4 月下旬 5 月上旬播种,8 月下旬可收获;秋玉米最迟不能迟于 7 月中旬播种,10 月中下旬收获。

玉米的成熟需经历乳熟期、蜡熟期、完熟期三个阶段。因玉米与其他作

物不同,籽粒着生在果穗上,成熟后不易脱落,可以在植株上完成后熟。因此,完熟期是玉米的最佳收获期;若进行茎秆贮时,可以适当提早到蜡熟末期或完熟初期收获。

玉米收获不能只看到玉米苞叶变白就进行收获,现在好多品种多有"假熟"现象,就是玉米苞叶提早变白但子粒还没有停止灌浆,如果这时候收获,玉米将会比完全成熟时减产 10% 左右。玉米合适的收获时间应该是在玉米籽粒停止灌浆后,收获的标准是苞叶变白干枯同时籽粒基部出现黑层、籽粒乳线消失,这个时期收获玉米的籽粒产量最高。具体观察黑层和乳线的方法如下。

把玉米果穗从中间掰断,直接可以看到玉米籽粒的顶端和基部之间有一条线,这条线就是玉米灌浆的乳线,这条线消失是玉米成熟收获的一个标志;另一个标志是黑层,从果穗上取下一颗玉米粒,把玉米粒基部和玉米穗轴连接的部分去掉,会看到玉米粒的基部有一点黑色的覆盖物,这就是黑层,当黑层出现玉米籽粒的灌浆就完全停止了。

母本果穗成熟后,应连同纸牌(或塑料牌)一起单独收获,并单独保存,供来年播种检验杂交是否成功。玉米的收获是根据品种的生理特性确定的。因此把玉米分为早熟、中熟、晚熟品种。不同品种种植到不同地区,也因各种环境条件的影响,而收获时间有所差异。过早过晚收获,都会降低玉米的产量和品质。正确掌握玉米的收获期,是确保玉米优质高产的一项重要措施。若乳熟期过早收获,这时植株中的大量营养物质正向籽粒中输送积累,籽粒中尚含有 45%～70% 的水分,此时收获的玉米晾晒会费工费时,晒干后千粒重大大降低,据试验,乳熟期收获一般可减产 2～3 成,而且品质明显下降。完熟期后若不收获,这时玉米茎秆的支撑力降低,植株易倒折,倒伏后果穗接触地面引起霉变,而且也易遭受鸟兽危害,使产量和质量造成不应有的损失。所以玉米成熟后应及时收获,收获后注意天气变化,准备好防雨用品,待种子充分晒干后进行脱粒。要注意的是当苞叶变黄。籽粒变硬时,应及时收获。地膜玉米收获后要及时将地膜捡拾干净,集中处理,避免污染土壤和影响后作物。

七、病虫害防治

玉米病害的发生和危害呈加强趋势,发生严重的有玉米大斑病、小斑病、青枯病、褐斑病、纹枯病等。苗枯病、粗缩病、锈病在局部地区也发生较重,对玉米生产造成了很大影响。

(一)玉米叶鞘紫班病

症状:玉米灌浆中后期,中上部叶鞘或苞叶上产生绿豆大小的黑褐色斑块,有的稍带紫色,后在叶鞘及苞被上产生不规则或近圆形紫斑。

病原:Ascochyta zeae Stout 称玉米壳二孢,属半知菌亚门真菌。分生孢子器埋生在病叶或茎组织内,壁膜质,基部分化程度较浅,具孔口;分生孢子双细胞,无色或有时略带浅色,大小(8.5~13.5)μm×(3~4.5)μm。该病与叶鞘内群聚蚜虫有关,尤其是天气转冷时,蚜虫分泌的糖液、排出的粪物混合在内发霉,造成外面的块块斑痕,蚜虫在叶鞘内繁殖迅速。

传播途径和发病条件:病菌以分生孢子器、菌丝体潜伏在病残组织上留在土壤中越冬,翌年产生分生袍子进行初侵染,玉米发病后病部又产生分生孢子进行再侵染。七八月气温高,蚜虫发生猖獗,有利于该病的发生和扩展。

防治方法:抽雄前防止蚜虫向叶鞘转移是防治鞘斑病的关键。

(二)粘虫

为害状:以幼虫取食为害。粘虫食性很杂,尤其喜食禾本科植物,咬食叶组织,形成缺刻,大发生时常将叶片全部吃光,仅剩光杆,抽出的麦穗、玉米穗亦能被咬断。食料缺乏时,成群迁移,老熟后,停止取食。

发生条件和传播途径:粘虫喜温暖高湿的条件,在1代粘虫迁入期的5月下旬至6月降雨偏多时,2代粘虫就会大发生。高温、低湿不利于粘虫的生长发育。粘虫为远距离迁飞性害虫。

防治技术:

①药剂防治。冬小麦收割时,为防止幼虫向秋田迁移为害,在邻近麦田的玉米田周围以2.5%敌百虫粉,撒成4寸宽药带进行封锁;玉米田在幼虫3龄前以20%杀灭菊酯乳油15~45g/亩,对水50kg喷雾,或用5%灭扫利1 000~1 500倍液、40%氧化乐果1 500~2 000倍液或10%大功臣2 000~2 500倍液喷雾防治。

②生物防治。低龄幼虫期以灭幼脲1~3号200PPM防治粘虫幼虫药效在94.5%以上,且不杀伤天敌,对农作物安全,用量少不污染环境。

(三)玉米红蜘蛛

为害状:以成、若螨刺吸玉米叶背组织汁液,被害处呈失绿斑点,影响光合作用。为害严重时,叶片变白、干枯,籽粒秕瘦,造成减产,对玉米生产造成严重影响。

发生条件与传播途径：玉米红蜘蛛喜高温低湿的环境条件，干旱少雨年份或季节发生较重。以雌成螨在作物、杂草根际或土缝里越冬。越冬雌成螨不食不动，抗寒力强。春季气温达 7℃～12℃ 以上产卵孵化，发育至若螨和成螨时，转移至杂草和玉米上为害。7～8 月进入为害盛期。

防治技术：

①农业防治。深翻土地，将害螨翻入深层；早春或秋后灌水，将螨虫淤在泥土中窒息死亡；清除田间杂草，减少害螨食料和繁殖场所；避免玉米与大豆间作。

②药剂防治。当叶螨在田边杂草上或边行玉米点片发生时，进行喷药防治，以防扩散蔓延。可用 20%三氯杀螨醇乳油、73%克螨特乳油或 5%尼索朗乳油 1 500 倍液喷雾防治。其他防治麦红蜘蛛的药剂亦可用于防治玉米红蜘蛛。

(四)玉米矮花叶病

症状：最初在幼苗心叶基部细脉间出现许多椭圆形褪绿小点，排列成一至多条断断续续的虚线，以后发展为实线。病部继续扩大，在粗脉间形成许多黄色条纹，不受粗脉的限制，作不规则的扩大，与健部相间形成花叶症状。病部继续扩大，形成许多大小不同的圆形绿斑，变黄、棕、紫或干枯。重病株的黄叶、叶鞘、雄花有时出现褪绿斑，植株矮小，不能抽穗、迟抽穗或不结实。

发病条件与传播途径：蚜虫吸食带病毒杂草和带病毒种子长成的幼苗后即带病毒，再到健苗上取食，即把病毒传到玉米或其他寄主上。随着蚜虫数量的增长及迁飞，该病在田间扩散、蔓延，造成多次侵染，容易造成大面积受害。病害流行区由于杂草和种子带毒率高，只要有发病环境条件再配合大面积种植感病品种，极易使该病流行起来。气温达到 20℃～25℃ 时，有利于蚜虫的迁飞与传毒活动，如田间毒源多，蚜虫带毒率高，有利于该病流行；当气温达到 26℃～29℃ 时，对该病有抑制作用；较长时间的降雨对蚜虫的迁飞影响较大，对传毒不利。

防治技术：

①种植抗病品种。

②清除杂草，减少病源。

③防治蚜虫传毒。采用包衣种子播种，苗期施药治蚜。

玉米的病虫害防治除了以上的方法之外还可以采用以下的几种方法。

①推广抗病品种。利用现代高新技术培育多抗性品种，提高良种的覆盖率。

②种子处理。用适乐时、立克莠、玉米种衣剂等包衣，杀灭种子携带的

病原菌,预防苗期病害。

③轮作倒茬。与非禾本科作物轮作,减少病原菌积累。

④加强田间管理。多施腐熟的农家肥,增施磷、钾肥和微肥;合理密植,及时中耕排捞,创造有利于玉米生长,而不利于病害发生的环境。

⑤清洁田园。及时摘除底部病叶,收获后将病残体带出田外销毁,减少病害初浸染来源。

⑥加强技术指导。制定主要病害的防治指标,做好预测预报,及时指导农民开展防治。

⑦科学用药。苗期多雨时,应及早喷施多菌灵、禾果利防治苗枯病、纹枯病。偏旱年份,及时喷施蚜虱净、大功臣等防治蚜虫、灰飞虱等传毒介体,在粗缩病、矮花叶病等发生初期,喷施病毒 A、OS-施特灵、菌毒清等。7月份以后,用多菌灵、百菌清、代森锰锌等喷雾,10～15d 一次,连喷 2～3次,可兼治多种病害。在锈病、纹枯病发生重的田块,用禾果利、粉锈宁防治。在防治过程中给各种农药加入新高脂膜,可提高农药药性 300％以上。

第三章　小　麦

第一节　小麦的生物学特性

一、我国小麦的种植品种介绍

(一)冬小麦

冬小麦是稍暖的地方种的,一般在 9 月中下旬至 10 月上旬播种,翌年 5 月底至 6 月中下旬成熟。比如华北及其以南是冬小麦。在我国一般以长城为界,以北大体为春小麦,以南则为冬小麦。我国以冬小麦为主。

分别在新疆奎屯及广东陆丰种植近春性小麦品种"南""北"两地收获的种子。对其中感光性强的品种在陆丰种植时,单设补充光照区,从二叶一心开始,每晚补充光照 3 小时半,连续 30d。

在新疆石河子用欧柔、青春 5 号及那达多列斯 3 个近春性品种进行试验,除播各品种、"南""北"两地收获的种子外,还将各品种两种来源的种子在冰箱内春化处理后相邻种植,并用"春化(北)"及"春化(南)"表示,分别记载抽穗期 1982—1983 年春季,在新疆石河子用欧柔及青春 5 号两个近春性品种进行试验。在陆丰冬繁的近春性小麦品种均 21 月下旬以后才抽穗,种子形成期间平均气温为 31℃～61℃,有时日平均气温在 10℃ 以下,极端最低气温在 5℃ 以下。据前人对黑麦等作物的研究,认为母本植株上未成熟的幼胚,如果处于较低的气温条件下则具有开始进行春化的能力。本研究表明,陆丰南繁收获的种子长出的植株,之所以会提前抽穗,显然与种子形成期间进行的低温春化有关。

武春 3 号由武威市农科所选育。生育期 95～98d,株高 75～80cm,茎秆粗壮,属矮杆型品种,抗倒伏。千粒重 50g 以上,容重 800g 以上,籽粒含蛋白质 14.29%,赖氨酸 0.44%,湿面筋 32%,抗逆性强。抗吸浆虫,高抗叶枯病、条锈病和赤霉病,抗根病。一般亩产 500kg 以上,适宜推广种植。

陇辐 2 号由张掖市农科所培育。生育期 98～102d,株高 80～85cm 左右,茎秆粗壮,属矮秆型品种,抗倒伏。千粒重 48g 左右,容重 800 克左右,籽粒含蛋白质 13%～17.3%,赖氨酸 0.39%,湿面筋 28.3%,抗病、抗倒伏、耐干旱、抗干热风。一般亩产 500 千克以上,适宜推广种植。

甘春 21 号由甘肃农业大学、甘肃富农高科技种业有限公司选育。普通春小麦,幼苗直立,株型紧凑,叶片绿色。株高 79～90cm,属半矮秆类型,收获指数 0.54。穗白色圆锥形,长芒,无颖毛。护颖椭圆形,方肩,颖嘴锐形,颖脊明显,窄而有齿。穗长 7.6～9.8cm。小穗 18～21 个,穗粒数 45.5 粒,籽粒白色、角质、卵圆形。千粒重 42.5～60.7 克,容重 792～804g/L。生育期 91～106d。含粗蛋白质 149.7g/kg,含赖氨酸 4.5%,湿面筋(14% 湿基)269g/kg,沉降值(14% 湿基)47.2ml。耐水肥抗倒伏、耐高温干热风、抗青干、抗黄矮病、中抗叶枯。叶片功能期长,熟相较好。

辽春 9 号生育期 83d 左右。株高 100cm 左右,穗纺锤体,长芒、白壳、红粒、穗大、籽粒饱满,千重粒 35～42g。抗秆锈病,感染叶锈病和白粉病,易感散黑穗病。耐旱、耐瘠薄,适应性强。耐干热风,成熟时落黄好。抗倒性较差,在水浇地栽培易倒伏,在旱地栽培不易倒伏。麦穗口松,收获过晚易落粒。

(二)近春性小麦

1.宁麦 13

特征特性:春性,全生育期 210d 左右,比对照扬麦 158 晚熟 1d。幼苗直立,叶色浓绿,分蘖力一般,两极分化快,成穗率较高。株高 80cm 左右,株型较松散,穗层较整齐。穗纺锤形,长芒,白壳,红粒,籽粒较饱满,半角质。平均亩穗数 31.5 万穗,穗粒数 39.2 粒,千粒重 39.3g。抗寒性比对照扬麦 158 弱,抗倒力中等偏弱,熟相较好。接种抗病性鉴定:中抗赤霉病,中感白粉病,高感条锈病、叶锈病、纹枯病。

2.扬麦 15

特征特性:春性,中熟,比扬麦 158 迟熟 1～2d;株型紧凑,株高 80cm,抗倒性强;幼苗半直立,生长健壮,叶片宽长,叶色深绿,长相清秀;穗棍棒形,长芒,白壳,大穗大粒,籽粒红皮粉质,每穗 36 粒,子粒饱满,粒红,千粒重 42g;分蘖力中等,成穗率高,每亩 30 万穗左右;中抗至中感赤霉病,中抗纹枯病,中感白粉病。耐肥抗倒,耐寒、耐湿性较好。

3. 扬麦 18

特征特性:幼苗直立,分蘖力较强,成穗率较高,纺锤型穗,长芒、白壳、红粒、半角质。2005～2006、2006～2007 两年区域试验表明,抗寒力与对照品种(扬麦 158)相当。全生育期 209～214d,熟期比对照品种晚 1d 左右;株高 81cm 左右,比对照品种矮 10cm 左右;亩穗数为 30 万左右,穗粒数 46 粒左右,千粒重 40g 左右。

4. 镇麦 8 号

特征特性:春性,全生育期 205d 左右,比对照扬麦 158 晚熟 1d。幼苗半直立,叶色深绿,叶片宽大略披,分蘖力强,成穗率较高。株高 88cm 左右,株型较紧凑。穗层较整齐,穗纺锤型,长芒,白壳,红粒,籽粒半角质至角质,籽粒饱满。平均亩穗数 33.05 万穗,穗粒数 35.8 粒,千粒重 43.3g。抗寒性与对照扬麦 158 相当。抗倒性中等。后期转色正常,熟相较好。接种抗病性鉴定:中抗秆锈病、中感赤霉病、纹枯病,慢叶锈病,高感条锈病、白粉病。

5. 镇麦 168

特征特性:春性,全生育期 208d 左右,与对照扬麦 158 相当。幼苗半直立,叶色淡绿,分蘖力中等,两极分化较快,成穗率较高。株高 85cm 左右,株型半紧凑,穗层较整齐。穗纺锤型,长芒,白壳,红粒,籽粒半角质,较饱满。平均亩穗数 33.6 万穗,穗粒数 35.1 粒,千粒重 40.4g。抗寒性与对照相当,抗倒力较强,熟相好。抗病性鉴定:中抗赤霉病、纹枯病,慢叶锈病,中感条锈病,中感至高感秆锈病、高感白粉病。

6. 平安 6 号

特征特性:弱春性,中早熟,成熟期比对照豫麦 18～64 晚 1d,与对照偃展 4110 同期。幼苗直立,叶短宽、青绿色,分蘖力中等,起身拔节较快,抽穗较早,分蘖成穗率一般。株高 78cm 左右,株型紧凑,叶片上冲,长相清秀,穗层不整齐。穗纺锤形,长芒,白壳,白粒,籽粒角质,饱满度较好,黑胚率低,商品性好。平均亩穗数 40.6 万穗,穗粒数 33.6 粒,千粒重 40.6g。苗期长势壮,耐寒性较好。对春季低温较敏感。茎秆弹性好,抗倒伏。根系活力强,后期叶功能期长,耐后期高温,落黄好。接种抗病性鉴定:中抗至慢条锈病,慢叶锈病,中感纹枯病,中感至高感秆锈病,高感白粉病、赤霉病。田间自然鉴定:中抗叶枯病。

二、小麦的生物学特性

小麦是一种温带长日照植物,适应范围较广,自北纬 17°～50°,从平原到海拔约 4 000m 的高原(如中国西藏)均有种植。按照小麦穗状花序的疏密程度,小穗的结构,颖片、外稃和芒以及谷粒的性状、颜色、毛绒等,种下划分为极多亚种、变种、变型和品种;根据对温度的要求不同,分冬小麦和春小麦两个生理型,不同地区种植不同类型。在中国黑龙江、内蒙古和西北种植春小麦,于春天 3～4 月播种,7～8 月成熟,生育期短,约 100d 左右;在辽东、华北、新疆南部、陕西、长江流域各省及华南一带栽种冬小麦,秋季 10～11 月播种,翌年 5～6 月成熟,生育期长达 180d 左右。

(一)小麦品种的冬春性

小麦的种子在土壤里萌动以后,必须经过一段时间的低温条件,才能起身拔节发育形成结实株体,这段时间叫做小麦的春化阶段。冬性品种通过春化阶段要求的温度较低,一般在 0℃～3℃,历时 40～45d。半冬性品种通过春化阶段的要求的温度一般在 3℃～6℃,历时 10～15d。半冬性品种在 8℃ 以上的也能通过春化,但植株抽穗比较慢。春性品种通过春化阶段的温度较高,一般是在 7℃～15℃,5～8d 就能通过春化。因此,在没有适宜种植的春性品种的情况下,选用半冬性品种为宜。

为了使小麦尽快通过春化,及时成熟,可采用下列方法。

①早播种春节前后,遇到气温较高的时段,当地表化冻 6cm 深左右时,即可抓住时机播种。在以后冷暖交替的情况下,小麦种子萌动通过春化,一般能够及时成熟。

②在播种前将萌动种子在 0℃～5℃ 低温下处理 10～25d,然后播种。冷处理时注意种子通风透气,不宜用塑料布等不透气的东西裹得太紧,因为种子萌动以后呼吸强度加大。

欧柔等 3 品种在陆丰南繁的种子,冰箱春化处理的新疆春繁的种子,在新疆石河子春播,均比未春化处理的新疆春繁的种子长出的植株提前抽穗 3～9d,且各品种前两种种子提前抽穗的天数相近。从而可以间接推断,在陆丰南繁的近春性品种,在种子形成期间处于相对较低的温度条件下,因此幼胚进行了一定春化作用,如同萌动后人工低温春化处理的种子一样,都有促进提前抽穗的效应,在陆丰冬繁收获的种子进行人工低温春化处理后,长出植株的抽穗期会进一步提前 1～3d。这表明,在陆丰收获的种子虽进行了一定春化作用,但对这些近春性品种来说,尚未完成春化全过程。

　　某些近春性小麦品种不仅萌动的胚能进行种子春化,长出的幼苗能进行植株春化,而且种子形成期间如果处于较低的适宜温度条件下,还能进行幼胚春化。近春性品种南繁种子提前抽穗的效应,就是由幼胚春化引起的。这种幼胚春化的实质就是种子春化,它是种子春化的一种特殊形式,只不过进行低温春化的时间早晚不同罢了。

　　生育期 83 天左右,比铁春 1 号长 2～3d。株高 100cm 左右,穗纺锤形,长芒、白壳、红粒、穗大、籽粒饱满,千粒重 35～42g。抗秆锈病,感染叶锈病和白粉病,易感散黑穗病。耐旱、耐瘠薄,适应性强。耐干热风,成熟时落黄好。抗倒性较差,在水浇地栽培易倒伏,在旱地栽培不易倒伏。麦穗口松,收获过晚易落粒,近春性小麦耐干旱,可以在冬季存活。

　　(二)弱春性小麦的生物学特性

　　一年或二年生草本植物,茎直立,中空,叶子宽条形,子实椭圆形,腹面有沟。子实供制面粉,是主要粮食作物之一。由于播种时期的不同有春小麦、冬小麦等。

　　这种植物的子实是自花授粉,禾本科小麦属的重要栽培谷物。一年生或越年生草本;茎具 4～7 节,有效分蘖多少与土壤环境相关。叶片长线形;穗状花序直立,穗轴延续而不折断;小穗单生,含 3～5 花,上部花不育;颖革质,卵圆形至长圆形,具 5～9 脉;背部具脊;外稃船形,基部不具基盘,其形状、色泽、毛茸和芒的长短随品种而异。颖果大,长圆形,顶端有毛,腹面具深纵沟,不与稃片粘合而易脱落。

　　小麦富含淀粉、蛋白质、脂肪、矿物质、钙、铁、硫胺素、核黄素、烟酸及维生素 A 等。因品种和环境条件不同,营养成分的差别较大。从蛋白质的含量看,生长在大陆性干旱气候区的麦粒质硬而透明,含蛋白质较高,达 14％～20％,面筋强而有弹性,适宜烤面包;生于潮湿条件下的麦粒含蛋白质 8％～10％,麦粒软,面筋差,可见地理气候对产物形成过程的影响是十分重要的。面粉除供人类食用外,仅少量用来生产淀粉、酒精、面筋等,加工后副产品均为牲畜的优质饲料。

三、小麦的土壤质地选择

　　耕作整地可使耕层松软,土碎地平,干湿适宜,促进小麦苗全苗壮,保证地下部与地上部协调生长,所以是创造高产土壤条件的重要环节。具体方法,因水田、旱地以及不同前作而不同。

　　①轮做倒茬:选择土地平整,土层深厚,土壤肥力中上等的伏翻地。前

茬为经济作物、绿肥和豆科作物最好。

②深翻平地：合理深翻，能提高产量。一般耕深不应低于 25cm，不重不漏，到头到边。翻后用平地机对角平地一遍。

③播前整地：在适墒期内用缺口耙带耱子，采用对角线方法耙耱保墒，或用联合整地机整地，整地质量要求达到"齐、平、松、碎、净、墒"六字标准。选地势平坦，地块较规则，排灌水条件良好，保水保肥的地块，进行翻、耙、耢，达到地面平整，地面无坷垃，土壤疏松，通透性好，耕翻深度一致，蓄水保墒。如有条件翻地前最好亩施优质腐熟农家肥 2m³，以提高地力，改良土壤结构。为了减少排灌水时对土壤的冲刷，达到漫灌的效果，一般做成 1.0～1.2m 宽的畦，畦间 30cm 的排灌水沟。

第二节　小麦的栽培技术

一、小麦的播种

不同播种期、播种量、播种深度等不仅能调控小麦的群体结构，还会影响小麦的生育进程、产量和品质。

（一）适时播种

在影响小麦形成壮苗的诸因素中，温度是最主要的因素。因此，播种期早晚是能否形成壮苗的关键，必须适期播种。若播期过早，麦苗易涉长，冬前群体发展难以控制；土壤养分早期消耗过度，易形成先旺后弱的"老弱苗"；易受病虫害、冻害等。播期过晚的缺点是：①温度低，出苗慢，出苗率低，苗龄小，冬前营养生长量不够而形不成壮苗；②根系不发达，分蘖少，体内有机养分积累少，抗逆性差；③发育延迟，穗分化开始晚，穗头小；④成熟延迟，种子形成和灌浆过程处在较高温度条件下，千粒重降低，显著减产，影响品质。不同地区条件不同，播期有所不同。一般的小麦在 10 月 5—10 日播种，到 12 月 10 日，日平均气温下降到 0℃进入越冬期，冬前大于 0℃，积温 600℃～650℃，能满足小麦形成壮苗的要求。

（二）适量播种

播量的多少，要因地因条件因品种制宜。中产田因地力不是太好，适当增加播量,可较多地依靠主茎穗争取高产。高产田若播量过大,易引起群体过大,通风透光不好,个体生长弱,易倒伏,若适当降低播量,群体不会过大,个体促壮,抗倒,穗大,产量较高。播量的多少是建立合理群体结构的关键,不同的品种要掌握一定的播种量。播种深度,播深一般以 3～4cm 为宜,深浅一致,可使出苗迅速,苗齐,苗壮。播种过浅,易落干,缺苗断垄,易受冻害;过深出苗率低,出苗时间长,苗弱,分蘖晚,分蘖少,次生根少,难以形成适宜的群体结构。

二、小麦的种子处理

(一)选种、晒种

播前要进行筛选,除去破、秕瘦粒、石块、草子等,并抢晴天晒种 1～2d,以杀死种子表面的病菌。一般可提高种子发芽率 8%～12%。

(二)进行药剂拌种

①辛硫磷拌种。在地下害虫(特别是蛴螬)多的地区,可用 50%辛硫磷 100g,对水 1.50～2.00kg,拌小麦种子 50kg。②"3199"拌种。可用 75%的乳剂 100～500g,对水 2～3kg,拌小麦种子 50kg。种子拌匀后堆闷 12h,即可播种。③粉锈宁拌种。在全蚀病、锈病、黑穗病多发地区,可用 15%可湿性粉锈宁 50～100g,干拌 50kg 麦种。④以 1%的小苏打溶液浸种或用阿斯匹林 50 片加水 2.50kg 溶解后拌麦种 32kg,拌后堆闷 1～2h。

(三)浸种

①以 28℃～30℃温水浸种 12h,可杀死或清除种皮病菌。②用 1%石灰水或 2%的食盐水,浸泡种子 12h,能漂出秕瘦种子,杀死病毒。③用 10%多菌灵 20～30g,对水 40～60kg,可浸种 20～30kg,浸种 12h 后播种,可预防小麦赤霉病。④用 6.5%矮壮素溶液浸种 9h 左右,可防止小麦徒长、倒伏,并有增产作用。用 0.3%氯化钠溶液浸种 24h,捞出晾干播种,可使小麦抗旱、抗旱热风。

1982～1983 年春季,在新疆石河子用欧柔及青春 5 号两个近春性品种进行试验。每品种各用 9 种不同来源及处理的种子:①连续在新疆春繁的种子(北);②新疆春繁的种子在 3℃～5℃冰箱内春化处理 1 天(春化);③上年经人工春化处理后在新疆春繁的种子(春化—北);④南繁一代的种子(南);⑤连续南繁两代的种子(南—南);⑥连续南繁三代的种子(南—

南—南);⑦南繁一代又在新疆春繁的种子(南—北);⑧连续南繁两代又在新疆春繁的种子(南—南—北);⑨连续南繁三代又在新疆春繁的种子(南—南—南—北)。各处理分别记载抽穗期。对其中①、②、④三种材料的幼穗分化进程隔天取苗观察一次,成熟后各材料取 1 株进行室内考种,并测定处理间的差异显著性。

三、小麦的光、温、水、气、肥管理

一般半冬性小麦的后熟期为 60～70d,冬性小麦的后熟期为 80d,在后熟期,种子的呼吸作用很旺盛,不断地释放水和二氧化碳,引起种子表层湿润。为此,未完成后熟作用的小麦种子,储藏时稳定性很差,必须采取措施,加速其后熟阶段的完成。

(一)水分需求

各地区降水量分布很不平衡,北方秋、冬、春一般降水较少,夏季多雨。小麦生长期间的降水量只占常年降水量的 30% 左右,只能提供小麦全生育期耗水量的 1/4,特别是从拔节到灌浆,小麦耗水量最多,但此时干旱少雨,所以小麦的整个生育期内都受到水分不足的威胁。因此,水是影响小麦产量的重要因素。对于群体过旺苗,一般应采取晚浇或不浇。

冬小麦各时期灌溉技术方法:

①播前灌水,足墒下种是培育壮苗,夺取小麦高产的关键,土壤湿度应保持在田间持水量的 70～80(含水 16～18)低于 55 以下时,出苗慢而不全。两种方式:一是在翻地前浇,叫茬水;一是在翻地后浇,叫塌墒水。前者水量小些,但灌水期提前,有利于冬性品种早播;后者灌水量大,使底墒更充足,对出苗有利,在不误播期的情况下,壮苗增产效果显著。

②冬灌,根据温度土壤水分和苗情,决定是否冬灌。适宜温度日平均气温 3℃ 左右。冬灌过早,气温尚高,蒸发量大,起不到蓄水,增墒的作用,同时还会引起麦苗徒长,不抗冻。冬灌过晚,气温偏低,土壤冻结,水分不能下渗,会使麦苗受冻或窒息死亡。有农谚,"不冻不消冬灌早,只冻不消冬灌晚了,夜冻日消冬灌正好"。在唐山地区大约在立冬至小雪。气温下降到 0℃ 以下时,冬灌的比未冬浇的地温高一些。对麦苗安全越冬大有好处。冬灌要根据当时土壤水分含量而做,如果低于田间持水量的 70(含水量小于 16)就要冬灌。如果高于 70 时,可适当推迟冬灌或不冬灌。但要加强松土、保墒措施,提高地温,促使小麦根系下扎,以培育壮苗。苗情也是考虑是否进行冬灌的重要条件。旺苗一般不缺水肥,不必冬灌。弱苗(尤其是晚茬;单

独苗)也不宜冬灌,以防受冻死苗。冬灌水量不宜过大,以免地面积水,遇低温而形成冰壳,致使植株地上部受冻,根系窒息,分苞死亡。

③春季灌水,对于冬小麦中低产田,一般都应浇好返青水,但是浇返青水的时间不宜过早,开春后,主要应以划锄提高地温为主,可促进麦苗早返青,当 5cm 地温回升到 5 左右时,再浇返青水,对促进有效穗数有很大作用。高产田,为了控制群体不过大,防止倒伏,一般茬如已经冬灌,返青时不施肥、不浇水,只进行松土保墒和深中耕伤根等措施,到起力、拔节期麦田开始两极分时再结合施肥浇水。孕穗期是小麦性器官—花粉形成期也是小麦需水的临界期,不能缺水,如果此时缺水,会使花粉败育,不能结实。

④后期灌水,灌浆水,促进小麦子粒形成,加快灌浆速度,捉高粒重(比未灌的提高 2~3g 干粒重。灌浆期;必须注意风雨,防止倒伏。为了节水,一般多采用喷灌:喷灌一般用 20~30m³ 水量(约每亩 13~20m³)可喷灌一次,喷灌比地面灌溉省水 50% 左右,对于渗水性强,保水差的沙土地可节水 70% 以上。在干旱缺水地区,有利于扩大灌溉面积,还可减少水土、肥的流失,还可以调节田间小气候,防止或减速轻干垫风危害。根据土壤墒情灌好封冻水,"小雪"过后根据麦田土壤墒情,及时灌好封冻水。雨雪偏多,壤土和黏土地含水量较多,可以不浇封冻水。沙土地保水能力差比较旱,应及时浇好封冻水。浇封冻水时一定要注意天气变化,要在寒流到来之前灌好封冻水,减少土壤温度的变化,以防小麦冻害的发生。

(二)增施肥料

小麦的高产对土壤肥力有很强的依赖性。小麦施肥应该注意以下几个方面:一是小麦田氮肥用量不宜过大,也不要过小。如果前期氮肥过多易造成前期生长过旺,后期倒伏减产;如果氮肥过少,那么小麦植株达不到安全越冬的生理状态,小麦受冻严重也会造成减产。二是小麦对磷特别敏感。若三叶期缺磷,会导致次生根少,分蘖延迟或不分蘖。三叶期后缺磷,会延迟抽穗、开花和成熟,使穗粒数减少,千粒重下降。亩穗数、穗粒数、千粒重是小麦产量的三要素,三者同时下降,减产就会成为定局。三是钾肥,钾肥决定小麦的抗逆性,例抗旱性、抗寒性、抗倒伏的能力。当小麦缺钾时,小麦细胞液浓度下降,细胞液冰点升高,容易发生冻害。知道了小麦需肥的以上特点,那么小麦施肥也就简单了。

根据实践经验,北方冬小麦亩施肥量各地有一定的差异,但总结各地的高产经验和农业实践可以接受的水平,给出以下施肥建议:

①底肥。目前,有机肥的用量严重不足,前茬为玉米的可以加大秸秆还田的力度,秸秆还田的地块可以每亩增施尿素 10~15kg 以改善秸秆的碳

氮比,加快秸秆的降解速度,避免秸秆在腐熟的过程中与小麦争氮而造成小麦因为缺氮发黄。

②追肥。拔节前每亩小麦追施高氮复合肥或者鲁西尿素 15~20kg。尿素的用量要掌握好。苗好晚施肥,少施肥。苗差时则相反,应该早施肥,适当多施部分尿素。

四、小麦的病虫害防治

(一)返青拔节期

返青拔节期的防治重点是小麦纹枯病、吸浆虫、红蜘蛛。纹枯病是优质小麦生产中的主要病害之一,防治上宜早不宜迟,一般在 3 月上旬喷第一次药剂,隔 10~15d 再喷一次。每亩用 20%井岗霉素可湿性粉剂 40g 或 20%纹枯净可湿性粉剂 40g 或 12.5%禾果利可湿性粉剂 20g 或 20%三唑酮乳油 40~50g 加水 40~50kg,对准小麦基部进行喷雾,可兼治小麦白粉病、锈病等病害。吸浆虫近年来发生比较重,一般每小方(10cm×10cm×20cm)3~5 头,高者达 90 多头,导致小麦减产或基本绝收。要抓住这时麦苗小、容易操作的有利时机,当吸浆虫幼虫上升到土表活动时进行防治,每亩用40%甲基异柳磷乳油 150~200ml 或 50%辛硫磷乳油 200ml 兑适量水,拌细土 25kg 制成毒土,顺麦垄均匀撒施,然后浅锄,将药土翻入土中再浇水;或者 667 每亩用 3%甲基异柳磷颗粒剂 2kg 拌细土 20kg 均匀撒施地表,再浅锄翻入加土中,还能兼治金针虫、蝼蛄、蛴螬等害虫。当调查部分麦田红蜘蛛达到防治标准后,每亩用 20%达螨灵 50ml(40%氧乐果 50 毫升或绿亨杀死 20ml)加水 40~50kg 喷雾进行挑治。

(二)孕穗抽穗扬花期

这个时期重点防治吸浆虫、红蜘蛛,监测白粉病、条锈病、赤霉病等病虫。当小麦进入抽穗扬花前正是吸浆成虫出土为害小麦的关键时期(4 月 25 日前),每亩用 50%辛硫磷乳剂 50ml 或 40%氧化乐果 40ml 加水 40~50kg 及时进行喷雾防治。如果当小麦开始扬花,吸浆虫已钻入小麦颖壳开始吸浆为害时,再喷药防治就无济于事了。

(三)灌浆期

小麦灌浆期是多种病害发生高峰期,也是防治病虫害、夺取小麦高产优质的关键时期。此期防治的重点是麦穗蚜、白粉病、锈病等。每亩用 10%

蚜虫啉可湿性粉剂 20g 或 25％快杀灵乳油 25～35ml 加水 40～50kg 进行喷雾,可有效防治麦穗蚜。防治白粉病、锈病的方法同上,同时可兼治小麦叶枯病。若田间天敌与蚜虫的比例大于 1∶120 时就不必再用防治蚜虫的杀虫剂。

五、小麦的杂交授粉

选穗整穗。选穗是指选择母本的麦穗而言。在母本去雄前,应选择适合的麦穗。入选的麦穗应该是发育良好,健壮和具有本品种典型特征的主茎穗或大分蘖穗。选穗时间一般在麦穗抽出以后、穗下的茎露出叶鞘大约 1.5cm 时进行。麦穗初步选中以后,用镊子打开麦穗中部的小花,观察它的花药,如果花药正在由绿变黄,就是理想的杂交穗。因为这样的麦穗当天去雄后,第二天就能授粉杂交。根据确定的杂交组合,在母本群体内选择典型、健壮植株的主茎穗(刚抽出叶鞘、花药呈绿色),先用镊子去掉穗基部和顶部发育不良的小花每穗留中部 10 个发育较一致的小穗,再将小穗的上部小花去掉,只留基部外侧两朵发育好的小花,经过上述整穗过程,杂交穗上只留下了十余朵发育良好、生长健壮的小花。

去雄套袋。去雄时用左手大拇指和中指夹住麦穗,用食指轻压外颖的顶部使内外颖分开,右手用镊子插入内外颖的合缝里,轻轻镊出三个雄蕊(注意:不要夹破花药和碰伤柱头),去雄完成后,套上塑料袋,挂号标牌即可。去雄工作应从穗的一侧由下而上顺序进行,去完一侧再进行另一侧,不能遗漏。去雄时如发生花药破裂(或花药呈黄色)这朵花应剪去,应用酒精擦净镊子,以免发生串粉现象。

授粉杂交。在去雄后 1～3d 内进行授粉,结实率较高。授粉以上午 8 时以后(8—11 时)4 时以前开花较盛时为宜,授粉前先检查柱头有无损伤。如柱头已呈羽毛状分叉、有光泽,表明正是授粉适期。采集成熟的父本花粉(花药金黄色,有花粉散出)于小杯(或纸上)中,然后立即用授粉器(将花粉)依次放入每朵去雄的花内,全穗授粉后将纸袋套好,牌上写上父本名称,授粉日期,10d 后将纸袋去掉。

六、小麦的收获与仓储

(一)小麦的收获

去年七月上旬我国西北地区春小麦收割工作开始。内蒙古巴彦淖尔市春小麦陆续开始收割,八月中旬内蒙古地区春小麦收获工作会结束。七月底八月初东北地区春小麦大面积收获工作将逐步展开,全部收获完毕预计要到八月底。国家粮油信息中心当前预计,去年我国春小麦播种面积为172万 hm²,较前年增加4万 hm²,春小麦产量预计达到600万 t,同比前年减少3万 t,减幅为1%。受小麦最低收购价政策的影响,今年春小麦产区播种面积明显增加,但东北地区春小麦生长前期受到低温和干旱的影响,生长后期又受到阴雨天气影响,单产将出现降低,进而导致总产量减少。

根据气象台8月中旬天气趋势预报,中旬平均气温与历史同期相比,青海省大部基本正常。旬降水量与历年同期相比,青海省基本正常。去年青海省农业区大部分春小麦处于灌浆乳熟期,8月中旬气象条件对农作物的生长发育较为有利。各地要做好后期的田间管理工作,为提高小麦的结实率、千粒重创造条件。另外,部分地区的春小麦已陆续进入成熟收割期,因此该地区要密切关注当地天气变化,抢抓有利时机,及时收割打碾,力争粮粒归仓以减少不必要的损失。牧业区牧草长势较好,应提高夏季草场的利用率,注重冬春草场的封育与保护,同时做好牲畜的抓膘工作。

在麦穗成熟期时,及时剪下杂交穗,并将每个杂交穗单独脱粒和保存,以供来年播种检验杂交是否成功。

(二)小麦的仓储

在盛夏晴朗、气温高的天气,将麦温晒到50℃左右,延续两小时以上,水分降到12.5%以下,于下午3点前后聚堆,趁热入仓,散堆压盖,整仓密闭,使粮温在40℃以上持续10d左右,日晒中未死的害虫全部死亡,根据情况,可以继续密闭,也可转为通风。

利用冬季低温时,进行翻仓、除杂、冷冻,将麦温降到0℃上下,而后趁冷密闭,对消灭麦堆中的越冬害虫,有较好的效果,但低温密闭的麦堆,要严防温暖气流的接触,以免麦堆表层结露。

第四章　棉　　花

第一节　棉花的生物学特性

一、我国棉花的品种介绍

棉花产量最高的国家有中国、美国、印度、巴基斯坦、埃及等国。中国的产棉区主要有江苏、河北、河南、山东、湖北、新疆等地。棉属有四个栽培棉种组成，即亚洲棉、非洲棉、陆地棉（又叫细绒棉）、海岛棉（又叫长绒棉），我国并非棉花原产地，棉种是由国外引进的，其中我国主要棉花品种有以下几个。

(1)鲁棉品种：①鲁棉 11 号，②鲁棉 12 号，③鲁棉 13 号，④鲁 742 系。

(2)豫棉品种：①豫棉 4 号，②豫棉 9 号，③豫棉 10 号，④豫棉 11 号。

(3)冀棉品种：①冀棉 17 号，②冀棉 18 号，③冀棉 11 号，④石远 32 号系。

(4)苏锦品种：①苏棉 3 号，②苏棉 6 号，③苏棉 8 号，④苏棉 9 号，⑤苏棉 10 号，⑥泗棉 2 号，⑦泗棉 3 号，⑧盐棉 48。

(5)鄂棉品种：①鄂棉 1 号，②鄂抗棉 3 号，③鄂棉 20 号。

(6)新疆棉品种：①新陆早 1 号，②新陆中 4 号。

(7)"中"字号棉花品种：①中棉所 12，②中棉所 16，③中棉所 17，④中棉所 19，⑤中棉所 21，⑥中棉所 23，⑦中棉所 25。

(8)新品种：①中植棉 2 号，②鑫秋 1 号，③国欣棉 3 号，④鲁棉研 29 号，⑤冀棉 958，⑥邯 5158，⑦邯杂 98—1，⑧国欣棉 6 号，⑨中棉所 57，⑩冀杂 1 号，⑪邯棉 802，⑫鲁棉研 28 号，⑬鲁棉研 27 号，⑭豫杂 35，⑮中棉所 58。

另外，山西省的晋棉 11 号、辽宁省的辽棉 9 号、湖南省的湘棉 10 号于

1993年种植面积均超过了50万亩,至今仍受广大棉农欢迎。

棉花的种类主要有以下几种。

粗绒棉,也叫亚洲棉,原产印度。由于产量低、纤维粗短,不适合机器纺织,目前已被汰。

长绒棉,也叫海岛棉,原产南美洲。纤维长、强度高是其特点,适合于纺高支纱。目前中国只有新疆生产。

细绒棉,也叫陆地棉,原产中美洲,所以又称美棉。适应性广、产量高、纤维较长、品质较好是其特点,可纺中支纱。

草棉,原产于非州南部,又称非洲棉,具有耐热性强的特点。

不同的棉种有不同的特性,各有优劣。棉花喜光、喜温、无限生长、根深、耐盐碱。因此,在棉花布局调整时,建议优先将棉花种植于壤土和黏土,以获得较高的产量。在棉花栽培过程中,棉花应从深耕,科学施肥,出面关键,适时播种,株行距合理,整枝,全程化控,遇旱浇水,防虫,病以防为主,适时打顶这几个方面栽培研究。

其中,亚洲棉现在栽培较少,但其较抗旱、抗病、抗虫力强,可做为较好的种质资源。非洲棉在新疆地区种植较多。具有早熟性和较好的抗旱性,可作为种质资源利用。陆地棉的植株粗壮、品质好,产量高,现是世界上种植最广泛的棉种。此外海岛棉又分海岛型海岛棉和埃及型海岛棉。海岛型海岛棉品质好、产量低、适应范围小,现在栽培少;埃及型海岛棉品质略次,但产量高、适应性强,是目前主要栽培种。

长绒棉因纤维较长而得名,产于新疆吐鲁番盆地、塔里木盆地的阿克苏、巴音郭楞、喀什等地,新疆为我国长绒棉唯一产区。海岛棉,原产南美,后传入北美洲的东南沿海岛屿,故称海岛棉。海岛棉为一种栽培棉种,锦葵科。长绒棉生长期长,需要的热量大,在热量的条件相同的情况下,长绒棉的生长期比陆地棉长10～15d。长绒棉的纤维又细又长,一般可纺60～200支纱,最高可纺300支纱。世界上以埃及的长绒棉最为有名,其纤维最长可达35mm以上,纤维横断面接近圆形,漫射能力强,它的织物丝光好,染色效果好。我国则以新疆长绒棉最佳,其柔软度、光泽度、亲肤度、透气性、弹力等均远超普通棉。解放后,我国从国外引种在新疆的吐鲁番盆地塔里木盆地,都获得成功。

新疆长绒棉品质优良,各项质量指标均超过国家规定标准。吐鲁番所产尤佳,其纤维柔长,洁白光泽,弹性良好,新海棉花细度较一般长绒棉约多1 000m/g。新疆长绒棉可制成高级大胎帘子布、防化与防原子辐射布、其他纺织品,及各类宝塔线、缝纫线、绣花线、针织线等。

二、棉花的生物学特性

棉花是世界上最主要的农作物之一,产量多,生产成本低,使棉制品价格比较低廉。棉花是离瓣双子叶植物,喜热、好光、耐旱、忌渍,适宜在疏松深厚土壤中种植。棉花并不是花,棉花植物开的花卉是乳白色或粉红色花卉,平常说的棉花是开花后长出的果子成熟时裂开翻出的果子内部的纤维。根据纤维的长度和外观,棉花可分为三大类:第一类纤维细长,长度在2.5～6.5cm 范围内、有光泽、包括品质极佳的海岛棉、埃及棉和比马棉等。长绒棉产量低,费工多,价格昂贵,主要用于高级纱布和针织品。第二类包括一般的中等长度的棉花,例如美国陆地棉,长约 1.3～3.3cm。第三类为纤维短粗的棉花,长度约 1～2.5cm,用来制造棉毯和价格低廉的织物,或与其他纤维混纺。

棉花的生物学特性,一是喜光。棉花的光补偿点和光饱和点都比较高,充足的光照常是棉花高产的必要条件。二是喜温。植棉要求≥10℃活动积温至少 300 010℃以上,高产棉花 360 010℃以上。三是无限生长。只要具备生长条件,棉株可不停地生长出新的枝条、叶片和花蕾等器官,因此棉花生长发育具有补偿功能,这也是当蕾铃脱落后可通过加强栽培管理弥补损失的理论基础。四是根深。棉花主根入土 1.5m 以上,因而比较耐旱。五是耐盐碱。棉花是盐碱地的先锋植物,在含盐量 0.3% 的盐碱地可以成苗并正常生长发育。

因此,棉花具有以下几种特性。

第一,广泛的适应性:棉花具有广泛的适应性。虽然它是热带植物,对温度条件要求较高,但在较差的环境中也能正常生长。作为中性作物,它对日照长度要求也不严格,优质品种很容易推广。此外,它对外界环境具有较强的可塑性和再生能力,且在其生育期间遇到的一系列不利外界条件都有一定的抗性及恢复能力。

第二,无限生长的习性:棉花单株生产潜力很大,只要有光、温、水、肥等适宜条件就能不断地生长。

第三,生育特点:棉花的营养生长与生殖生长是同时进行的,因此各发育期间没有明显的生育界限,在时间上是重叠的。

第四,蓄铃脱落的特性:棉花由于外界环境条件的变化和内部机能失调常发生蕾铃大量脱落,一般脱落率在 60%～80%,也是棉花对不良环境的一种内部调节机能,由于脱落了部分蕾铃才保证营养集中供应未脱落的蕾铃继续生长发育。

三、棉花的土壤质地选择

棉花生长发育需要水分和养料,主要通过根系从土壤中获得,所需的温度和空气部分取自土壤,同时需要土壤的机械支撑才能生长。棉田土壤的理化、生物属性的好坏,很大程度上制约着棉花的产量和品质。土壤水分、养分、温度、空气、盐碱含量、质地等均对棉花生长有很大的影响,棉花一般种植在盐碱地中,砂质土壤最好。

不同质地土壤的水分、肥力、通气和热量条件差异较大。土壤质地对作物根系生长、根际生物活性、养分吸收和分配、叶片光合特性、水分利用效率以及产量和品质等起重要作用。

目前,有关土壤质地对棉花生长发育和产量品质的研究均是在新疆生态条件下进行,而且主要是利用天然的土壤质地条件。

查阅有关研究资料可以发现,在沙土类型的棉田,棉花中下部成铃是主体。在壤土和黏土类型的棉田,中下部成铃仍是主体,而上部成铃明显增加,棉花的单株成铃数和子棉产量均表现为壤土>黏土>沙土。土壤质地对棉花成铃时空分布和产量均有一定影响。沙土棉花在中下部果枝上的成铃数较黏土和壤土处理的少,但其占总铃数的比例明显高于黏土和壤土。

与黏土和壤土相比,沙土的棉花成铃总体向中下部果枝和内围果节集中,这有利于棉花早熟。但沙土的棉花结铃数少,铃重也较低。因此,在棉花布局调整时,建议优先将棉花种植于壤土和黏土,以获得较高的产量。如果需要在沙土地种植棉花,应充分发挥棉花结铃早的优势,同时,采取大群体、小个体来弥补结铃少的弱势,争取多结铃、夺高产。

在三亚地区,南繁多选择灌溉条件较好的水稻田,而在高温多湿条件下,土壤微生物活动旺盛,养分分解快、消耗大;雨季来临时、台风暴雨频繁,土壤养分易淋溶流失;此外耕作粗放、重利用轻施肥,重施化肥轻施农家肥,使土壤肥力逐渐下降、土壤养分含量低、少氧,严重缺钾。

新疆土壤一般是碱性土,而海南土壤一般为赤红壤和砖红壤,较粘重,普遍呈酸性、强酸性反应,且耕作层浅只有 $20\sim30cm$,下层一般是比较硬的砂石土。因此,土壤翻地前撒施生石灰 $225\sim300kg/hm^2$,主要是杀死土壤中的微生物及害虫以及中和酸性。尽量选土层深厚,有机质含量丰富,易灌易排的土地。棉花要求深沟高厢,厢沟宽 $40\sim60cm$,高 $30cm$ 左右,厢面保持 $60\sim80cm$,田块四周要挖 $40\sim50cm$ 的深沟,并与每条厢沟相连,使之沟沟相通,雨后排水畅通。

土壤地质选择如下。

①耕层深厚,质地疏松。棉花适应性强,对各种土质不同肥力的土壤要求不十分严格,但高产棉田质地要求偏轻,以具有较高潜在肥力的轻壤为宜。

②土壤养分丰富。棉田有机质含量达 0.8％以上,含氮 0.15％以上,含磷 0.25％以上,是棉花高产、稳产的基础。

③化学成分适中。棉花对酸碱度适应范围较广,pH7～8 对棉花生长有利。

第二节　棉花的栽培技术

一、棉花的品种选择

海岛棉作为特纺工业、军工产品以及纺高支纱产品的重要原料,在国民经济中占有不可替代的作用,为培育优质、高产、抗病的海岛棉品种,加快育种进程,南繁加代是必要的育种手段。

新疆棉花多为早中熟、早熟及特早熟品种,多光照长度反应不敏感,是喜光作物,适宜在较充足的光照条件下生长,海南属于热季风性气候,日均温度在 22℃～28℃,全年无霜,干湿季节明显,雨季多分布在 6—9 月,10 月至翌年 4 月为旱季,降雨量极少,日照充足,积温较高,这种气候条件适合新疆棉花生长发育,所以选择新疆棉花作为南繁棉花最为合适。

在棉花的栽培技术中,品种的选择很重要。选择好适宜品种才能为以后的栽培工作打好基础。品种选择时应选择棉铃大、衣分含量高、皮棉产量高、纤维细长的杂交 1 代陆地棉,如目前市场上供应的湘杂棉 3 号、岱字棉 1 号、九杂 938 等。

对于所选棉花品种,一是棉花的安全性,二是发芽率,三是棉花的纯度。选用的棉花品种是否过硬,一定要把握如下要点:①要选择经省级以上农作物品种审定委员会审定的品种,其中,尽可能地选用通过国家农作物品种审定委员会审定的品种,特别是中国名牌品种和国家驰名商标品种;②要看清审定品种编号和界定的种植范围;③要看品种是否有生产许可证、经营许可证、检疫证;④要了解常规抗虫棉原种纯度,一般要达 98％以上,杂交抗虫棉 F1 的纯度要达 95％以上,尽量选用杂交 F1,不用杂交 F2;⑤要对植棉面积较大的农户,引导他们选用 1～2 个当地主推品种;⑥要选用一定的双价

(含两个抗虫基因)转基因抗虫棉品种,因为双价转基因抗虫棉抗虫性更加稳定、持久。

首先应选择国家或省品种审定或认定的品种,所选的品种还要适应当地条件和市场需求。同时高产、优质、抗病抗虫,适应性广、抗逆力强、根系发达,生命力强,不易早衰。

二、棉花的种子处理

栽培棉花,种子处理同样是一项不可缺少的步骤。棉花在播种前对种子进行处理,可以通过选种、晒种、药物浸种、拌种等措施使种子纯净一致,饱满完整,杀死种子内、外的病菌,防治地下害虫,提高生活力,增加抵抗不良环境的能力,保证苗全、苗壮,可为丰收打下坚实的基础。

棉花种子处理是预防苗期病害,防止出现高脚苗,实现棉花"一播全苗"的关键技术之一。由于现有种子加工技术只能实现硫酸脱绒及精选处理,而包衣技术跟不上,农民自己进行种子处理时常由于操作技术不当(如药剂种类及用量)而发生药害,影响出苗或达不到种子处理预期效果,因而掌握种子处理技术显得十分重要。在种子处理过程中,应注意以下问题。

做好种子处理前的准备工作:种子经过脱绒处理后,要精选晒种。精选主要是剔除病籽、瘪籽、破籽、小籽。晒种可加速种子后熟,晴天晒种 2~3d。不可在水泥地上暴晒,以防伤及种子的生理活性。

药剂:种类的选择用敌克松预防苗期病害,慎用多菌灵。卫福成本较高,不提倡使用。一般地膜栽培降雨少或条播,可用敌克松、多菌灵;在点播、雨水多的情况下,用敌克松或卫福,如无敌克松或卫福,多菌灵应减少用量,甚至可以不用。预防苗期虫害可拌 3911 或甲基硫环磷。预防高脚苗,宜用缩节胺。

剂量:敌克松用量为种子用量的 0.3%,多菌灵为 2.5%,卫福为 0.2%。3911 或甲基硫环磷的用量不可随意加大,否则易产生药害,一般为种子用量的 0.5%为宜。缩节胺的用量应考虑品种。苗期生长稳健的品种,缩节胺用量应少;而苗期长势旺、易形成高脚苗的品种,缩节胺用量可适当加大;苗期生长稳健且对缩节胺敏感的品种可不拌。缩节胺一般用量不超过种子用量的 0.04%。

拌种方法:拌种时,一般先拌杀菌剂、缩节胺,再拌杀虫剂。分几次拌种操作比较麻烦,按如下办法操作,可取得较好效果。按上述用量,按比例 100kg 种子需 500g3911,300g 敌克松,20~40g 缩节胺的用量称好。缩节胺先用少量水化开,喷雾器先加入 5kg 水,再加入 3911 及溶解好的缩节胺混溶,边喷雾、边翻堆。第一次喷一半的药液,稍晾后,喷洒剩余药液。喷洒均匀后,将敌克松粉剂在种子潮湿时拌匀,闷种 24h 后,摊开晾干。禁止在烈日下暴晒,否则敌克松见光分解,影响药效。晾干后,装袋以备播种。

(1)种子精选:棉籽要精选,去掉瘪籽、大毛籽、光籽,使发芽率不低于 90%。

(2)晒种:棉籽壳厚,透水性差,播种前种子一定要经过晾晒。将棉籽铺开,晴天晒 2～3d,一天翻动几次,棉籽拿在手一摇动有响声为宜。

(3)脱绒处理:棉籽脱绒便于播种,脱绒还可收回作工业原料——棉短绒。

棉花播种前对种子进行处理,可有效地杀死附着在种子内外及种子周围土壤中的病菌,是控制棉花苗期病虫为害,防止出现高脚苗,实现壮苗的有效措施,实现棉花"一播全苗"的关键技术之一。

三、棉花的播种

棉花播种应看准时间,适时播种。由于棉花是喜温作物,发芽出苗要求较高的温度。如果播种过早,且温度较低,则出苗时间会长,养分消耗更多,棉苗生活力弱,苗病重,播种时需要格外注意;如果播种过晚,虽然出苗快而整齐,但不能充分利用有效生长季节,常造成棉花贪青晚熟,质量低,品质差。

棉花的播种方法常见的有三种。一是地膜覆盖栽培。土壤墒情好的壤土、黏土、盐碱土、麦棉套种田,通常采用地膜覆盖栽培。先播种后覆盖的一般采用双行覆盖技术。二是水种包包。一般在干旱地区采取水种包包的抗旱播种方法。三是露地直播。砂壤土、土壤肥力较差的,可酌情采用露地直播技术,条播、穴播可根据当地土质情况而定。

棉花播种适期是在保苗全、苗齐、苗壮的前提下,争取早苗。而对于棉花播种技术要点,一是要合理调整布局,优化品种结构;二是施足底肥,足墒覆膜。三是适时播种,即适期播种、适宜播量、适宜播深;四是合理密植;五是推广田间套作种植技术。

棉花育种南繁需适时早播,但不要因为错过最佳播种时期而放弃南繁计划。另外需要注意的是,10 月中下旬的棉花育种南繁最佳播种是对于抢季南繁而言的;而随季南繁最好是在 10 月下旬或之后播种,因为 10 月还是海南岛的雨季,稍后播种便于避开热带风暴或台风可能造成的危害。行距(40+60)cm,株距 20～25cm,株数 7.5 万～9.0 万株/hm²,这是新疆海岛棉在海南条件下独特的密植方式。起垄高度 15～20cm,膜下点播。地块四周要挖好排水沟,便于排水。

每垄上播种两行,一般行距为 20～30cm,株距为 15～20cm,播种方式有两种:膜上播和膜下播。现在多采取膜上打洞播种,之后浇水,小水沟灌,直至膜上播种穴位湿润,这样晴天出苗不造成烧苗,出苗全而整齐。

播种的基本策略如下。

(1)优选土地,排水防涝。海南的冬季棉花播种时期台风暴雨频发,一是造成田间积水,影响整地播种进度;二是播种后土壤湿度过大,致使烂种烂芽,出苗率低;三是棉花受涝后根系发黑、叶色变黄不利于正常生长。因此,要选择地势较高、土地平坦、排灌方便、土壤肥力中等以上的田块,并且播种时进行放线开挖排水沟,便于排水,防止棉花受到洪涝灾害。

(2)重施底肥,培肥地力。海南土壤以沙土为主,渗漏性强、保水保肥力差。提高土壤有机质,增加基础肥力,改善土壤团粒结构非常重要。因此,要重施底肥。基肥以厩肥、堆肥、绿肥、土杂肥等迟效有机肥为主,一般要求农家肥 2 000～3 000kg/亩,配合使用速效化肥,化肥用量占总施肥量的40%左右。

(3)适时播种,提高出苗率。在海南有“早播一天,早收一周”的说法。虽然适时早播是提高棉花产量,减少病虫危害的有效途径,但并非越早越好,如有些单位为抢时间在 10 月上旬播种,而此时正是台风和暴雨多发季节,土地积水,排涝不畅,易造成烂种、出苗率低、棉苗生长势弱、毁苗等自然灾害。通过多年的试验和生产实践,海南冬季南繁播种期一般选在霜降过后,即 10 月下旬为好,但不能迟于 10 月底。

播种时间播种时间是棉花抢季南繁获得成功的关键。随季南繁的试验,因为不需要收获种子,则完全可以随着种子到位时间播种。抢季南繁试验最佳播种时期在 10 月中旬,尽量不要晚于 10 月 25 日,这个最佳时期是考虑到有些抢季南繁试验需要尽可能多的收获种子。

播种方法:适墒开沟直播;缺墒播种;育苗移栽。

第一,适墒开沟直播。棉花育种南繁播种的主要方式是适墒开沟直播。10～11 月海南岛温度很高,棉花出苗很快,最快仅 3d,即使在 11 月中旬也就 5d 左右。显然,在田间墒情合适时开沟直播有优势,但在这个时候海南岛蒸发量非常大,把握田间墒情有一定的难度。此外,用于棉花南繁的耕地往往不够平整,甚至有凹凸不平的坡地,田间墒情很难均匀一致,所以适墒开沟直播优势不强。

第二,缺墒播种。缺墒播种也是开沟直播,但与适墒开沟直播的最大差别在于棉花是干的。具体做法是在平整的干棉田上,连贯性地完成作畦(起垄)、畦上开种沟、施种肥、种沟内浇水、撒(点)种子、覆土等作业程序。我们的棉花南繁田间设计常常采用宽窄行,宽行 90～100cm、窄行 40～50cm。作畦就是先在宽行开沟,所起的土平分到畦上,这个沟后来一直用于灌排水。畦上开种沟就是在畦上开播种沟,然后在播种沟里施底肥、浇水、摆种(撒播或点播),然后覆土。需要注意的是,种沟内尽可能浇足水,待水渗完后才可撒(点)种、覆土。覆盖的土要用疏松较细碎的干土,覆盖厚度 3cm左右,覆土后土表不要镇压。作畦和浇水是采用我们自行研制并均获得国家实用新型专利的棉花播种起垄开沟机和浇水分水器。缺墒播种出苗速度与适墒开沟直播一样,但出苗率更高。这样可将棉花南繁的工作内容分为抢季南繁和随季南繁两类。

海南棉花一般采用干播湿出的方式出苗,播种后要及时浇水。水一定要浇匀、浇透,即当浇水后播种穴上的覆土湿润时表明已经浇透。浇水时注意地势较高处一定要浇透,地势较低处浇完后要将积水及时排出,以免造成烂种现象发生。浇水 2～3d 后即可出苗。

四、棉花的嫁接

在培育棉花过程中,有时需要使用嫁接的方法来保存有些稀有种质资源和远缘杂交不育材料,或通过嫁接快速扩大某一遗传分离群体。另外,棉花体细胞再生植株、转基因植株、茎尖培养植株等无菌苗直接定植成活率低,在一定程度上制约了生物技术和细胞工程在棉花遗传改良等方面的应用,嫁接能够改善这一状况。

利用海岛棉抗病、生长旺盛、品质优良的特性.以其为砧木,以生育期适中、桃多桃大、高产的陆地棉为接穗进行嫁接,实现嫁接苗抗病、旺长、高产、优质的目的。采用"T"型芽嫁接的方法。还有远缘杂交技术,将海岛棉的优质基因转到陆地棉中栽培品种。

在棉花的科研工作中,有时需要通过嫁接保存某些稀有种质资源和远缘杂交不育材料,或通过嫁接迅速扩大某一遗传分离群体。

为了提高棉花的嫁接成活率,需要做到以下关键几点。

(一)选择适宜的砧木和嫁接时间

在土盆里先种植砧木棉花苗,早春嫁接要在温室播种,夏天直接在室外种植。嫁接时间以蒸发量小、温度较适宜的春季四五月份及六七月份的高温梅雨季节、空气湿度大时嫁接较易成活,但嫁接后的管理略有不同。根据需要,砧木的播种时间可分别在 3 月底和 4 月底分次进行。

（二）选择合适的嫁接方法

棉花嫁接常用的方法有三种。

①劈接法嫁接：这是棉花嫁接中最常用的方法，对棉株的果枝、叶枝、顶芽、侧芽等各类棉花材料都可进行嫁接。

②插皮接：这是南京农业大学吴慎杰等 2006 年研究报道的嫁接方法．具体步骤为：削接穗、插接穗、绑扎和保湿。

插皮接对砧木和接穗粗细比例无严格要求，从而延长了砧木可使用的时期。再生植株嫁接前不炼苗，在嫁接后采取新的保湿和透气策略，使炼苗和嫁接同期进行，有效缩短了再生植株缓苗时间。

③合接法：这是河北农业大学王彦霞等 2007 年报道的嫁接方法。利用"合接法"可以对棉株的果枝、叶枝、顶芽、侧芽等各类棉花材料嫁接，均可取得较好的效果。

粘接法嫁接苗成活率最高，其次是合接法和切接法，插接法和劈接法最低。在棉苗生长不同时期采用贴接法，砧木以 2 叶 1 心和 3 叶 1 心期实生苗最好，接穗以与砧木同叶龄期或略低一叶龄期嫁接苗成活率最高达100％。不同品种 3 叶 1 心期的棉苗互为砧木和接穗按贴接法进行嫁接，相同品种的砧木和接穗，嫁接苗成活率最高；相同类型的不同品种之间嫁接苗成活率较高；不同类型品种之间嫁接苗成活率最低；利用杂交种与相应的品种之间嫁接可以提高嫁接苗成活率。保鲜袋套袋保湿成本低，保湿和通气性好，可促进嫁接苗的成活。

（三）加强嫁接苗的管理

嫁接时选用劈接法、合接法嫁接，良好的嫁接苗管理措施是提高成活率的保证。根据不同的嫁接时间采取相应的管理措施，4～5 月温度较低时嫁接要严格保温、保湿，并适当遮荫。嫁接前一天给接穗和砧木充分浇水，要求将盆土浇湿透。嫁接后用手动小喷雾器喷水，并立即用塑料袋盖严以保温保湿。而 6～7 月温度较高时嫁接，嫁接苗要置于阴凉处，并加双层遮阳网全部遮光，80％加盖塑料薄膜。

（四）嫁接注意事项

①择优良接穗需嫁接的棉花若为枝条上的芽，通过修剪及施肥可促其多发粗壮芽，粗壮芽生理机能旺盛，嫁接成活率高。若为组培苗要多炼几天苗，有利嫁接成活。

②种好砧木选择根系发达、抗逆性强的海岛棉或长势强的品种的成熟

饱满种子做砧木。钵土肥沃，长出的砧木生长势强，下胚轴也较粗壮，有利于提高嫁接的成活率。

③砧木与接穗要一致，如果接穗较嫩，砧木也要适当嫩一些；接穗较老的枝条芽，砧木用 10 片叶以上的大苗更有利于嫁接苗的成活。

④及时抹除砧木侧芽嫁接成活后，如发现砧木有侧芽长出，应及时抹除。

五、棉花的杂交授粉

随着棉花生产的发展，除了用到嫁接这种方法，棉花的杂交授粉也是一项很重要的工作。近年来杂交棉种植面积逐年增大，棉花杂种优势的利用这一新技术在我国植棉生产中的应用越来越多。

目前杂交棉制种主要采用人工去雄授粉的方法。以往授粉用玻璃瓶取花粉，次日用毛笔授粉。但是此方法有以下两个主要的弊病。首先是花粉离开母体时间长，贮藏条件不好满足，授粉之前有部分花粉已经死亡；再者，毛笔光滑常沾粉不匀，易使母本柱头授粉不易产生脱落，且铃小、畸形、后代生活力低。因此，现在都是直接用父本花对母本进行对花授粉。

棉花杂交授粉操作要点：田间♂（父）♀（母）都开花后即可开始授粉工作。当天授粉时间掌握在 10：30～16：30 分，主要以花冠张大到花冠变紫结束。授粉时用 1 朵♂（父本）的花粉均匀地涂在 1～3 朵♀（母本）花的柱头周围，使♀（母本）的柱头变黄，并将♂（父本）花放在最后一朵♀（母本）花内。完成 1 亩地棉田授粉需一个授粉工人，并在授粉的同时及时辩认，拔除棉田内的杂株，且做好田间记录。要求每株保棉桃 8 个，授粉后立即拔出所有的父本。

杂交制作技术：①掌握操作要点；②采用标志性状转育技术培育亲本；③运用定位杂交；④合理配置授粉父母比例；⑤使用制种工具；⑥选择适宜柱头授粉部位；⑦棉花花粉保鲜与保温；⑧直接花对花授粉。

六、棉花的光、温、水、气、肥管理

海岛棉光、温、气的管理：海岛棉是短日性作物，对光照长度的反应是敏感的，所以对海岛棉的不同生长发育阶段提供不同的光照。温度是作物生长发育条件之一，所以不仅要有适宜的温度还要有空气，作物才能具备萌芽的基本条件。

第四章　棉　花

（一）南繁棉花的水肥管理

施肥措施。育种南繁棉花的施肥要做到施足底（种）肥、轻施苗肥、稳施蕾肥、重施花铃肥。基肥包括有机肥和磷肥，一般在耕地前均匀撒在地里。播种时可同时在种沟侧或下方沟施种肥。在棉田土壤肥力低、底肥又不足、棉苗长势较弱的情况下，可适当追施苗、蕾肥。苗肥和蕾肥一般以氮肥为主，蕾肥也可补施部分磷、钾肥；在土壤肥力高、底肥充足的情况下，应控制施用苗、蕾肥。追肥提倡沟施，蕾、铃期追肥应与中耕培土相结合。纯度鉴定棉花的施肥，基肥的用量和使用方法与育种南繁棉花基本相同。这时温度明显降低，苗弱很容易得苗病，在施足底（种）肥的情况下，重施苗肥，以促苗壮，提高抗病力。

水分管理。南繁棉花生育期间正是海南的旱季，很少下雨，灌溉非常重要。总体上，育种南繁棉花的灌水重点是在出苗以后到花铃后期；纯度鉴定棉花的灌水重点在现蕾到盛花期。干旱时，根据田间墒情和棉株长势及时足量浇水，足量标准是田间土壤全部湿润但不见明水（壤土棉田），或可见稀少的明水（沙壤土棉田）。棉花封行之前，每次浇水（或下雨）后，要及时中耕松土、锄草，防止杂草丛生，土壤板结；棉花封行之后，适量少浇，有利于通风透光、棉铃吐絮和尽早收获。浇水时应该控制在垄沟里，水面不要漫过垄埂。纯度鉴定棉花往往比育种南繁晚播种 1～1.5 个月，这时期气温已明显降低，出苗后要适量少浇水，避免因浇水而降低地温，减少苗病。育种南繁的停水期一般在 2 月底（一般壤土），粘性土壤应该再提前 10～15d 断水，沙壤土可适当推后一个星期左右。

（二）南繁棉花的光管理

棉花是喜光作物，只有在充足的阳光下生长发育才能比较好。生长发育期间需注意日照长度。

新疆棉花多为早中熟、早熟及特早熟品种，多光照长度反应不敏感，是喜光作物，适宜在较充足的光照条件下生长，棉花光补偿点和光饱和点均高。棉花单叶的光补偿点为 750～1 000lx，光饱和点为 7 万～8 万 lx，一般情况下，棉花叶片对光强的适宜范围为 8 000～70 000lx，在此范围下，光合强度随光强增加而提高。

（三）南繁棉花的温管理

棉花是喜温作物，在整个生育期要求较多的热量，因此要注意温度条件。

棉花开始生长的下限温度：长绒棉在 9℃～10℃，陆地棉在 11℃～12℃ 开始发芽。积温＞3400℃ 棉花生长的最适合温度 20℃～25℃，呈"热量饱和"状态，这时棉花净光合生产率最高，棉花生长最快；在 28℃ 以上时，称"热量过剩"状态，光合生产率下降，棉花生长速度又明显减慢；在 20℃ 以下时，棉花生长处于"热量饥饿"状态。当温度高达 36℃～37℃ 时，棉花生长受到抑制，处于停住状态，为棉花生物学上限温度。在炎热的夏季，棉花主要在夜间生长，当温度高于 46℃ 时，棉花花粉甚至失去生活力，即为植物受害的温度。称为棉花花粉生命上限温度。

七、棉花的后期管理与收获

我国棉花的收获基本依靠人工采摘，生产效率低，劳动强度大，制约了棉花生产的发展和棉农收入的提高。棉花收获机械化是农业机械化中难度很大的项目，国家对棉花收获机械化一直比较重视，起步也较早。相信未来将会全面进入机械化收获，棉花的经济效益也会大大提高。

（一）棉花的后期管理

吐絮期是决定棉纤维质量的关键，所以首先要以保铃、增铃重、增衣分为主；其次要以保根、保叶促成熟、防早衰为主；第三要解决丰产丰收与阴雨烂铃、贪青晚熟和僵瓣棉多的矛盾。吐絮期棉株进入以生殖生长为主的时期，此阶段氮、磷、钾的需要量较少。据资料可知吐絮至收获棉株吸收积累的氮、磷、钾分别占一生积累量的 2.7%～7.8%、1.1%～6.9% 和 1.2%～6.3%；说明棉株进入吐絮期和吸收的氮、磷、钾已明显减少，此期施用氮肥应适量，以保证 9 月生长，10 月不衰。

由此可见，棉株吸收积累养分最多的时期都是在开花期至吐絮期，保证这个时期的养分供应，对棉花增产是十分重要的。

从吐蕾到成熟吐絮一般需经过 75～100d。长江中下游省区棉花的花期在 7 月下旬至 9 月上旬，黄河中下游各省为 7 月初至 8 月初，新疆吐鲁番为 7 月中旬之 9 月初，受地区影响会有偏差。

（二）合理收获棉花

棉花是一种成熟期很长的作物，一般从吐絮到收花结束，需六十多天的时间。此期阳光充足，空气湿度低，有利于棉铃吐絮。适时收花，不仅产量高而且品质好。同时棉籽可充分成熟，生活力强，发芽率高。

由于棉铃的部位、时间、营养条件有差异，再加上气候条件的影响，所以其品质也不一样。一般下部果枝的铃纤维比较短粗,色泽较差;中部果枝的铃纤维成熟好,品质佳;降箱后摘收的花纤维成熟不好,拉力差。为此,坚持"五分",是提高棉花品级,保证优棉优用的有效措施。

第一,分收。在棉花收获时,按质量的好坏分别收获。一般可分为脚花、展花、箱后花、任瓣花和刹挑花等五种。

第二,分晒。在场上晾晒时,按分收的种类,在帘架上分别晒花,既有利于子棉干燥,又可随时清拣杂质,同时使部分红铃虫烫到地上被消灭。以晒到口咬棉籽有清脆响声,手摸纤维干燥为度。

第三,分存。在仓库储存时,按分收、分晒的种类,在仓库分好,标明记号,严防混杂,严防受潮、发热和虫害。

第四,分轧。在轧花时,应按等级、种类分别轧花,严防混杂。轧花时应注意清花、清车,做到轧花轧净,无破子,无油污,不断绒,不混杂。轧出的皮棉,按级包装,标明记号。

第五,分售。在出售时,按不同等级、不同类型的皮棉或籽棉,严格分别包装,分别出售,并标明等级、重量等。

(三)棉花后期管理与收获的注意事项

第一,收购籽棉时应当对交售者籽棉盛装物,绑扎物进行检验,发现使用化纤编织袋,有色棉线或棉线,绳等物品的,应当拒绝进厂收购。第二,收购籽棉时发现籽棉中混有异性纤维,色纤维以及危害性杂物的,应当责成交售者挑拣干净后收购,交售者拒绝挑拣或挑拣不干净的,可以拒绝收购或由收购者挑拣干净后根据异性纤维含量相当降价收购单另堆放。第三,已购进的籽棉,应当上垛前组织人力(异纤挑检员)进行异纤排出检查,发现异性纤维应当予以排除。第四,在籽棉收购运输存放等环节,应当采取必要措施防止混入异性纤维。第五,应当为农民免费或以成本价提供盛装棉花的棉布口袋及其他所需物品。

棉花收获即采收棉株上成熟的棉籽,简称收花,收花是实现棉花高产优质的重要环节。我国以人工摘收花为主,手摘棉花色泽好,杂质少,对棉花外观品质损害少。

适时收花。棉花一般在吐絮后6~8d铃重大,纤维强力与成熟好,捻曲多,色泽洁白,品级高,如果采摘过早纤维成熟度差,强力低细度偏小,光泽灰暗,品级低,棉轻影响产量,但是过了最佳采摘期,棉花纤维在紫外线的光氧作用下,强力将会逐渐降低而变脆,因此采摘过早过迟都不好,以在棉铃开裂后7~10d期间采摘最好。

坚持"四分""四快"因棉花吐絮期较长,天气多变,因此不同时期收获的棉花,其品级和利用价值也不相同,籽棉收获后如果堆放时间过长,也会降低品级,影响使用价值和经济效益,为了确保优棉、优价、优用,棉花收获中必须将不同质量,不同用途的籽棉严格区分开来。

"四分":就是将不同品质,不同用途的籽棉分收、分存、分售、分晒。

"四快":就是将已成熟的籽棉快收、快晒、快拣、快售,一般在棉铃开裂后7~10d采收,风雨来临之前则应突击抢收,以免因淋雨使棉花降级。收获后应随即晒干并边晒边拣,区分优劣,进一步提高品级,分级拣好的籽棉还应及时出售。

棉花吐絮后,应及时收获,并抓住好天气充分晾晒、扎花。为防止材料丢失,收获后地里的棉株要及时拔掉处理。

中国各地区棉花收获期:长江中下游省区棉花的花期在7月下旬至9月上旬;黄河中下游各省为7月初至8月初;新疆吐鲁番为7月中旬至9月初。受地区气候影响可能有点偏差。从现蕾到成熟吐絮一般需经过75~100d。

八、棉花的"四害"防治

冬季棉花南繁是我国棉花育种的一个重要环节,对加快棉花品种培育具有重要作用。由于海南的气候环境与内地各棉区具有较大差异,尤其是在棉花生育期内气温呈两头高中间低的马鞍型,故当地棉花病害有其自身发生特点和规律,尤其是一些南繁地区没有的病害,应引起育种工作者重视。

（一）病害

南繁棉花集中在海南岛南端的三亚地区,冬季气温较高,棉区主要病害黄萎病和枯萎病不易发生。在三亚地区,一般年份的冬季干旱,使得危害棉铃的疫病也不易发生。所以南繁棉花总体上病害较轻,主要病害是苗期的立枯病。为防止病害传播蔓延,南繁棉花尽可能采用光子和包衣子,未经脱绒的种子(即毛子)在播种前用凉水加入适量多菌灵等药剂浸泡12~24h;还可用苗病宁等药剂按说明书剂量拌种。若苗期遇到寒流阴雨时,可用50％多菌灵、65％代森锰锌可湿性粉剂或50％退菌灵500~800倍溶液喷雾或淋苗,以预防苗病的发生。蕾铃期极易发生烂根病。南繁棉花多采用起高垄种植及减少连作进行预防。播种完成后,在地块四周开沟,使排水通畅。雨后及时疏通排水沟,使耕层积水顺利排除,同时揭膜散墒,减轻或避免烂种死苗。台风暴雨后,棉花叶片破损、茎秆折断较多,需喷施杀菌剂防止病害发生,如用50％多菌灵喷雾或淋苗,同时可喷施叶面肥,促进棉花恢复正常生长。在翌年 2 月中下旬,及时整枝、抹芽、摘老叶,减轻田间荫蔽,改善通风透光条件,以预防遭遇阴雨绵绵天气后疫病发生,导致烂铃。

(二)虫害

由于三亚市无明显的冬季,棉花害虫没有越冬的潜伏期,加上寄主广泛,所以害虫种类多,世代重叠,虫群基数大,虫害的发生较重,且从棉苗到棉花吐絮持续危害,防治任务艰巨。南繁棉田主要害虫有地老虎、蓟马、棉蚜、斜纹夜蛾、菜青虫、潜叶蝇、棉铃虫、红铃虫、红蜘蛛、灰粉虱等。南繁棉花从苗期开始,即应高度重视虫害防治,有些害虫(如菜青虫和棉铃虫)几乎为害棉花整个生育期,更是防治的重点。棉花害虫主要以药剂防治为主,农业防治为辅。要清除田边地头的杂草,及时清除周围田里已收获的瓜菜和提前收获的南繁作物等寄主,从而减少害虫存活繁殖的场所。对于棉铃虫和菜青虫,有时药剂防治效果不佳,就要人工捕捉。南繁棉花害虫种类多,在防治实践中常常不是一种农药对一种害虫的防治,而是多种的复配农药对付多种害虫的防治。害虫一般种群量大,且存在一定抗药性,很难一次喷药将害虫灭净,且南繁棉花害虫世代交替频繁,防治实践中必须连续治理,不能懈怠,直至棉花收获。

(三)草害

海南岛的高温和雨水给杂草带来了滋生条件。棉田常有的杂草是狗牙根、马唐、马齿苋、苍耳、白茅、灰菜、刺苋、苘麻、棒头草、千金子,其中千金子在前茬为水田的棉田更重。常见的恶性杂草有铁苋菜、牛筋草、香附子等,其中香附子在前茬是水稻的棉田很重,难以清除。南繁棉田杂草的防除,总体上应该以人工为主,除草剂为辅。有效的预防措施:耕地或覆膜时,选择具有封闭效果的除草剂覆膜前喷施,效果较好,如每公顷用 50%乙草胺乳油 450~750ml 对水 450kg 喷雾。

(四)自然灾害

棉花育种南繁大田生育期长达 150~180d,有不同于棉花产区(下称棉区)的自然灾害,常见的有前期热带风暴或台风带来的大风大雨(台风雨)、开花结铃时期(花铃期)的低温、吐絮期的连阴雨。南繁棉花自然灾害的救治技术:抢时播种的方法。南繁棉花的播种,多是起垄、盖地膜、膜上打孔下种子的模式,事先平整土地(整地)是及时播种的前提,但整地未起垄,下雨时土壤吸水更多,播期比不整地的更为推迟。有效措施是整地、起垄和盖膜连贯完成,或称同步作业。播种时如果下雨,可人工踏泥打孔播种;台风雨导致倒伏棉苗的救治。在三亚的 10～11 月,如果遇到台风雨,首先是做好田间排水,确保风雨过后田间积水立即排除。其次可采取下列预防或救治措施:①埋土预防;②轻微护理;③台风雨后适时松土;④及时嫁接或扦插;提高花铃期地温和棉花耐寒力的措施。有效措施:①科学地施肥、中耕和药剂处理;②加盖地膜;③棉行铺设稻草。吐絮期对连阴雨危害的补救措施:排水、大整枝、除草、嫁接或扦插等。

第五章　大　　豆

第一节　大豆的生物学特性

一、大豆的品种介绍

大豆属于一年生豆科草本植物蝶形花科,大豆属,别名黄豆。中国是大豆的原产地,已有 4 700 多年种植大豆的历史。欧美各国栽培大豆的历史很短,大约在 19 世纪后期才从我国传去。20 世纪 30 年代,大豆栽培已遍及世界各国。从种植季节看,大豆主要分为春播、夏播。春播大豆一般在 4～5 月播种,9～10 月收获。东北地区及内蒙古等地区均种植一年一季的春播大豆。夏播多为小麦收获后的 6 月份播种,9～10 月份收获,黄淮海地区种植夏播大豆居多。从种植方式看,东北、内蒙古等大豆主产区,种植方式一般以大田单一种植为主;而其他地区,则多与玉米、花生等作物间作种植。根据种皮的颜色和粒形,大豆可分为黄大豆、青大豆、黑大豆、其他色大豆、饲料豆(秣食豆)五类。黄大豆的种皮为黄色,脐色为黄褐、淡褐、深褐、黑色或其他颜色,粒形一般为圆形、椭圆形或扁圆形。

(一)黑河 17 号

黑龙江省农业科学院黑河农科所以合丰 23 为母本,黑交 83－889 为父本杂交育而成,原代号"黑交 91－2004(92－975)"。1998 年由黑龙江省农作物品种审定委员会审定推广。

①特征特性:亚有限结荚习性,株高 70～80cm,生育日数 108d,需活动积温 2 100℃左右。长叶,紫花,灰毛。籽粒蛋白质含量 37.73%,含脂肪 20.50%。

②栽培要点:五月中旬播种,用种衣剂拌种,公顷保苗 30 万株左右,平

播密植可 40 万株左右;公顷施磷酸二铵 150kg 左右,尿素 30～40kg,深施或分层施肥。

(二)中黄 38 号

中黄 38 号是中国农业科学院作物科学研究所 1991 年以遗一2 为母本、美国 Hobbit 为父本组配选育而成的大豆新品种。2008 年 2 月通过辽宁省农作物品种审定委员会审定。

特征特性:该品种春播生育期 132d 左右,比对照丹豆 11 号早 1d,属中晚熟品种。亚有限结荚习性,平均株高 88.1cm,株形收敛,分枝数 1.5 个,主茎节数 19 个,椭圆叶,白花,茸毛灰色,荚熟深褐色,单株荚数 54.9 个,单荚粒数 3 个,籽粒椭圆形,种皮黄色,有光泽,脐色淡褐色,百粒重 18.4g。籽粒粗蛋白含量 41.34%、粗脂肪含量 19.81%。中抗大豆花叶病毒病。籽粒完整率 95%、褐斑率 0.5%、紫斑率 0.3%、霜霉率 0.4%、虫食率 2.6%、未熟率 0.3%、其他粒率 1.3%。

产量表现:2005～2006 年参加辽宁省大豆中晚熟组区域试验,9 点次增产,2 点次减产,两年平均亩产 174.89kg,比对照丹豆 11 号增产 10%;2006 年参加同组生产试验,平均亩产 184.36kg,比对照丹豆 11 号增产 14.11%。

栽培技术要点:该品种在辽宁地区中等肥力以上地块种植,每亩适宜密度为 1 万～1.3 万株,注意适时和足墒播种。生长期及时防治大豆蚜虫和食心虫。

适宜地区:适宜海城、锦州、岫岩、瓦房店、丹东等活动积温在 3 300℃ 以上的中晚熟大豆区种植。

(三)东农 54 号

以黑农 40 为母本,东农 9602 为父本,有性杂交后经系谱法选育而成。该品种为无限结荚习性。株高 100cm 左右,有分枝,紫花,长叶,灰色茸毛,荚弯镰形,成熟时呈草黄色。种子圆形,种皮黄色,种脐无色,无光泽,百粒重 20g 左右。蛋白质含量 40.6%,脂肪含量 20.5%。接种鉴定中抗灰斑病。在适应区出苗至成熟生育日数 124d 左右,需≥10℃ 活动积温 2 600℃ 左右。

2006～2007 年区域试验平均公顷产量 2 692.3kg;较对照品种黑农 37 增产 11.7%;2008 年生产试验平均公顷产量 2 461.7kg,较对照品种黑农 37 增产 11.7%。

二、大豆的生物学特性

大豆是个喜温的作物,适宜温度 22℃～26℃,在温暖的环境下生长良好。发芽最低温度在 6℃～8℃,以 10℃～12℃发芽正常;生育期间以 15℃～25℃最适宜;大豆进入花芽分化以后温度低于 15℃发育受阻,影响受精结实;后期温度降低到 10℃～12℃时灌浆受影响。一般温度在不低于零下 4℃时,大豆幼苗只受轻害,超过零下 5℃时幼苗全部受冻害。幼苗的抗寒力与幼苗生长状况有关,在真叶出现前抗寒力较强,真叶出现后抗寒力显著减弱。

大豆是短日照作物,在一定的短日照条件下,可以促进发育,提早开花成熟。大豆生育期间南北两大豆是喜光作物,对光照条件好坏反应较敏感。大豆需水较多,也就是说在一昼夜的光照与黑暗的交替中,大豆要求较长的黑暗和较短的光照时间。这种对长黑暗、短日照条件的要求,只在大豆生长发育的一定时期有此反映,即当大豆的第一个复叶片出现时,就开始光周期特性反应。这种反应达到满足的标志,是花萼原基开始出现。从此之后即使放在长光照条件下也能开花结实,对光周期反应结束。

(一)种子萌发特点

大豆种子富含蛋白质、脂肪,在种子发芽时需吸收比本身重 1～1.5 倍的水分,才能使蛋白质、脂肪分解成可溶性养分供胚芽生长。大豆主要用于压榨制豆油(食用)及制豆粕(饲料),还可用于食品工业做豆腐、豆粉等豆制品,极少一部分做为种子用。

(二)幼苗生长特点

发芽时子叶带着幼芽露出地表,子叶出土后即展开,经阳光照射由黄转绿,开始光合作用。胚芽继续生长,第一对单叶展开,这时幼苗具有两个节和一个节间。在生产中大豆第一个节间的长短,是一个重要的形态指标。植株过密,土壤湿度过大,往往第一节间过长,茎秆细,苗弱发育不良。如遇这种情况应及早间苗、破土散墒,防止幼苗徒长。幼茎继续生长,第一复叶出现,称为三时期。接着第二片复叶出现,当第二复叶展平时,大豆已开始进入花芽分化期。所以在大豆第一对单叶出现到第二复叶展平这段时间里,必须抓紧时间及时间苗、定苗,促进苗全、苗壮、根系发达,防治病虫害,为大豆丰产打好基础。

(三)花芽分化特点

大豆出苗后 25～35d 开始花芽分化,复叶出现 2～3 片之后,主茎基部的第一、二节首先有枝芽分化,条件适宜就形成分枝,上部腋芽成为花芽。下部分枝多且粗壮,有利增加单株产量。花芽分化期,植株生长快,叶片数迅速增加,植株高度可达成株的 1/2,主茎变粗,分枝形成,根系继续扩大。营养生长越来越旺盛,同时大量花器不断分化和形成,所以这个时期要注意协调营养生长和生殖生长的平衡生长,达到营养生长壮而不旺,花芽分化多而植株健壮不矮小。

(四)开花结荚期特点

一般大豆品种从花芽开始分化到开花需要 25～30d。大豆开花日数(从第一朵花开放开始到最后一朵花开放终了的日数)因品种和气候条件而有很大变化,从 18～40d 不等,有的可达 70 多天。有限开花结荚习性的品种,花期短;无限开花结荚习性的品种,花期长。温度对开花也有很大影响,大豆开花的适宜温度在 25℃～28℃之间,29℃以上开花受到限制。空气湿度过大、过小均不利开花。土壤湿度小,供水不足,开花受到抑制。当土壤湿度达到田间待水量的 70%～80% 时开花较多。大豆从开始开花到豆荚出现,是大豆植株生长最旺盛时期。这个时期大豆干物质积累达到高峰,有机养分在供茎叶生长的同时,又要供给花荚需要。因此需要土壤水分充足、光照条件好,才能保证养分的正常运输,才能促进花芽分化多,花多,成荚多,减少花荚脱落,这是大豆高产中的最重要因素。

(五)鼓粒成熟时特点

大豆在鼓粒期种子重量平均每天可增加 6～7mg。种子中的粗脂肪、蛋白质及糖类随种子增重不断增加。鼓粒开始时种子中的水分可达 90%,随着干物质不断增加,水分很快下降。干物质积累达到最大值以后,种子中水分降到 20% 以下,种子接近成熟状态,粒型变圆。鼓粒到成熟阶段是大豆产量形成的重要时期,这时期发育正常与否,影响荚粒数的多少和百粒重的高低及化学成分。子粒正常发育的保证源于两个方面。一是靠植株本身贮藏物质丰富及运输正常,叶片光合产物的供给;另外是靠充足的水分供给。这是促使子粒发育良好,提高产量的重要条件。

当土壤湿度达到田间待水量的 70%～80% 时开花较多。大豆从开始开花到豆荚出现,是大豆植株生长最旺盛时期。这个时期大豆干物质积累达到高峰,有机养分在供茎叶生长的同时,又要供给花荚需要。

大豆按其播种季节的不同,可分为春大豆、夏大豆、秋大豆和冬大豆四类,但以春大豆占多数。春大豆一般在春天播种,10 月份收获,11 月份开始进入流通渠道。我国主要分布于东北三省,河北、山西中北部,陕西北部及西北各省(区)。夏大豆大多在小麦等冬季作物收获后再播种,耕作制度为麦豆轮作的一年二熟制或二年三熟制。我国主要分布于黄淮平原和长江流域各省。秋大豆通常是早稻收割后再播种,当大豆收获后再播冬季作物,形成一年三熟制。我国浙江、江西的中南部、湖南的南部、福建和台湾的全部种植秋大豆较多。冬大豆主要分布于广东、广西及云南的南部。这些地区冬季气温高,终年无霜,春、夏、秋、冬四季均可种植大豆。所以这些地区有冬季播种的大豆,但播种面积不大。

三、大豆的土壤质地选择

大豆对土壤条件要求不很严格,要求做到土壤耕层深厚、地势平坦、排灌方便、土壤结构适宜、理化性状良好、土质肥沃、土壤质地为壤土,具有良好的保水保肥能力。选择地势高、平坦,土壤含沙石少、保水保肥,且灌水条件良好的地块,对所选的地块进行翻、耙、耢平以便起垄。要求氮、磷、钾养分较多。大豆种子吸水量达到 5% 时才能萌芽,播种时土壤水分必须充分,田间持水量不能低于 60%。大豆喜排水良好、富含有机质、PH6.2～6.8 的土壤。

三亚地区耕地除水田为水稻以外,土壤多为砖红壤和滨海沙土,土壤养分的循环具有强烈的养分生物积聚、土壤有机质快速分解周转、强烈的风化淋溶和土壤侵蚀引起的养分快速释放和淋失等特点。因此,应该多种植槟榔、芒果等热带经济作物和豇豆、茄子、青瓜等蔬菜类作物。在选择南繁地块时,不仅应考虑到地块的交通、灌溉便利性,更应考虑到周围地块的作物类型,以免造成田间管理的不便。

第二节　大豆的栽培技术

一、大豆的品种选择

选用增产潜力大、内在及外观品质好的优质大豆品种,如合丰 35、绥农

14、黑农 33、豫豆 22、鲁豆 11、中黄 4 号等,要求种子发芽率 90% 以上,纯度 98% 以上。进行种子播前精选,剔除病种及杂质等,同时根据海南土壤环境与病虫害情况,选用合适的种衣剂包衣。

把品种按生育期的长短笼统地分为:早熟品种、中熟品种、晚熟品神。在引种、调种方面,经常用品种充分成熟所需的活动积温来衡量熟期的早晚。品种所需活动积温若能满足,一般可以正常成熟,但不是绝对的,因此新品种的大面积推广,一定要引种小面积试种,以免造成不必要的损失。

二、大豆的种子处理

药剂拌种常采用灭菌剂。灭菌剂主要功用是将种子表面带的菌杀死,并在播种后的种子周围形成一个防止病菌入侵无菌保护带,减少种子病菌感染。目前使用的灭菌剂为福美双或克菌丹(50% 可湿性粉剂),经过拌种主要能防治灰斑病、霜霉病、紫斑病等多种真菌性病害。

海南地区土壤中土著根瘤菌稀少(仅极个别地块土壤中有根瘤菌),通过播前拌种或覆土前将菌剂直接喷淋在种沟内等方式接种根瘤菌,以减少肥料用量。注意不能再拌杀虫剂和杀菌剂。

处理步骤:①清选种子;②根瘤菌接种;③种子消毒;④种子包衣;⑤稀土拌种;⑥微肥拌种。

三、大豆的播种

大豆的适宜播种期与当地的耕作制度、自然条件、栽培大豆的类型密切相关。一般当 5cm 土层的日平均温度达到 10℃~12℃ 时播种最适宜。

播种原则:要求适期内早播,尽量缩短播种期。

播种方式:人工点播。

播种时间:10 月末至 11 月初,在霜降后 1~2d 为宜。如果播种太早,容易遭遇台风洪水的袭击,育种及繁殖工作受到影响。

播种密度:F1 单株收获,株距为 5~7cm 拐子苗点播;F3 加代收荚,可适当增加密度,2m 行长可种植 50~60 株,密度不宜太小,以不倒伏为宜。因大豆到海南种植,植株变矮小,若密度变小,会降低总体的产量,而且后期大豆不封垄,不利于杂草防除。

在土壤沙性较小的地块,垄距在 50~65cm 左右。在土壤沙性较大的地块,垄距应大些,在 65cm 左右。垄距过窄,灌水会冲垮垄台(可根据具体情况而定,因为有很多地方土壤沙性较大)。起垄时,同时施复合肥

375kg/hm²,尿素 120～150kg/hm²。由于生育期短,施足底肥可使植株迅速达到最大高度,有利于后期产量的形成。

四、大豆的嫁接或杂交授粉

嫁接技术在大豆中的应用领域涉及可传导开花物质的特性和作用方式、根冠互作、根瘤发生及固氮调控的机制等。

可传导开花促进物质及其与品种光周期反应敏感性的关系:在光周期诱导植物开花的过程中,对叶片进行光周期处理,即可引起茎端分生组织开始花芽分化。由此推测,在适于植物开花的光周期条件下,叶片产生可传导的开花促进物质,经维管束传导至茎端分生组织,诱导花芽分化。这种开花促进物质还可通过嫁接传导至其他植株,使这些植株在非诱导条件下开花。在光周期反应研究的早期,嫁接即成为研究大豆开花调控的特点和可传导开花物质的特性和作用方式的重要手段。Borthwick 和 Parker、Hamner 及 Shanmugasundaram 等先后以双枝大豆为材料证明植物中存在可传导的开花物质。Shanmugasundaram 等通过剪除大豆的茎端生长点,使其在单叶或子叶节处产生 2 个侧枝,形成双枝大豆植株,后对双枝大豆的二枝分别进行长、短日处理,以研究不同叶片数对开花促进物质在供体(短日处理枝条)和受体(长习处理枝条)间的传导,及其对开花时间和花荚数量的影响。结果表明,当对光周期反应不敏感品种的一枝进行短日处理时,二枝同时开花,但长日照处理可使其产生更多的花和荚果;在光周期反应敏感品种中,只有当受体枝条上的三出复叶不多于 2 片时,该枝条才可开花。在上述研究中,开花物质的供体和受体为同一品种,并且需对全株或部分进行光周期处理。

嫁接技术的改进推动了对大豆中可传导开花物质生理特性的深入研究。通过构建不同品种间的嫁接体,可省去光周期处理步骤,便于了解不同品种光周期反应及成熟期差异的机制。Heinze 等以光周期反应钝感品种 Agate 为开花促进物质供体,以光周期反应敏感性品种 Biloxi 为受体,通过茎间靠接、叶柄劈接和芽接,发现靠接后 50% 的 Biloxi 植株可形成花原基,嫁接后几天的去叶可提高受体花原基形成的百分率。在叶柄劈接试验中,只有当供体叶片在受体品种 Biloxi 上存活 4～8d 时,才可诱导 Biloxi 形成花原基。在其他一些试验中,不同熟期品种或近等基因系间的嫁接,也可观察到开花促进物质通过嫁接连接点传递的现象。在以早熟品种为砧木,晚熟品种为接穗的嫁接组合中,均可观察到晚熟品种接穗早于自体嫁接对照开花的现象。

可传导的开花抑制物质及其性质：嫁接不仅深化了人们对大豆中可传导开花促进物质的认识，而且证明大豆中也存在可传导的开花抑制物质，二者以相互拮抗的方式调控大豆开花和个体发育。Kiyosawa 和 Kiyosawa 将早熟、中熟和晚熟大豆品种同期播种，在砧木植株的第一叶期（fist leaf-stage），将接穗插接于砧木植株的节间部（internode）。并在嫁接后第 12d 时，一次性去除晚熟接穗的全部展开叶片，发现去叶可明显提前其初花日期，显示接穗叶片中存在抑制开花的物质。同时，对晚熟砧木上的中熟品种接穗的去叶处理则延迟其开花，表明在中熟品种可以正常开花的条件下，晚熟品种砧木内的开花抑制物质可传导至中熟品种接穗而延迟其开花。

结瘤和共生固氮是豆科植物的重要特性。大豆的根可与根瘤菌（Bradyrhizobium japonicum）建立共生关系，形成根瘤，以获取氮素等营养。在大豆根瘤发生过程中存在自我调节现象，即已有根瘤可抑制后续根瘤的发生，从而避免根部形成过多的根瘤。研究表明，在大豆根瘤的自我调控过程中，有系统性可传导信号的参与。

大豆根系固氮量因发育时期的不同而呈现规律性的变化。利用嫁接技术可研究大豆根冠比变化对根固氮能力的影响，弄清鼓粒期固氮量的下降是否可以逆转。

大豆根瘤的抗盐性：大豆结瘤的抗盐性被认为与地上或地下部的可溶性信号有关。"NODl－3"为盐害敏感品种，"P1416937"为耐盐品种。在经受盐胁迫时，前者结瘤受影响的程度比后者更为严重。将耐盐品种 PI416937 的接穗嫁接到敏感性品种 NODl－3 的根（砧木）上，而后进行盐胁迫处理，发现 PI416937 接穗减轻了盐对砧木结瘤的抑制作用，表明在嫁接体中存在向下传导的结瘤信号；而当以 NODl－3 作接穗，嫁接到 PI416937 根砧木上时，PI416937 根的结瘤数介于 NODl－3 和 PI416937 自体嫁接体之间，表明耐盐大豆的根也可产生根瘤发育信号。

早期人们试图将一年生物种（野生大豆亚属）与多年生物种（大豆亚属）杂交，但未取得成功。尽管可以结出豆荚，但是最终却没有结果且脱落（Palmer，1965；Hood 和 Allen，1980；Ladizinsky et al.，1979），后来通过胚挽救的方法，体外获得栽培大豆与澎湖大豆 G. clandestna Wendl 及栽培大豆与 G. tomentella Hayata 亚种间的杂交种（Singh 和 Hymowitz，1985；Singh et al.，1987）；利用移植的胚乳作为保护层（a nurse layer），获得了栽培大豆和 G. canescens 亚种间的杂交种（Broue et al.，1982）。这些亚种间的杂交种后代都不育，且难获得。

五、大豆的光、温、水、气、肥管理

采光:由于大豆花荚分布在植株上下部,因此上下部各位置叶片都要求得到充足的阳光,以利于叶片进行光合作用,以便将有机养分输送到各部位花荚。所以栽培过程中要保证大豆群体生长植株透光良好,每层叶片都能得到较好的光照条件,进行光合作用,才能有效地提高产量。

灌水:播种后灌出苗水一定要浇透,小水漫灌,直到垄台上湿润,保证出全苗,生育期灌水的深度不宜超过垄体的2/3,因地区不同,冬季少雨,大豆生长的全生育期所需的水都是灌溉水,灌水的频率要因土壤而定,沙性强的土壤不保水,隔3~4d灌1次水,含土多的土壤每隔7~10d灌1次水。

除草、追肥:以人工锄草为主,根据草情施用除草剂。由于当地气温高,加上施肥灌水,杂草生长很快,要注意及时除草,避免草荒。在大豆开花初期、中耕追施尿素,沙性土壤追肥 $600\sim750kg/hm^2$,肥力高的土壤追肥 $300\sim450kg/hm^2$,开花盛期到结荚初期灌水追施水肥 1 次,追复合肥 $300\sim450kg/hm^2$,为使籽粒大有光泽,在大豆开花末期及结荚盛期喷施叶面钾肥。大豆栽培中除了播种前在土壤中增施磷肥外,在生育期间叶面喷磷肥,增产效果很明显。对氮肥的供给则应以有机肥作底肥,并在始花期(大豆吸氮高峰开始时期)追施氮肥,增产效果显著。大豆2~3片复叶时追肥、除草各一次,花期再追肥除草一次。每次追施尿素及复合肥 $150\sim225kg/hm^2$。

①对光照和光周期的要求:大豆是喜光作物,对光照条件好坏反应较敏感。由于大豆花荚分布在植株上下部,因此上下部各位置叶片都要求得到充足的阳光,以利于叶片进行光合作用,以便将有机养分输送到各部位花荚。所以栽培过程中要保证大豆群体生长植株透光良好,每层叶片都能得到较好的光照条件,进行光合作用,才能有效地提高产量。大豆是个短日照作物,就是说在一昼夜的光照与黑暗的交替中,大豆要求较长的黑暗和较短的光照时间。具备这种条件就能提早开花,否则生育期变长。这种对长黑暗、短日照条件的要求,只在大豆生长发育的一定时期有此反映,即当大豆的第一个复叶片出现时,就开始光周期特性反应。这种反应达到满足的标志,是花萼原基开始出现。从此之后即使放在长光照条件下也能开花结实,对光周期反应结束。

②对温度的要求:大豆是个喜温的作物,在温暖的环境下生长良好。发芽最低温度在 6℃~8℃,以 10℃~12℃发芽正常;生育期间以 15℃~25℃最适宜;大豆进入花芽分化以后温度低于 15℃发育受阻,影响受精结实;后期温度降低到 10℃~12℃时灌浆受影响。全生育期要求 1 700℃~2 900℃

的有效积温。大豆的幼苗对低温有一定的抵抗能力。一般温度在不低于零下4℃时,大豆幼苗只受轻害,超过零下5℃时幼苗全部受冻害。幼苗的抗寒力与幼苗生长状况有关,在真叶出现前抗寒力较强,真叶出现后抗寒力显著减弱。

③大豆对水分的要求:大豆需水较多,每形成1克干物质,需耗水600~1000g,比高粱、玉米还要多。大豆对水分的要求在不同生育期是不同的。种子萌发时要求土壤有较多的水分,满足种子吸水膨胀萌芽之需,这时吸收的水分,相当种子风干重的120%~140%。适宜的土壤最大持水量为50%~60%,土壤最大持水量低于45%,种子虽然能发芽,但出苗很困难。种子大小不同,需水多少也不同。一般大粒种子需水较多,适宜在雨量充沛、土壤湿润地区栽培;小粒种子需水较少,多在干旱地区种植。大豆幼苗时期地上部生长缓慢,根系生长较快,如果土壤水分偏多根系入土则浅,根量也少,不利形成强大根系。这时以土壤增加温度,通气性好于根系生长有利。从初花到盛花期,大豆植株生长最快,需水量增大。要求土壤保持足够的湿润,但又不要雨水过多,气候不湿不燥,阳光充足。初花期受旱,营养体生长受影响,开花结荚数减少,落花、落荚数增多。从结荚到鼓粒时仍需较多的水分,否则会造成幼荚脱落和秕粒、秕荚。大豆从初花期到鼓粒初期长达50多天的时间内,一直保持较高的吸水能力。农谚有"大豆于花湿荚,亩收石八;干荚湿花,有秆无瓜"。说明水分在大豆花荚、鼓粒期是十分重要的环境因素。大豆成熟前要求水分稍少。而气温高,阳光充足则能促进大豆子粒充实饱满。

④对土壤及养分的要求:大豆对土壤适应能力较强,几乎所有的土壤均可以生长,对土壤的碱度适应范围(pH值)在6~7.5之间,以排水良好、富含有机质、土层深厚、保水性强的壤土为最适宜。大豆在田间生长条件下,每生产50kg子粒,需吸收氮素3.6kg;磷0.6~0.75kg;氧化钾1.25千克。比生产等量的小麦、玉米需肥都多。大豆不同阶段吸肥速度和数量与干物质积累相适应。初花期至鼓粒期的50多天中,大豆一直保持较高的吸肥能力。从分枝期到鼓粒期吸收氮素占全生育期吸氮总量的95.1%,每日吸氮量以盛花到结荚期为最高。这个时期吸收磷也是最多,达全生育期吸收磷总量的1/3,其次吸磷多的时期是苗期和分枝期,占总量的1/4。因此在大豆栽培中除了播种前在土壤中增施磷肥外,在生育期间叶面喷磷肥,增产效果很明显。对氮肥的供给则应以有机肥作底肥,并在始花期(大豆吸氮高峰开始时期)追施氮肥,增产效果显著。

六、大豆的收获

(一)收获方法

人工收获：在大豆完熟期，即子叶全部脱落，茎、荚、粒呈原品种色泽，豆粒全部归圆，籽粒含水量下降至 20％以下，摇动豆荚有响声，即可收获。

机械联合收获：当叶片全部落净，豆粒归圆时，即可收获。

分段收获：黄熟期，植株和豆荚全部变黄，植株黄叶占 80％左右，摇动植株有轻微的响声，底荚豆粒已经归圆，即可收获。

(二)收获时期

当大豆摇铃时可进行人工摘荚、脱粒，脱粒后的种子分袋装、挂签，放阴凉通风处，阴干 3～4d，确保种子的水分达到标准，以免在托运时发霉。

大豆收获期很重要，收获过早籽粒尚未充分成熟，不仅粒重降低，而且蛋白质和含油率都下降。收获过晚，则易引起炸荚掉粒，造成损失更大。

大豆收获主要根据以下三个方面确定时期：

第一，因品种生物学特性确定收获期。黑河地区横跨四、五、六积温带，大豆品种资源丰富，收获时必须区别对待。在同一种植区内，有限生长的大豆品种整株成熟一致，后期脱水较快。收获期较早，亚有限生长品种整株成熟较一致。收获期居中，无限生长品种整株成熟不一致，收获期较晚。

第二，因气候条件确定收获期。黑河地区无霜期较短，气候、气象条件复杂，应根据初霜到来时间，确定准确收获期。

第三，因土壤类型确定收获期。黑河地区土壤类型复杂，应根据土壤类型确定收获时期，沙壤土收获期偏早，壤土收获期适中。

七、大豆的病虫害防治

海南一年四季均适宜各种害虫的发生和繁殖，虫害发生尤其重，特别是斜纹夜蛾、甜菜夜蛾、卷叶螟、斑潜蝇、叶蝉、螨类等，稍有不慎，就会造成较大危害。所以，要经常于早、晚在田间察看虫情，发现有零星发生或蛾、蝶在田间频飞，马上进行药剂防治，一般 1 周需防治 1 次。根据害虫的种类和数量，选用不同的药剂，不可连续多次使用同一种药剂，以防止害虫产生抗药性，降低杀虫效果。大豆病害发生普遍较轻，多年连作时，病害略重，主要有根腐病、病毒病、霜霉病、斑点病、紫斑病等。病害以预防为主，最好每年轮换地块。

（一）大豆灰霉病

大豆灰霉病是常发性病害，是由大豆尾孢菌真菌侵染而发病。对大豆的产量和品质均有影响，一般地块减产 10%～15%，危害严重的地块减产可达 30% 以上。灰斑病主要危害大豆叶片，病斑开始呈褐色小点，以后逐渐扩展为圆形，边缘褐色，中部灰色或灰褐色，直径 1～5mm，有时呈椭圆形或不规则形。气候潮湿时，病斑表面密生灰色霉层。发斑严重时叶片上布满斑点，相互合并使叶片干枯。

田间防治方法主要是叶片发病后及时打药防治。最佳防治时期是大豆开花结荚期。效果较好的防治农药有：①50% 多菌灵可湿性粉剂，亩用量100g；②40% 多菌灵胶悬剂，亩用量 100g；③80% 多菌灵超微粉，亩用量50～60g；④70% 甲基托布津可湿性粉剂，亩用量 80～100g；⑤40% 灭病威胶悬剂，亩用量 100ml。喷药时间要选在晴天上午 6～10 时，下午 3～7 时，喷后遇雨要重喷。

（二）大豆细菌性斑点病

大豆细菌性斑点病是丁香假单胞菌大豆致病变种（大豆细菌疫病假单胞菌）侵染而致，属病原细菌。主要为害幼苗、叶片、叶柄、茎及豆荚。幼苗染病，子叶生半圆形或近圆形褐色斑。叶片染病，初生褪绿不规则形小斑点，水渍状，扩大后呈多角形或不规则形，大小约 3～4mm，病斑中间深褐色至黑褐色，外围具一圈窄的褪绿晕环，病斑融合后成枯死斑块。茎部染病，初呈暗褐色水渍状长条形，扩展后为不规则状，稍凹陷。荚和豆粒染病，生暗褐色条斑。病菌借风雨传播蔓延，多雨及暴风雨后，叶面伤口多，利于该病发生。连作地发病重。

防治方法：发病初期喷洒 1∶1∶200 波尔多液或 30% 绿得保悬浮液400 倍液，视病情防治 1 次或 2 次。

（三）大豆霜霉病

大豆霜霉病是由东北大霜霉菌真菌侵染而发病。大豆霜霉病危害幼苗、叶片和子粒。当第一片真叶展开后，沿叶脉两侧出现褪绿斑块。成株叶片表面呈圆形或不规则形，边缘不清晰的黄绿色星点，后变褐色，叶背生灰白色霉层。病粒表面黏附灰白色的菌丝层，内含大量的病菌卵孢子。病菌以卵孢子在种子上和病叶里越冬，成为来年初侵染菌源。每年 6 月中下旬开始发病，7—8 月是发病盛期，多雨年份常发病严重。

防治方法：开展药剂防治。在发病初期及时喷药防治，可选用 70％代森锰锌或代森锌 700 倍液、58％甲霜灵锰锌 600 倍液或 80％大生—M45 800 倍液、75％百菌清 600 倍液进行喷雾。上述药剂应注意交替使用，以减缓病菌抗药性的产生。

(四)大豆蚜虫

大豆蚜虫俗称腻虫、蜜虫。多集中在大豆的生长点、顶叶、幼嫩叶背面，刺吸汁液危害。造成叶片卷曲、植株矮化、降低产量，还可传播病毒病，造成减产和品质下降。此虫 6 月中下旬开始在大豆田出现，高温干旱时危害严重。大豆蚜虫繁殖能力很大，一个雌虫能繁殖 50～60 个，在条件适宜情况下，小蚜虫约经 4～5d 就能产仔，全年在大豆上可繁殖 15 代。大豆蚜虫全年迁飞扩散有 4 次高峰；第 1 次是在大豆苗期，第 2 次是出现在 6 月上旬，第 3 次出现于 7 月中旬，第 4 次是在 9 月上旬。一般应在 7 月上旬进行防治最为适宜。防治方法：药剂防治为主，用 40％乐果乳油 800 倍，或 40％氧化乐果乳油 1 000 倍。10％溴氟菊酯乳油每亩 15～20ml，50％抗蚜威可湿性粉剂每亩 10g，兑水 40～50kg 喷雾。

大豆第一对单叶出现到第二复叶展平这段时间里，必须抓紧时间及时间苗、定苗，促进苗全、苗壮、根系发达，防治病虫害，为大豆丰产打好基础。大豆的第 2 片复叶开始，观察叶片是否有蚜虫、蓟马等害虫，一旦发现要及时喷施杀虫剂，间隔 3～4d 喷施 1 次杀虫剂，因不同害虫选择不同杀虫剂，直至大豆鼓粒可停止喷药。成熟期若遇连阴雨天，要提早喷施甲基托布津或井冈霉素等药剂，以防治紫斑等病害。

防止地上害虫的同时要注意地下害虫，如有地下害虫应采取灌根措施。从大豆开始鼓粒起，老鼠为害大豆荚，在地头、地边投放鼠药、放置鼠夹防治老鼠，以免老鼠为害豆荚。

第六章 花 生

第一节 花生的生物学特性

花生又名"落花生"或"长生果",为豆科作物,是优质食用油主要油料品种之一。花生是一年生草本植物,起源于南美洲热带、亚热带地区,约于16世纪传入我国,19世纪末有所发展。现在全国各地均有种植,主要分布于辽宁、山东、河北、河南、江苏、福建、广东、广西、四川等省(区),其中以山东省种植面积最大,产量最多。花生果具有很高的营养价值,内含丰富的脂肪和蛋白质。据测定花生果内脂肪含量为44%~45%,蛋白质含量为24%~36%,含糖量为20%左右。并含有硫胺素、核黄素、尼克酸等多种维生素。矿物质含量也很丰富,特别是含有人体必需的氨基酸,有促进脑细胞发育,增加记忆的功能。花生种子富含油脂,从花生仁中提取油脂呈淡黄色,透明、芳香宜人,是优质的食用油。花生抗旱耐瘠、适应性强。种植花生与其他作物相比,投资小,用工省,比较效益高,还可以起到改良土壤、增加后茬作物产量的作用。花生饼粕营养丰富,可作为畜牧业和水产养殖业的优质精饲料。大力发展花生生产可有力地促进农业的良性循环。

花生的繁殖系数低,用种量大,是制约花生育种速度和新品种推广应用的主要因素。为解决这一问题,各花生育种单位利用海南三亚独特的地理位置和气候条件,在冬季北方不能生长花生的情况下,把材料拿到海南三亚进行加代繁殖,实现了一年两代生产,扩大了繁殖系数,缩短了育种年限。结合近几年的花生南繁工作,将花生南繁栽培技术加以总结,为花生南繁生产提供参考。

一、花生的品种介绍

中花系列如:中花二号、中花四号;珍珠豆型,早熟中果,全生育期120

～125d,单产 300～400kg,地膜花生 3 月 25 日～30 日播种,露地 4 月中旬播种。密度 7×8 或 8×9 寸,穴播双粒,亩播 8 000～10 000 穴。中花二号休眠期较短,注意适时收获。

中花六号:2000 年通过湖北省农作物品种审定委员会审定的花生新品种,比中花二号增产 10％左右,属珍珠豆型早熟中粒种,株高中等,种子休眠性较强,全生育期 123d 左右,对青枯病抗性较强。主要栽培要点:3 月下旬到 6 月上旬均可播种。春播亩 1.0 万穴,夏播亩 1.1 万穴,每穴两粒。应施足基肥,看苗期追肥,地膜栽培盛花期后注意使用调节剂。

适于南繁的花生品种很多,如"河南农科院培育的豫花系列,郑州农科所培育的郑花系列和开封农科所培育的开系列,在海南三亚种植都表现良好"与海南地理条件相似的广东"粤油系列"都是适合在海南繁育的品种,下列几个品种近几年在海南繁育较多。

粤油 200:中果,全生育期 125d 左右。其农艺性状好,商品性能好,熟性好,单产 400kg 左右。

早熟花生 88－415:该品种属特早熟花生新品种,中果,全生育期 100～105g,夏播 85 天,作二季栽培 90～95d。亩产 300～350kg。春播地膜覆盖 3 月 25 日左右播种,二季栽培 7 月 25 日前播种。春夏播密度亩 9 000～10 000 穴,亩用种量 17.5kg,二季花生播种密度亩 12 000 穴,亩用种量 20kg,穴播双粒。

鄂花五号:属珍珠豆型,全生育期 125d,该品种早熟稳产,单产 300～350kg。

80－183:该品种属珍珠豆型,全生育期 123d,株高 50cm 左右,株型紧凑,不抗青枯病,单产 300～350kg 左右。

二、花生的生物学特性

在植物王国里,花生是独有的地上开花、地下结果的植物,而且一定要在黑暗的土壤环境中才能结出果实,所以人们又称它为"落花生"。地上开花,地下结果是花生所固有的一种遗传特性,也是对特殊环境长期适应的结果。花生结果时,喜黑暗、湿润和机械刺激的生态环境,这些因素已成为荚果生长发育必不可少的条件。所以,为了生存和繁衍,它只有把子房伸入土壤中。

花生是一年生草本植物,从插种到开花只用一个月左右的时间,而花期却长达 2 个多月。它的花单生或簇生于叶腋。单生在分枝顶端的花,只开花不结果,是不孕花。生于分枝下端的是可孕花。每株花生开花,少则一二百朵,多则上千朵。花生开花授粉后,子房基部子房柄的分生组织细胞迅速分裂,使子房柄不断伸长,从枯萎的花萼管内长出一条果针,果针迅速纵向伸长,它先向上生长,几天后,子房柄下垂于地面。在延伸过程中,子房柄表皮细胞木质化,逐渐形成一顶硬幅,保护幼嫩的果针入土。当果针入土达2~8cm时,子房开始横卧,肥大变白,体表生出密密的茸毛,可以直接吸收水分和各种无机盐等,供自己生长发育所需。靠近子房柄的第一颗种子首先形成,相继形成第二、第三颗。表皮逐渐皱缩,荚果逐渐成熟。

总之落花生的果实需要在黑暗中慢慢形成,如果子房柄因土面板结而不能入土,子房就在土上枯萎。

三、花生的土壤质地选择

(一)整地

1.选地

选择地势平坦、疏松、肥沃的沙壤质耕地。忌在低洼易涝及粘重土壤上种植。花生高产优质栽培要求良好的土壤条件。土壤结构和通透性良好,下雨能速排不积水,干旱能速灌透水快;耕层深厚,达 30cm 左右,土壤肥力高,但有机质含量以 1% 左右为宜,超过 2% 荚果易受污染,品质降低;宜植新荏地,重茬 1 年约减产 20% 以上,适合与水稻、玉米、红苕等轮作。

南繁地应选择地势平坦,排灌方便,土壤有机质含量较高松软肥沃的沙质土壤上进行,而且由于海南气候特殊,干湿季节明显,冬季为旱季,降水少,保证不了作物生长的需要。因此要选有水源能排能灌的地块。地块确定后要抓紧时间精细整地,耙平耙烂。且为了便于田间管理最好采用大垅双行。起垅时要沿着垅向撒施优质高浓度复合肥 20kg/亩和地虫杀星3kg/亩防止蛴螬、金针虫。大垅宽 1.0m 垅距 50cm,起垅要高且直。根据三亚冬季雨水较少、1 月(花生的开花下针期)温度较低的气候特殊性,为保湿增温,应采用起垄覆膜栽培。起垄前必须做到精细整地,深耕细耙,施足底肥,整平地面,并撒施 3% 的辛硫磷颗粒剂 3kg/亩,防治地下害虫。一般垄距为 85~90cm,垄沟宽 30cm,垄面宽 55~60cm,垄高 12cm 左右。选择色泽浅,质地疏松,排水良好的沙质土壤。

2.花生对土壤的要求

沙壤,疏松,杂草少;PH 值 6~7;下雨能速排不积水,干旱能速灌、透水快,耕层深厚达 30cm 左右;土壤肥力高,有机质含量以 1% 左右为宜。花生是地上开花地下结果作物,要求活土层深厚,耕作层疏松的土壤。花生是深根作物,适当加深耕作层,能促进根群发展,增强吸肥吸水能力。据统计,深耕 0.26～0.33cm 的比浅耕 0.1～0.13cm 的能增产 20％左右。从根系生长、根瘤菌繁殖以至下针结荚,都需要疏松的土壤环境。因此,播种前要细致整地,做到深耕细耙,上虚下实无坷垃,深浅一致,地平土碎。一是前茬收获后早秋深耕,加厚活土层,耕深 20～25cm,以提高田间持水量,改善通气透水性。二是结合深耕增施农家肥料,补充耕层土壤有机质,增强通气、透水性能,播种前浅耕耙耱,做到疏松适度,地面平整。

（二）选茬与轮作

选茬:花生前茬以选择禾本科作物为宜,避免重、迎茬及烟草、马铃薯、甜菜、豆科作物换茬。

轮作:与禾本科作物实行四年以上轮作。

第二节　花生的栽培技术

一、品种选择

应选择经审定推广的,生育期适宜,比较早熟,株型紧凑,抗旱性强优良品种。花生要高产,选种是关键。优良品种对花生的增产作用很大,选择直立型、株型紧凑、开花集中、节间短、适应性广、抗逆性强、宜密植且增产潜力大、高产、优质、种子质量达国标良种标准的品种。

就同一地区而言,选用花生良种应以生产目的、地力水平为依据。一般土层深厚、质地疏松、保水保肥性强的中上等肥力水平的地块,宜选用中熟大果直立、增产潜力大的高产品种,如鲁花 11 号、花育 22 号、花育 25 号、豫花 15 号和海花 1 号等;水肥条件较差的薄地,应选用中小果直立高产品种,如花育 20 号、花育 23 号、花育 26 号和白 1016 等。

二、种子处理

（一）分级选种

选留无病虫害、果大仁满、整齐、三粒以上的荚果,剥壳后选用饱满大粒种子作种子田用种,中上等粒、二级以上种子作为生产用种。按种子大小和饱满程度,分为 1 级米(大粒)、2 级米和不宜作种的 3 级米(破损粒、秕粒、小粒),并严格剔除带菌量大的霉变、腐粒,将 1、2 级种单独播种,即使单种 2 级米,也比不分级混种增产 10% 左右。

(二)播前晒果

剥壳前选晴天上午 10 时左右,把花生果摊在通风向阳处晾晒 2~3d。晒果可使出苗率提高 10%~36%。晒果温度在 20℃~30℃为宜,花生忌晒种仁,以防种皮破裂、返油而降低生活力,引起烂种。播前晒果可提高田间出苗率。晒果以 20℃~30℃为宜。晒果宜薄摊 7~10cm 厚,每日翻动 1~2 次,晒 2~3d。晒后放在通风干燥处,防止吸水返潮。花生种只能晒荚果,不能晒种仁。荚果剥去外壳,用种仁播种。脱壳时间距播种前 3~5d 脱壳最好。

(三)剥壳

为保持花生种子的生命力,出苗整齐一致,剥壳时间离播种期愈近愈好。剥壳后为防霉捂变质,将子仁和果壳混装在透气的麻袋中。用种仁播种,具有吸水快、匀,出苗快、齐等优点。剥壳前,选择双仁果作种。失去果壳保护后种仁容易吸潮受到微生物感染,因而脱壳时间距播种前越近越好,作种用花生最好采用手工剥壳,以减少对种皮的损伤。

(四)选种

剥壳后剔除霉烂、已发芽或破碎的籽粒,选择充实饱满、颜色鲜亮、发芽力强的种子播种。

(五)浸种

将精选后的子仁放在 30℃的温水中浸泡 5~6h。

(六)催芽

将种子放到 22℃~28℃条件下经 20~24h 即可出芽。花生种子在播种前进行浸种催芽可以缩短种子出苗时间,使种子出苗快而齐,并有利于在干旱或低温情况下种子出苗。先将种子放在 35℃左右的温水中浸泡 2~4h。种子初浸入水中,出现皱纹时不要翻动,以免弄掉种皮。要使种子一次吸足水分。当检查子叶横断面尚有 1/3~1/4 未浸透的硬心时,捞出放在筐或篓内,上面覆盖湿草帘,置于 25℃~30℃室温下催芽,中间喷水 2~3

次,保持种子湿润,一般经过 24 小时左右就可出芽。

(七)药剂拌种

杀菌剂消毒有多种方法,如 100kg 种子用 25％的多菌灵 500g 拌种,或用种子重 0.5％～0.8％的菲醌拌种等,可防治苗期病害;用 40％乐果乳剂 250～400g,加水 5kg,拌种 100kg,可防治地下害虫;用种子重 0.1％～0.2％的煤油拌种,可防止鸟兽害损种。

(八)根瘤菌拌种

新植花生地和瘠薄地,1hm² 田的花生种用 750～1 500g 根瘤菌剂拌种,可明显提高根系着瘤数的固氮能力。根瘤菌拌种后,1hm² 田用种量再增用 7.5～15kg。石膏粉拌种,可增强根瘤菌的抗逆性,提高拌种的增产效果。

三、播种

播种期(春季土层 12℃时,珍珠豆型可播种,大约 4 月底至 5 月上旬,地膜覆盖栽培课梢提前 7d)

播种密度(垄作,垄距 50cm,穴距 13～18cm,每亩 1 万穴,每穴两粒)

播种方法(先开沟五厘米,施种肥,再均匀覆土,镇压)因地制宜,因时制宜。

适宜的播种期应根据品种特性、栽培制度、自然条件等确定。珍珠豆型花生种子萌发的温度是 12℃,一般只要 5cm,土温稳定在 14℃～15℃以上就可播种;龙生型和普通型发芽的下限温度为 15℃,5cm 土温稳定在 17℃～18℃时播种。在长江中下游地区,春花生一般在谷雨前后,抓"冷尾暖头,天晴土爽"良机播种。在夏熟作物中套种花生,决定播种期的主导因素是前作物的收获期。花生与前作的共生期一般为 15～20d,即在前作收获前 25～30d 播种。在夏熟作物收获后播种的夏花生,一般在小满至芒种前后,抢晴抢墒,力争早播。根据三亚的气候特点,10 月份仍处于汛期,可能会有台风,一般南繁花生应在 11 月中下旬播种为好。播种前 3～4d 如果墒情不好应沿垄灌水,洇湿垄台为佳。每垄两行,行距 30cm 左右,株距 16.7cm,播种深度 3～5cm,根据试验材料每穴 1 粒或 2 粒。南繁播种前如果没雨一定要在播前 2～3d 沿垅灌水,洇湿垅台。因为海南气温高蒸发量大,水分散失快,花生种子吸水又多,墒情不好,很容易造成缺苗断条。播种时可采用播种器播种或开沟播种,但播种不要过深,达到 3cm 即可,播种株距为 13.2cm 双株。

人工播种:整地结合做畦,畦高 12cm,畦底宽 85cm,畦面平,畦坡陡,采用打孔播种;另一种是先播种后覆膜,要求垄畦宽度与地膜规格适应。覆膜质量标准是:趁墒、辅平、拉紧、贴实、压严。播种前要进行选种、晒种、种子处理,然后按密度规格打孔播种,每穴 2 粒。播种时,每公顷喷除草剂乙草胺或农思它 1.5~2.25ml,兑水 750~1 125kg 喷均匀。

机器播种:作畦标准为垄距 85cm(畦沟宽 30cm、畦面宽 55cm),垄高 10~12cm。可使用多功能播种机与小四轮拖拉机配套播种,将松土、起垄、播种、施肥、喷除草剂、覆膜等工序一次性完成。

播种方法:分埯种、趟种两种。

埯种:刨埯深度 10~13cm,埯距 15cm,每埯播催芽种子 2 粒,施把粪,覆土 3~5cm。

趟种:用耙或小犁开沟 10~13cm,按 15cm 人工等距点籽(种子点在湿土上)踩好底格子,拉子覆土,木磙子镇压。

适宜的播种方式:种子要进行晒果、剥壳、发芽实验、分级粒选、拌种催芽等。起垄栽培,适应于水浇地、黏土地,其好处是播种层在地平面以内,增加表土受光面积,土壤的昼夜温差增大,有利于花生干物质的积累。春花生在 4 月上旬整地起垄,夏花生在麦收后作畦起垄,一般板面 3~5cm,垄底高 80cm,垄顶宽 50cm,垄高 10cm,平原地带土壤肥沃,宜采用小高垄单行种植。

适期播种:合理密植,浇足底墒,春播宜稀,夏播和套种宜密。春播穴距 20cm,每穴播 2~3 粒,播深 3~4cm,密度为 800 穴左右;夏播穴距 16~20cm,每穴 23 粒,播深 4cm,密度 900 穴左右,播后湿土盖种,干土封顶,轻压保墒,覆盖地膜,出苗后及时破膜,防止高温熏苗。

播种期:决定春花生适宜播种期的主导因素是土温。珍珠豆型花生种子萌发的下限温度为 12℃,一般在 5cm 深日平均地温稳定在 14℃~15℃以上时播种;龙生型和普通型下限温度为 15℃,在 5cm 深土温稳定在 17℃~18℃时播种。种春花生要提早备耕,整地待播。防止临播整地,贻误播种良机。在夏熟作物中套种花生,决定播种期的主导因素是前作物的收获期。应在前作收获前 25~30d 播种。

合理密植:花生多采用穴播,适宜的单位株数、穴数和行穴距配置因肥力水平、温光资源、管理水平、品种特性而异。一般密枝型花生 9 万~12 万穴/hm²,疏枝型 13.5 万~15 万穴/hm²,每穴 2 株。

肥力水平低的宜采用等行穴种植:疏枝型一般 25cm,密枝型一般 30cm;而高产栽培时,宜采用宽窄行、窄穴距垄作。垄作能增大光照面积和日夜温差,有利高产群体内的通风透光,方便排灌。土壤肥力中等以上的田块,生产上广泛采用宽行窄穴种植,行宽约为穴距的2倍。密植有助于增加粒重。

覆土盖种:覆土盖种深度一般以5cm左右厚为宜。土壤黏重、土墒足、繁殖良种时单位粒条播等条件下宜浅,但不能浅于3cm;砂土、表层缺墒、穴播等条件下宜覆土6~7cm。播种后覆土高度不能低于地面,防止落种处雨后积水。据研究,盖种呈尖顶形,种子距顶8kg左右,待下胚轴伸长达3~4cm时撤除多余的土,使子叶上面只留1cm厚的土层;并配合弥封土缝,防止出苗前曝光,可引导子叶出土。

地膜覆盖栽培播种方式:地膜覆盖比露地栽培可增产花生30%以上,花生覆膜栽培增产的主要原因是改善了花生生长环境条件。提高地温:从播种到出苗5cm地温可提高3.7℃,因此覆膜花生比露地花生可早10~15d播种。保墒防涝:覆膜在春季可减少土壤水分蒸发,有利保墒防旱;夏季雨水多时,有地膜阻隔可以及时排掉多余的雨水。改善田间小气候:覆膜花生株丛间,白天温度较高,昼夜温差大,夜间温度低呼吸消耗少,有利于光合产物的积累。改善土壤理化性状:覆膜保持土壤疏松状态,提高土壤通透性。覆膜花生播种常用花生覆膜播种专用机械。做畦、喷药、施除草剂、施肥、播种、盖膜一次性完成。一般畦高10cm左右,畦面宽60~65cm,畦沟宽25~30cm,用除草剂乙草胺1.5~2.25L/hm^{2}或拉索2.25~3L/hm^2,加适量水,均匀喷在畦面及两侧,盖好膜后在膜上每隔5~6m压一些土,防止地膜被风吹起,用100cm宽、0.006~0.008mm厚的地膜60kg/hm^2。使用除草剂要严格按施药净面积计算,因膜内温度高、透性差,易发生药害,用药量要比露地栽培减少30%~40%。

四、杂交授粉

花生的开花时间是每天早晨5~8时,如遇上低温或阴雨天气,开花时间推迟。在花瓣开放前的几小时,花药开裂散粉,完成授粉,故花生常为闭花授粉。授粉后,花粉粒在柱头上萌发形成花粉管,花粉管沿着花柱的诱导沟伸向子房的胚珠,授粉后的5~9h,花粉管到达花柱基部,以后通过珠孔进入胚囊,放出两个精子,进行双受精。从授粉到受精完成大约需10~18h。完成受精后,当天下午花瓣凋谢,随后脱落。

五、花生的光、温、水、肥、气管理

(一)合理追肥,及时灌溉

花生南繁时期为海南三亚旱季,在持续无雨干旱的情况下应采取垄沟灌水的形式,出苗以后每隔12d左右灌一次水,根据土壤保水情况,时间间隔适当增减,每次都应达到饱和状态。适温,光照充足,水肥俱全。为了提高荚果产量增加花生饱满度,必须在花生初花期追施一定量的尿素和钾肥,一般常用含钾尿素20kg/亩并结合趋地培土迎针,并在持续无雨干旱情况下还应保证每隔10~15d浇一次水,促使花生正常生长发育。

需肥、需水规律如下。

①需肥规律:花生生育所需的营养元素,主要有氮、磷、钾、钙等,氮素能促进花生枝多株壮,多开花、多结果、结饱果。因而,荚果和叶里含氮量最高,分别占全株总氮量的50%和30%以上。磷能促进花生侧枝发育,花芽分化和根的发育,对根瘤发育和增强根瘤菌的固氮能力有良好作用。荚果中含磷量最多,约占全株总磷量的60%~80%。钾素主要参与体内各种生理代谢和光合产物运转,钾素在茎蔓里含量占全株总钾量的50%以上。花生是喜钙作物,钙素在花生体内含量很少,但能加强氮素的代谢,促进根系和根瘤的发育,钙也能调节土壤酸度。

②需水规律:花生是一种需水较多的作物,新鲜花生植株中约含有70%水分,生育过程中每生产0.5kg干物质需水225kg左右。花生各生育阶段的需水量是不相同的,总的趋势是"两头少,中间多",花生从播种到出苗阶段,一般要求土壤水分占土壤最大持水量的50%~60%为宜;从出苗到开花阶段,土壤水分也要占土壤最大持水量的50%~60%;开花到结荚阶段,气温较高,叶面蒸腾和地面蒸发都很大,最大持水量高达60%~70%为宜。

在花生栽培过程中,施肥是一项重要的技术环节。具体方法如下。

①施肥:花生合理的施肥原则是以有机农家肥为主,无机矿质化肥或复合肥为辅,农家肥与化肥结合施用,施足底肥,适当追肥。施肥上掌握"施足基肥、看苗早施追肥、后期根外喷肥"的原则。坚持以有机肥为主,配合施用化学肥料,并注意氮、磷、钾、钙以及微量元素的合理搭配。基肥施优质农家肥4.5万kg/hm²,碳酸氢铵300kg/hm² 硫酸钾225kg/hm²(酸性土壤加石灰600kg/hm²)。看苗情早施追肥,施尿素45~75kg/hm²;荚果成熟期根外喷肥,用磷酸二氢钾3kg/hm²,尿素7.5kg/hm² 对水750kg/hm² 喷施。巧

施微肥,在苗期或初花期,用 0.2% 硼砂水溶液 750kg/hm² 叶面喷施;生长期用 0.1%～0.2% 钼酸铵水溶液 750kg/hm² 叶面喷施 1 次,增产效果显著。

基肥:以草木灰及猪、鸡、羊粪等为好,不仅供给花生各种营养元素和有机质,还能改良土壤、促进土壤微生物的活动,提高土壤肥力。以亩施优质农家肥 2～3m³,配合施用磷酸二铵 5～10kg,硫酸钾 3～5kg,尿素1.5～2kg或复合肥 20kg。

叶面追肥:为满足花生生育期间对有效养分的需求,在花生需肥高峰的结荚期喷施有机液体叶面肥——惠满丰等,有明显的促熟增产效果。

基肥和种肥:花生基肥用量一般应占总用量的 80%～90%,以腐熟的有机肥料为主,配合氮、磷、钾等化学肥料。施用时要注意保持和提高肥效。一般肥多撒施,肥少条施。

②施足基肥:合理施用生物菌肥和叶面肥,花生前期根系吸肥能力强,根瘤菌固氮能力弱,中后期吸肥较多。无公害花生推广使用根瘤肥,播前每亩按根瘤菌和根瘤促生剂 0.5kg 的数量混合,随拌随播。合理使用化肥和有机肥,无公害花生以施有机肥和生物肥为主,一般冬耕时施入优质有机肥 2 000kg 左右。

③追肥:花生追肥应根据地力、基肥施用量和花生生长状况而定。

④苗期追肥:肥力低或基肥用量不足,幼苗生长不良时,应早追苗肥,尤其是麦套花生,苗肥应在始花前施用,一般每 hm² 用硫酸铵 75～150kg,过磷酸钙 150～225kg,与优质圈肥 3 750kg 混合后施用,或追草木灰 750～1 200kg,宜拌土撒施或开沟条施。

⑤花针期追肥:10 月底至 11 月初,油菜尚未封行封垄前,结合中耕培土壅根,保护根颈,防止冻害。培土高度以埋好根颈标准。

(二)水分管理

花生是较耐旱的作物,花生不同生育阶段耗水量差异较大,需水强度以开花至结荚时最大。以结荚期干旱对产量的影响最大,其次为饱果期。故花生需水特性可概括为"燥苗、湿花、润荚"。可根据花生这一特性,灵活进行水分管理。

花生比一般旱作物表现出较强的耐旱性,它能忍耐的田间持水量为40%。花生是最怕渍的作物之一,全生育期都要能速排明水,滤暗渍。花生栽培应掌握"蹲苗、干花、湿针、润果"的管水原则,特别是在收获前 1 个月,必须确保土壤湿润,促进荚果饱满。

适期灌水:花生整个生育期需水的特点是"两头少,中间多",即开花结果期是花生需水的高峰期,应适时灌水。同时,根据花生出苗期处于多风干旱季节,播种后要经常检查,发现种子有"落干"或"芽干"的危险,应及时小量的灌一次齐苗水。

(三)田间管理

1.及时放苗

春播花生覆膜种植,当气温稳定在 15℃ 以上,花生幼苗有 2 片真叶时即可放苗。夏播花生提倡先覆膜后播种,凡是先播种后覆膜的地块,应在花生子叶半出土时,及时破膜放苗。放苗后,及时用细土封严放苗孔。

2.查苗补缺

花生基本齐苗后,要全面进行查苗,发现有缺苗现象,应立即补种或补栽。

3.清棵

在花生出苗时如果子叶留土则采用清棵的办法,将植株周围的土扒开,使子叶出土,可有效提高花生产量 10%。清棵要掌握适时、适度、适期壅土覆窝 3 个技术环节,清棵的时间是刚出苗。清棵最好在出苗期和齐苗期分次进行。清棵扒土程度以刚刚露出 2 片子叶为度。覆窝时间,要在清棵 15～20d,第 1 对侧枝已长出地面,第 3、4 条侧枝长出后,才能覆窝。

4.使用植物生长调节剂

在花生上应用的促进类植物生长调节剂有增产灵、"702"、"802"、三十烷醇、花生素等。如对生长不足的花生,于花针期用增产灵(4－碘苯氧乙酸)7.5～22.5g/hm^2,或花生素 90～120g/hm^2,对水 750kg/hm^2 叶面喷施,可增产近 10%。花生高产栽培最忌徒长,使用植物生长调节剂是控制花生花荚期旺长的主要措施。花生应用较多的调节剂有比久、矮壮素等。当花针期有旺长趋势时,每次用 700～800ml/L 的比久药液约 750kg/hm^2 叶面喷施,隔 7～10d 后可重喷 1 次,进行缓慢控制;结荚期明显徒长,可一次喷施 1 000～2 000ml/L 的药液 750～1 125kg/hm^2。在有效花针期喷施浓度过高,容易落叶早衰。

(四)苗期田间管理

及时开孔避免烧苗,开孔后及时用 1 把湿土压上,幼苗 2 片真叶时,及时清除膜孔上的土。花针期和结荚期要注意防旱排涝,花生具有"喜涝天,不喜涝地"和"地干不扎根,地湿不鼓粒"的特点。花生主茎高达 40cm 时,要控制徒长,用多效唑或花生多喷雾进行化控。

1.适时中耕除草

从幼苗出土至大部分果针入土之前是中耕除草的主要时期。因为海南的杂草种类较多,生长旺盛,必须尽早下手,抓紧铲趟,做到地净土松。花生田出现板结和草害,防碍下针和结荚,收获困难,可减产 50％以上。必须提早进行中耕除草,在封行、下针前创造"疏松、湿润、基本无杂草"的土壤条件。化学除草是大面积控制花生苗期杂草的有效途径。但花生对除草剂反应敏感,要按主要杂草种类,采用适当除草剂和相应的施用方法,严格按剂量单施或混施,防止药害。单子叶杂草可选用甲黄胺,用量 2.25～3kg/hm²,对水 750～1 125kg/hm²,于播种后及时喷施土表进行土壤封闭;除草醚宜在出苗前、杂草开始萌发时喷施地表;氟乐灵易挥发和光解,用 48％的氟乐灵 2.25～3kg/hm² 喷洒后要进行浅中耕与表土拌和。

2.防鼠

海南三亚老鼠活动猖獗,防鼠是南繁工作应注意的主要问题之一,从种到收,防鼠工作要常抓不懈。播种后,即在地的周围每隔 5m 左右投放一堆鼠药(常用敌鼠钠盐 1g＋开水配 2kg 麦粒制成毒饵),并定期检查,随减随补,或用塑料布作屏障将地块圈起,将老鼠隔离。

3.开孔放苗和盖土引苗

花生顶土鼓膜(刚见绿叶)时,就要及时开膜孔释放幼苗,要一次成功,切不可待幼苗全出土,更不能出一棵放一棵。否则易灼伤幼苗和散温跑墒。开膜孔放苗方法是,先用 3 个手指(拇、食、中)在穴苗上方将薄膜撕开一个小圆孔,孔径 4.5～5cm,随即在膜孔上盖上一把湿土,厚 3～5cm,轻轻按一下。这样既起到封膜孔增温保墒效果,还有避光引升子叶节出膜孔,释放第一对侧枝,起到自然清棵的作用。千万不能只用铁钩开孔放气,不盖土封孔,造成损坏地膜、透风散热跑墒和膜内杂草丛生的现象。

4.适时清棵和抠出膜下枝

出苗后有两片真叶时,应及时清理膜孔上过多的土,并注意盖严膜孔,压紧膜边。既起到清棵蹲苗的作用,又保持其增温保墒效果。出苗后主茎有 4 片真叶时,要经常检查,将压在膜下的侧枝抠出来。

5.蕾花期田间管理

开花前彻底清除隔离区和制种田内自生油菜以及十字花科蔬菜植物。彻底清除母本行内的异品种、优势株、变异株等。花药发育早期遇到不适气温,雄性不育系在初花期容易出现微量花粉,以主花序和上部分枝早开的花为多,田间检查后,可采取摘除主花序和上部 1～2 个分枝,摘顶保纯,以保证制种纯度。方法是在初花前 2～3d 摘除主花序和上部 1～2 个分枝。如果母本开花期比父本迟 2～3d，可在父本抽薹 10cm 时，隔株轻摘父本蕾薹，以推迟父本开花时间。同时加强父本栽培管理，促使父本多分枝，多现蕾，延长开花期，调整花期，使父母本花期相遇良好。在开花期用机动喷雾器或绳子、竹竿等工具进行人工辅助授粉。辅助授粉时间以晴天上午 10～12 时效果最好，每天进行 1～2 次。也可用蜜蜂传粉。蜂群数量可按 0.2～0.3hm² 配置一箱强盛蜂群，在初花期安放规划地点。在父本终花期及时搬走。

六、收获

成熟：当中下部叶片转黄脱落，多数荚果果壳硬化，种子颗粒爆满。

适时收获：及时收获晾晒是保证花生果免遭霜冻霉烂的重要环节。一般在 9 月 20 日前后开始收获，收获时可采用人薅犁趟，然后晾晒，晒干后及时脱果。

收获方法：晴天用人工或机械收获，起收后就地铺晒，晒到荚果窑洞有响声。充分晾晒，方可入库储藏。

妥善保管：花生子仁含水量降到安全水后，选择通风朝阳、地势高燥的地方，用秫秸穴子做成圆囤保管。囤底垫上沙子，再垫上 1 尺厚的玉米或高粱秸，囤中竖一直径为 15～20cm 粗的高粱秸把直通囤底，上头露出囤面，囤顶用草苫围成圆锥形，每囤贮果 1 500kg。

适时收获，拣拾残膜：花生收获时不要过早或过晚，要适时收获，当花生果实饱满，饱果指数达到或超过 70% 时才可以收获，收获前 1～2d 浇一次轻水，以便于花生起收。否则都将影响花生品种的产量和品质。但根据海南三亚的气候特点，一般南繁花生在 3 月中下旬天气晴朗时开始收获，以免进入阴雨天使花生霉变。为了农业的可持续发展，消除废旧地膜的污染，花生收获前 1～2d，应先把压在沟内的地膜拉出，刨花生时，把垄面上的地膜连同花生一起收回。花生收获后还必须用耙把压在土里的部分残膜扒出拣净。

当晴天日平均温度降到 15℃ 以下，荚果已不能再继续发育时，不论植株长相和荚果成熟情况，要及时抢晴收获。收获方法一般是拔蔓摘果，结合刨窝。拔蔓时要随即抖掉泥土，荚果连在蔓上就地摊晒；或随即摘果，送晒场薄摊 7～10cm 厚曝晒。但晒果温度不宜超过 35℃～38℃，否则会伤害种胚。晒果要勤翻动，傍晚收堆，使失水均匀。集散、清选等都要精细操作，避免果壳破。

花生适时收获的标准:大部分植株顶端停止生长,中下部叶片变黄变硬,颜色变深,脉纹清晰,内果皮海绵组织收缩,并有黑色光泽和油脂斑点,种仁饱满,种皮呈本品种固有的颜色;小刀刮刚拔收的荚果外果皮,变为黑色为成熟果,黄色、甚至白色为未成熟果。对晚熟贪青的田块,当晴天日平均温度降到15℃以下,荚果已不能再继续发育时,不论植株长相及荚果成熟情况,要及时抢晴收获。水分含量高往往是引起花生品质劣的主要诱发因素。要选天晴土爽收获,以便及时晒干。注意防霉,防止受霉后品质变次。

七、病虫害防治

南繁时期花生的主要病害有花生叶斑病、网斑病、茎腐病和青枯病等,防治花生叶斑病、网斑病、茎腐病可分别用75%代森锰锌300～400倍液,75%百菌清800～1 000倍液,50%多菌灵800倍液,青枯病发病初期可喷洒100～500mg/kg的农用链霉素。由于海南三亚是热带暖湿的气候条件,害虫发生较重且世代重叠,花生虫害主要有蚜虫、红蜘蛛、蓟马、斜纹夜蛾和棉铃虫等。蚜虫、红蜘蛛、蓟马可用1 000倍液乐果、吡虫啉防治,斜纹夜蛾和棉铃虫可用1.8%阿维菌素乳油2 000～3 000倍液、50%辛硫磷乳油1 000～1 500倍液喷雾。防治花生病害和虫害可以同时进行,一般每隔7～10d喷药一次,连续喷3～4次。

南繁过程中只要田间管理较好则花生病害一般不会很重,较常见的病害有病毒病、叶斑病、和锈病等,可分别用115%植病灵800～1 000倍液,70%甲基托布津800～1 000倍液,12.5%晴菌脞1 500倍液等进行防治。由于海南气候暖湿,害虫发生较重且世代重叠,所以要着重做好虫害防治,除了做好地下害虫的防治外,苗期一般每隔10～15d打一回药杀虫杀卵。主要用40%乐果油800倍液加10%吡虫啉防治蚜虫和蓟马;用2.5%敌杀死4 000倍液或20%速灭杀丁乳油2 000倍液防治棉铃虫、菜青虫等害虫。

花生主要病害是叶斑病、茎腐病、锈病等。主要虫害有金针虫、蚜虫、蛴螬和甜菜夜蛾等。要因条件制宜,综合防治。如选用抗病品种,采用无菌种子,合理轮作,冬耕深翻等。花生主要有青枯病、叶斑病。分别用青枯散菌剂750g兑水300kg灌穴,用井冈霉素100g,或农抗120或硫磺脱悬剂叶面喷洒。防治虫害用48%乐斯本乳油200ml,加水稀释与1kg沙土拌匀,顺播种沟施田内防治蛴螬;苗期蚜虫用抗蚜威可湿性粉剂或灭芽菌剂喷施;中后期要注意防棉铃虫、造桥虫、斜纹夜蛾等害虫发生。为防治花生苗期病害,夺取花生苗全、苗齐、苗壮,花生种子必须进行包衣。一是用花生种衣剂4

号,播种前,在田边进行拌种包衣。二是用种子量的 0.2%~0.3%多菌灵拌种,要随拌随播,为防苗期害虫可用辛硫磷或涕灭威等农药,于花生播种后盖种,每亩用量 1~1.5kg。

(一)病害防治

1.花生叶斑病

可用 50%多菌灵或 30%爱苗进行防治。在花后期每隔 10d 左右喷 1次 75%的百菌清 6 000 倍液,共喷 3~4 次,可防治锈病,兼治叶斑病,保叶、养根、饱果。百菌清宜与波尔多液、托布津等药剂交替使用,避免花生产生抗生菌株。

2.茎腐病

花生茎腐病又称倒秧病。苗期子叶黑褐色,干腐状,后沿叶柄扩展到茎基部成黄褐色水浸状病斑,最后成黑褐色腐烂,后期发病,先在茎基部或主侧枝处生水浸状病斑、黄褐色后为黑褐色,地上部萎蔫枯死。茎腐病主要以种子带菌为主,连作病重,早播病重,因此应实行合理轮作,种子贮藏前要充分晒干,播前要进行晒种、选种,不用霉变、质量差的种子,做好种子消毒,用50%多菌灵按种子量 0.3%进行药剂拌种。齐苗后用 40%多菌灵胶悬剂1 000倍液喷雾,在开花前再喷 1 次。也可用 70%甲基托布津可湿性粉剂800~1 000 倍液防治。

3.根腐病

茎基部水浸状,黄褐色,植株较矮,叶片自下向上干枯,主侧根变褐腐烂,后期只剩褐色干缩的主根。合理轮作,严格选种、晒种,用种子量 0.3%的 50%多菌灵拌种,发病初期用 50%的多菌灵 1 000 倍液全田喷雾。

4.叶斑病(主要包括褐斑病、黑斑病)

褐斑病病斑圆形、暗褐色,较大,病斑外缘有黄色晕圈,后期有灰色霉状物;黑斑病病斑圆形、黑褐色,病斑周围无黄色晕圈,病斑比褐斑病小。合理轮作;选用抗病品种;7、8 月份是防治叶斑病的重点时期,发病初期可喷洒50%多菌灵 800 倍,或 75%百菌清可湿性粉剂 600 倍,或 70%代森锰 800倍,每隔 15d 喷 1 次,共喷 2~3 次。

5.花生锈病症状

底叶最先开始发生,叶片产生黄色疱斑,周围有很窄的黄色晕圈,表皮裂开后散出铁锈色粉末,严重时叶片发黄,干枯脱落。防治方法:发病初期用 75%百菌清 600 倍液或 25%粉宁 500 倍液全田喷雾。一般在结荚期到饱果初期进行叶面喷肥,喷液肥 1 125～1 500kg/hm²(内含磷酸二氢 0.2%、过磷酸钙2%),对植株长势较弱、叶片黄的地块可加尿素1%～2%。在黄昏喷施,每隔7～10d喷1次,一般喷2次。

6. 花生枯斑病

下部叶片的叶尖先发病,病斑黄褐,边缘多为深褐色,周围有黄色晕圈,早期病部枯死,灰褐色,上生很多小黑点。叶片上生许多暗褐色不规则形或圆形小斑。近收获期在多雨多露情况下,病害迅速发展,病斑呈黑色水浸状,近圆形或不规则,病斑迅速扩展,全叶腐烂,而后此种叶片上也布满黑点。茎、果柄发病变褐,也生有小黑点,荚果上生一块块黑块,果内也有小黑点。

7. 花生网斑病

开花期叶片上产生圆形至不规则形黑色小病斑,病斑周围有明显退绿圈。后期叶片正面产生褐色边缘呈网纹状不规则形病斑,一般不透过叶面,并在病斑上生出褐色小点。发病严重时叶片脱落。

8. 花生冠腐病

受害幼苗和植株,变黑腐烂,根冠部凹陷,呈黄褐至黑褐色,并长满松软的黑色霉层,即病原菌的分生孢子梗和分生孢子。病斑扩大后,根茎腐烂,表皮破裂,病株拔起时易折断,断口在茎冠部分。

9. 花生炭疽病

下部叶片先发病,病斑沿主脉扩展,褐色或暗褐色,长椭圆形或不规则形,上有不明显轮纹,边缘浅黄褐色,中央生有许多不明显小黑点。

(二)虫害防治

1. 菌核病

及时进行清沟排渍、摘除老黄叶外,初花期选用40%菌核净湿性粉剂,每公顷用药1.5kg或20%复合菌核净2.0kg,加水600kg喷施。结合防病,喷0.1%～0.3%的磷酸二氢钾水溶液,可以增加粒重。

2. 蛴螬

秋翻地,消灭一部分越冬虫源。施毒土,每公顷用1.5kg90%敌百虫或50%辛硫磷,拌土225kg,播种或定植时撒于穴内。用90%敌百虫800倍液,或50%辛硫磷1 000倍液,或2.5%溴氰菊酯3 000倍液灌根。春季组织人力随犁拾虫。

3. 地老虎

清洁田园,铲除杂草,减少虫源。夏秋实行土壤翻犁晒白,可消灭一部分幼虫和蛹。利用糖酒醋诱杀器或黑光灯诱杀。用 2.5% 敌百虫粉,或 90% 敌百虫 1 000 倍液,或 50% 辛硫磷 1 000 倍液,或 2.5% 溴氰菊酯 3 000 倍液,或 20% 速灭杀丁 3 000 倍液喷雾,防治 3 龄前幼虫。也可用上述药剂麦麸或炒香碎的豆饼施入苗周围,防治 3 龄以后幼虫。

地老虎和蛴螬是地下害虫,不仅危害期长而且危害严重。常造成缺苗断垄现象,是目前影响花生产量的最主要虫害。因地下害虫多在地下活动,隐蔽性强,防治困难,所以必须采取综合防治的方法。

4. 蚜虫

早春应及时铲除田边、地头、沟边杂草,可消灭部分虫源。加强田间调查,点片发生阶段喷药,可用 20% 速灭杀丁,或 20% 灭扫利 2 000 倍液,或 2.5 溴氰菊酯,或 2.5% 天王星 3 000 倍液,或 2.5% 鱼藤精乳剂、50% 抗蚜威可湿性粉剂 3 000 倍液喷雾。及早清除田间周围杂草,减少蚜虫来源。蚜虫发生早期,及早发现,局部施药。在夏季发生量较多时候,使用苦参碱水剂,每亩 500ml 配成 100 倍液,或者 40% 乐果乳油 50ml 对 60kg,配成 1 000 倍溶液。银蚊夜飞蛾,慕凤夜飞蛾等食用叶性害虫,七八月叶片危害较重可用 50% 马拉硫酸乳油 75mg 左右,兑水稀释 1 000 倍或者 80% 敌百虫可溶性粉剂 150g,兑水 1 000 倍,均匀喷雾防治。蚜虫不仅吸食花生汁液,也是传播病毒的主要媒介。防治花生蚜虫必须早,用 40% 氧化乐果 1 000 倍液即可。可选用低毒高效、低残留的农药撒施在田块上结合犁畦整畦,或在开花后期扎针前,把药撒施在根部后培土覆盖,可有效杀灭地下害虫。

可用 10% 吡虫啉可湿性粉剂 3 000 倍液或 5% 的锐劲特悬乳剂 1 500 倍液进行防治。甜菜夜蛾等夜蛾科害虫,可选用昆虫生长调节剂 5% 的卡死克乳油等或化学药剂 10% 除尽悬浮剂 1 500～2 000 倍液进行防治。

农业防治:合理轮作:花生良好前茬是玉米、谷子等禾本科作物,避免重茬。秋季深翻:秋季深翻可将害虫翻至地面,使其曝晒而死或被鸟雀啄食,减少虫源。

药剂防治:种子包衣:播前用种衣剂包衣,此方法也能有效防止鼠害。土壤处理:播前整地时,每公顷用自治的 3% 呋喃丹颗粒剂 22.5～30kg 或自治的 3% 甲拌磷颗粒剂 22.5～30kg 均匀撒施于田间,浅翻入土;或将呋喃丹、甲拌磷颗粒剂撒于播种沟内,之后播种;也可将杀虫剂拌入有机肥内做基肥使用。

防治幼虫:6月下旬和7月下旬在金龟子孵化盛期和幼龄期每公顷用辛硫磷颗粒剂35～45kg加细土250～300kg撒在花生根际,浅锄入土。也可用50%辛硫磷或90%敌百虫1 000倍液灌根。

第七章 马 铃 薯

第一节 马铃薯的生物学特性

一、马铃薯的品种介绍

马铃薯为茄科,别名土豆、洋山芋、荷兰薯,一年生草本植物,块茎繁殖,须根系。茎有地上茎、匍匐茎和块茎。地上茎从母薯芽眼抽出,匍匐茎的顶端膨大成块茎,块茎为食用部分。但匍匐茎有两重性,见光则形成分枝。块茎有圆、椭圆、长筒形,皮色有黄、红、白、紫色,肉有黄白、淡红、淡紫色。马铃薯生长期可分为发芽期、幼苗期、发棵期、结薯期、休眠期。发芽期是指块茎开始发芽到幼苗出土,冬种 10～20d、春种 30～40d。从出苗到第 6 叶或第 8 叶展开时为幼苗期,约 15～20d。发棵期从团株到主茎封顶叶展开,约 30d。主茎封顶叶展开到茎叶变黄为结薯期,约 40～50d。块茎成熟后便进入生理休眠,不同品种休眠期长短不同。从出苗到收获,早熟品种冬种需 85～90d,中熟品种约 100d。马铃薯有冬种、春植和秋植,面积约 2 万亩,总产量达 45 万吨。马铃薯以其营养价值高,耐储藏而深受人们喜爱。近几年栽培面积不断增加。要取得良好的经济效益,必需采取先进合理的技术措施。马铃薯的品种多种多样,不同国家和地区的马铃薯品种又不同,按照不同国家和地区人口的文化习惯和习俗,对主食的选择不同,马铃薯又可以分很多类。

马铃薯原产南美洲安第斯山脉及其附近沿海一带、秘鲁和智利的温带、亚热带地区。1570 年从南美洲引进西班牙,逐渐传播到亚洲、北美、欧洲、非洲南部和澳大利亚,现在分布全世界许多国家和地区。马铃薯引进我国仅有 400 多年的历史,主要分布在我国的东北、内蒙古、华北、云贵高原气候冷凉地区。种植面积位居世界第一位,2005 年全国种植面积达到 7 851 万亩,总产量 3.25 亿吨,总产值 2 739 亿元。平均亩产 1.06 吨,产值 876 元,远低于荷兰亩产 3 吨的单位面积产量水平,有很大的增产潜力。

随着社会的发展和人们生活水平的提高,彩色马铃薯开始逐渐为人们所认识。彩色马铃薯在国外很早就已经出现,但在国内属于新品种。它是集营养、保健和色素于一体的新类型品种。彩色马铃薯的表皮有红色、粉红、浅紫、深紫、黑色等多种。除了"表光鲜"以外,彩色马铃薯用途广泛,可应用于食品、化工等行业。彩色马铃薯芽眼小,外观好看,抗病性强,每亩产量可达到 1 000~2 000kg。

马铃薯主要收获物为地下膨大的块茎,富含淀粉、蛋白质、脂肪、粗纤维和多种维生素、矿物质,营养丰富,用途广泛,主要供食用,是重要的粮食、蔬菜兼用作物。此外,马铃薯还是重要的工业原料,用于发展生物能源、工业淀粉和食品加工业。加工马铃薯产品,包括食品,可增值 1~60 多倍,是提高马铃薯种植效益的有效途径。用于食品加工业的马铃薯原料,对薯块的大小、颜色、形状以及品质有特殊的要求,同时价格也远高于一般马铃薯产品,标准化栽培是生产优质马铃薯产品的重要措施。通过多年的生产实践,总结出了本地区优质马铃薯栽培技术。

(一)按成熟的类型分类

①早熟品种:马铃薯早熟品种是指出苗后 60~80d 内可以收获的品种,包括极早熟品种(60d)、早熟品种(70d)、中早熟品种(80d),这些品种生育期短,植株块茎形成早,膨大速度快,块茎休眠期短,适宜二季作及南方冬作栽培,可适当密植,以每公顷 60 000~67 500 株为宜。栽培上要求土壤有中上等肥力,生长期需求肥水充足,不适宜于旱地栽培,早熟品种一般植株矮小,可与其他作物间作。品种包括:中薯 2 号、中薯 3 号、中薯 4 号、费乌瑞它、东农 303、鲁马铃薯 1 号、超白、泰山 1 号、呼薯 4 号、克新 4 号、克新 9 号、豫马铃薯 2 号(郑薯 6 号)、豫马铃薯 1 号(郑薯 5 号)等。

②中熟品种:马铃薯中熟品种是指出苗后 85~105d 内可以收获的品种,这些品种生长期较少,适宜一季作栽培,部分品种可以用于二季作区早春和南方冬季栽培,以每公顷 45 000~52 500 株为宜。品种包括:克新 1 号、克新 3 号、新芋 4 号、坝薯 9 号、大西洋、冀张薯 3 号(无花)等。

③晚熟品种:马铃薯晚熟品种是指出苗后 105d 以上可以收获的品种,这种品种生长期长,仅适宜一季作栽培,一般植株高大,单株产量较高,以每公顷 45 000 株左右为宜。品种包括:克新 11 号、米拉、坝薯 10 号等。

（二）按用途分类

①菜用型：菜用型品种对淀粉含量要求不高，以低淀粉含量为好。适合闽北栽培的优质品种有东农 303、费乌瑞它、春薯 2 号、荷 14、克新 3 号等。

②淀粉加工型：淀粉加工型品种，除了产量要高以外，最关键的是淀粉含量必须在 15％以上，同时芽眼最好浅显一些，便于加工时清洗。

③油炸食品加工型：其特点是芽眼浅，容易去皮，干物质含量在 19.6％以上，并且耐贮藏。其中油炸薯条品种还要求薯型必须是长形或椭圆形，长度在 6cm 以上，宽度不小于 3cm，重量要在 120g 以上；白皮或褐皮白肉，无空心、无青头。这类品种有大西洋、夏波蒂等。

二、生物学特性

（一）形态特征

马铃薯，茄科，多年生植物，作一年或二年生作物栽培。茎直立或匍匐，叶为奇数羽状复叶，主茎没入土中，各节发生匍匐枝，顶端肥大，形成圆形、扁圆或长圆筒形的块茎，上有许多芽眼，呈螺旋状排列，并为二个叶序环，顶端有顶芽，皮色红、黄、白或紫色，肉有白、黄、淡紫色等。花为聚伞花序，顶生，白红或紫色，自花授粉。浆果球形，绿或紫褐色。种子扁圆形、黄色。多用块茎繁殖。

（二）生长习性

马铃薯是性喜冷凉、怕霜冻又忌炎热的喜光作物。马铃薯的生长发育要求光照充足，光照不足会使茎叶徒长，块茎发育不良，产量低。长日照能促进茎叶生长和现蕾开花，短日照有利于块茎形成，一般每天日照在 11～13h，茎叶发达，块茎产量高。马铃薯在黑暗中块茎才能形成，早熟品种对光周期不敏感，春秋两季均可栽培。块茎在土温 5℃～7℃ 开始发芽，18℃生长最好；茎叶生长适温为 20℃，块茎膨大要求较低温度，适宜土温为15℃～18℃，超过 25℃ 停止生长膨大，高温季节易发生病毒而引起退化。植株和块茎在气温降到 0℃ 以下则受霜害。马铃薯耐酸不耐碱，要求在 pH5.5～6.0 的微酸性疏松的砂壤中生长，酸性土栽培易发生疮痂病，生长期间肥水充足，增施磷钾肥，能提高块茎产量和淀粉含量，增强块茎贮藏性。

紫色马铃薯为中晚熟品种，全生育期 90～95d。幼苗直立，株丛繁茂，株型高大，株高 60cm，茎粗 1.37cm，茎深紫色，横断面三棱型。植株长势强健,主茎发达、分枝较少。叶色深绿,叶柄紫色,花冠紫色,花瓣深紫色。薯体呈长椭圆形,果皮光滑,呈紫黑色,乌黑发亮,富有光泽。果肉为深紫色,致密度紧,外观好看,颜色诱惑力强。果肉中淀粉含量高达 13%～15%,口感较好,品质极佳。芽眼浅,芽眼数中等。结薯集中,单株结薯 6～8 个,单薯重 80～250g。耐旱耐寒性强,适应性广,薯块耐贮藏。休眠期较短,抗退化能力强。抗早疫病、晚疫病、环腐病、黑胫病、病毒病。该品种适应性广,凡能种植普通马铃薯的地区均可栽培,适宜全国马铃薯主产区、次产区栽培,发展前景广阔。

三、土壤质地选择

选择土壤肥沃、地势平坦、排灌方便、耕作层深厚、土质疏松、通气良好、保水和透水力适中的沙壤土或壤土,轻沙壤土最适应马铃薯生长发育。选择排水良好的平地或漫岗地,不宜在低洼易涝地种植;茬口以玉米茬、麦茬为宜,选地时要避开上年用过豆磺隆、甲磺隆、绿磺隆、普施特等除草剂的作物,避免发生药害。轮作期三年。选择地势平缓,中性或偏酸性砂壤土。选择土层深厚,土壤肥沃,有机质含量 10mg/kg 以上,排灌方便,通透性良好的壤土、轻壤土或沙壤土。

紫色马铃薯要想获得较高的产量应选土层深厚、肥力中上等、土质疏松的壤土或砂壤土,且涝能排、旱能浇、不重茬的地块种植。在耕作上要深耕细整。一般深耕 30cm,秒耙 2 次,整碎土块,起垄种植。整地最好在封冬前进行。

①地块:选择生态环境良好,周围无污染,符合有机农业生产条件的地块。

②缓冲带:有机农业生产田与未实施有机管理的土地(包括传统农业生产田)之间必须设置至少 8m 以上的缓冲带。

③土壤类型:土层深厚,土壤疏松肥沃,通透性良好,适于排、灌的沙壤土或轻质壤土,pH 值 5.6～7.0,提倡大垄栽培。

④选茬:玉米、黄豆等茬口,不重茬,立土晒堡。

⑤整地:秋季深耕或春季深耕,深耕 20～30cm;整平耙细;及时进行耙糖镇压保墒。

⑥施肥:马铃薯是喜肥作物。要施足基肥,多施钾肥。

第二节 马铃薯的栽培技术

一、品种选择

选用优良品种是马铃薯优质、高产、高效栽培的基本条件。优良的马铃薯品种除了高产、优质、适应性好、抗病虫和抗逆性能力强之外，根据市场的要求及品种的特殊用途，还有其各自的特殊要求。一般来说，根据种植的目的，马铃薯的品种可以分为鲜食型品种和加工型品种。各个品种在不同地区的种植有着很大的差别，因此在该地区选用马铃薯品种时，应尤其注意何种品种适合在此地区生长。选择抗病、高产、早熟的脱毒种薯，如早大白、东农303、鲁引一、尤金等。选择适宜播期，早春马铃薯一般采用地膜覆盖栽培，在辽西地区一般在4月上旬播种，宜早不宜晚。秋马铃薯宜选用优质、抗逆性强、休眠期短的高产品种，春季种植收获的早熟脱毒马铃薯，如米拉、费乌瑞它等。

①选择适合本地区生长的品种。最好是早熟品种或中熟品种，这样可以更好地缩短育种时间，增加经济效益。

②选择抗病的品种。病害会大大的影响马铃薯的产量，也是影响其产量的最大祸因，但随着科学技术的发展，大部分新品种对病害的抗性有了很大的提高。因此最好选用一些新品种种植会产生事半功倍的效果。

③选择多熟期多品种搭配种植。多熟期、多品种搭配种植是减少病虫害和抗干旱等不利环境条件的最有效的措施之一。

（一）选用优质品种的脱毒种薯

1. 主要优良品种

粤引85—38：早熟，植株直立，株高35～40cm。块茎长椭圆形，长12～16cm，宽7～8cm。黄皮黄肉，表皮光滑，芽眼浅而少，品质优，单薯重125～250g，分株较少，高抗Y病毒，中感晚疫病。每亩产量达2 000kg以上。

粤引86—2：早中熟，直立紧凑，株高50～60cm。块茎长椭圆形，长12～15cm，宽5～6cm，红皮黄肉，表皮光滑，芽眼浅而少，单薯重100～250g，品质优，还原糖较少，每亩产量1 500kg以上。

金冠：早熟，株高50cm。块茎椭圆形，表皮光滑，黄皮黄肉，芽眼浅而少,品质优,分枝力强,单薯重 120～250g。每亩产量 1 800kg。

东农 303:早熟,直立,株高 30～40cm,块茎阔椭圆形,长 10～13cm,宽 7～8cm,黄皮黄肉,表皮光滑,芽眼浅而少,单薯重 90～200g,分枝少。每亩产量 1 500kg 以上。

2.选用脱毒种薯

马铃薯退化是世界各国种植马铃薯普遍遇到的严重问题,退化的原因主要由病毒病引起。在我国主要有花叶病毒、卷叶病毒、副皱缩病毒和纺锤块茎病毒。马铃薯感染病毒后,植株矮小,分枝减少,茎叶卷缩,薯叶变小或发生畸形,薯块变小,产量显著下降。解决病毒引起的退化问题,除在栽培上积极防治蚜虫等传播媒介外,根本的还是要进行茎尖组织培养脱毒。组培脱毒长出的小薯在有防虫纱网的土壤条件下进行原原种的繁殖,而后用原原种繁殖原种,再用原种生产脱毒种薯。在我国北部地区或一些高寒山区,由于虫害较少,马铃薯的退化程度慢些。由于高温高湿,虫害严重,马铃薯退化严重。所以种植马铃薯不能用生产田的薯仔作种薯,必须每年从我国北方的脱毒薯基地调入种薯种植。从北方调入种薯的时间是 9～10 月。

(二)品种密度

1.品种

根据客商要求而定。一般以生产加工原料薯(炸片、炸条)为目的选择淀粉含量高、还原糖较低的、芽眼极浅、薯块顶部和脐部不缺陷品种,以加工淀粉为目的选用淀粉含量高的品种。根据不同生产目的选择适宜的优良品种。早熟品种选用:东农 303、克新 4 号、克新 9 号;中熟品种选用:克新 1 号、克新 3 号;晚熟品种选用:克新 11 号。

2.密度

早熟品种 4 000～5 000 株/(亩);中熟品种 3 500～4 500 株/(亩);晚熟品种 3 500～4 000 株/(亩)。一般行距 65cm,株距 30cm。一般(亩)用种 100kg。

二、种子处理

(一)种薯的保管与催芽

1.播种前种薯的处理和保管

种薯运回后,立即分散到各种植户贮藏保管。各农户将种薯置于室内干燥通风处均匀摊开(厚度约 2～3 层薯即可)。如果发现薯块有部分腐烂,即把腐烂部分切除,切除刀口切勿接触腐烂部位,清除腐烂薯,把有伤口及切口薯另放一边,切口向上摊开,然后用 1 000 倍瑞毒霉药液(或用托布津+多菌灵 1 000 倍药液)将全部种薯喷雾,晾干后撒一层干草木灰。或用瑞毒霉加干泥粉拌种薯,用量比例为 6～8g 瑞毒霉加 1kg 干泥混和后,均匀拌于 100kg 种薯中,然后摊开保管。贮藏保管过程中,发现有腐烂薯要及时清理。

2.种薯的切块催芽

马铃薯块茎收获后,须经渡过休眠期芽眼才能萌发。休眠期的长短因品种不同而异,早熟及中早熟品种,从收获至 10 月中下旬(指 9 月上旬收获的)已基本渡过生理休眠期。马铃薯的芽眼在顶端较密集,并且有顶端优势。即顶端芽眼首先发芽,并有抑制中、下部芽眼萌发的作用,如顶端幼芽遭受损伤或被切除,则其他芽眼即迅速萌发,切块及催芽具体方法如下:先将块茎从中部横切下,顶端部分纵切为 2～4 块,每个切块具 1～2 个芽眼,并且都连结有顶端部位。基部部分按 1～2 个芽眼切为 1 块,一般每 500g切 20 块。切块时注意刀口消毒。切好的薯块,切口向上,平铺于地面,用 1 000～1 500 倍瑞毒霉或托布津或百菌清喷雾,使薯块及伤(切)口均匀地接受喷雾产生一层药膜,隔 1～2d 后即可催芽。或用 6g 瑞毒霉与 1kg 干泥粉混和后拌种 100kg,使薯块及伤口均匀拌有药粉,然后进行催芽。或用 1份多菌灵+1 份百菌清+50 份石膏粉的混合粉均匀拌切块后催芽。为有效预防黑胫病、环腐病及其他病害的发生,建议在切块前将马铃薯置于 3 000倍农用链霉素+1 000 倍瑞毒霉药液中浸种 15min,实行整薯消毒,取出凉干后再进行切块催芽。催芽可用沙藏法,条件是湿润、黑暗和通气。选择通风房屋或工棚打扫干净,地上先铺上干净的河沙,而后密集平铺一层经药剂处理过的马铃薯切块,再在其上铺盖河沙,如此一层马铃薯切块,一层湿河沙(注意河沙不要太干或太湿,捏能成团,摊开松撒即可)。一般秋植、早冬植催芽,由于温度高、厚度不能太厚,放 4～5 层切块薯即可,春植催芽可铺7～8 层切块薯。铺好薯块和河沙后,在其上面用湿的麻包袋围盖好,每天检查湿度和温度情况,经 7～10d,当薯块芽眼长出黄豆大的芽时即可种植。由于基部切块较难出芽,催芽时应顶部块和基部块分开催芽。

①种薯催芽:马铃薯块茎具有一定的休眠期,一般要 3～4 个月才能发芽,如果不催芽,播种后不能很快发芽,延长时间,会影响马铃薯产量。由于早春温度低,马铃薯播种后 35d 左右才会出苗。为解决早播早出苗,增加马铃薯在田间的生长日数,提高产量,一般采取播种前催芽的方法。

②室内催芽:温度易于控制掌握。块茎切块后,按 1:1 比例与湿沙(或

湿土)混合均匀,然后摊成宽 1m、厚 30cm 左右,长度视种薯量及场所面积而定。上面及四周用湿沙(或湿土)再盖 7~8cm,温度保持在 15℃~18℃,最高不超过 20℃,以免温度过高引起切块腐烂和幼芽过细。待芽长到 2mm 左右时,将切块扒出。在散射光或日光下(保持 15℃低温)晒种,使芽变绿粗壮后播种。

③室外催芽:选择背风向阳处进行室外催芽效果也很好。挖宽 1m、深 0.5m,长度视种薯量而定的催芽沟,按室内催芽的方法,将切块摆在沟内催芽,沟上搭小拱棚,上盖塑料膜以提高温度,下午 5 点盖上草苫保温,上午 8 点揭去草苫提高温度。出芽后,经见光绿化后,芽粗壮,播后扎根好,出苗快、早熟、抗病、产量高。

(二)种薯处理

①催芽晒种:播种前 20d,将种薯置于 18℃~20℃的条件催芽 12d,晒种 8d。

②选种薯:剔除病薯及畸形薯。

③切种:播前,种薯切块,纵切,切块重 30~35g。

④薯块处理:种薯切块后,用天惠绿汁、米醋、汉方营养剂、生鱼氨基酸各 500 倍,磷酸钙、矿物 M—A 各 1 000 倍的混合液进行消毒(可防立枯病及其他病害,出芽好,植株健壮)。

1. 整块小薯

秋播马铃薯种薯一般以整块小薯为好,选用 30~50 克的健康小整薯进行催芽播种。催芽一般在 8 月 20~25 日进行;须用药剂处理后催芽,即将种薯用 0.5%的石灰水溶液或(5~10)×10 赤霉素溶液浸种 1~2h,再用 70%甲基托布津 500 倍液或拌草木灰对薯块消毒,晾干催芽;待芽长 1.5cm 左右,选择晴天早上或傍晚播种。或用草木灰拌种,使切口粘附均匀,禁止使用化学物质和有机农业生产中禁用物质处理种薯、薯块。

2. 切块催芽

大块种薯一般在 8 月 10~15 日切块,即将种薯从顶部纵向切成 2~4 块,每块至少有 1 个芽眼,并用清水冲洗,再用(0.5~1)×10 赤霉素液浸 20~30min 打破休眠,接着用 70%甲基托布津 500 倍液浸沾薯块或拌草木灰,然后晾干催芽。催芽方法:在通风阴凉避雨处一层薯块一层沙堆放,堆高不超过 33cm,约 10d 后,芽长 1.5cm 左右时即可播种。种薯切块重量 25~35g,每块带有 1~2 个芽眼。切薯时遇到病烂薯用 0.5%~1.0%的高锰酸钾溶液浸泡切刀 5~10min 消毒。

①困种、切块:播种前 30～40d 出窖,将种薯放在 10～15d 有散射光的条件下困种 10～15d,芽眼萌动见小白芽时就可切块,切块前为防止种薯带菌传染,整薯用 0.1%～0.15%高锰酸钾液浸种 10min,然后将大种薯纵切数块,每块重 25～30g,带芽眼 2 个以上,小于 50g 薯种不切块。

②防病消毒:切薯刀要注意消毒(用甲基托布津 500 倍液浸刀),切到病薯一定要把病薯扔掉,消毒后再切下一块。切后用草木灰蘸切口,种薯切后可用链霉素或多菌灵喷雾消毒,然后摆好凉干至切口变硬结疤。

③催芽:催芽是紫色马铃薯栽培中一个防病丰产的重要措施。播前催芽,可以促进早熟,提高产量。同时,催芽过程中,可淘汰病烂薯,减少播种后田间病株率或缺苗断垄,有利于全苗壮苗。一般在播种前 25～30d 进行,可采用湿沙层积法,在温床或火炕等地方,把切好的芽块与湿沙分层堆积(5cm 湿沙一层芽块),一般可堆 5～6 层,堆温 15℃左右,芽长 2～3cm,出现幼根时就可播种了。催芽后的种薯,特别要注意轻拿轻放,小心搬运,尽量避免碰断种芽。

三、播种

马铃薯是中耕作物,块茎是在地下膨大形成,所以适于垄作栽培方式。对干旱沙土地区,为春季保墒,可采用平播方式。垄作可以提高地温,防涝,便于锄草和中耕培土,利于土壤中气体交换,为块茎膨大提供良好的环境条件。

①播种前催芽,促进苗齐、苗全、苗壮。

②适时早播,当土壤 10cm 的地温稳定达到 7℃～8℃时为适宜马铃薯的适宜播期(5 月中旬播种)。

③播种方法:穴播,覆土、镇压连续作业。行距一般为垄距为 70cm,沟深 10cm,株距 30cm。覆土厚度:覆土厚度 10cm 左右。镇压:播后及时镇压保墒。

④每亩种植密度 4 200 株。

⑤进行土壤基盘处理,播种后垄沟里覆盖 3cm 厚的稻草,间隔压土,促进土着微生物繁殖,土壤疏松,防止水分蒸发,同时抑制杂草生长,前期不用除草。

在播种前 20～30d,将种薯放在 20℃避光环境中催芽 10～15d,当芽长 0.5～1cm 时,将种薯放在 15℃有光环境中晒芽。壮芽的标准是:芽体粗壮、绿色或紫色,播前 2～3d 开始切芽块,每个芽块至少有一个芽,芽块重量在 20g 左右,每千克种薯约切 50 个芽块,切芽时要靠近芽眼边缘,将种薯切成三角块,不能切成片。切好的芽块放在阴凉处晾干,同时拌些草木灰。切片千万要用消毒液(20g 高锰酸钾对水 2kg)消毒。切开种薯后如发现有黄圈或黑脐,要将整个种薯淘汰。

做 80cm 宽的床,床间距 40cm,床上部宽 70~75cm,床高 15cm,小行距 40cm,株距 24cm。播后将床面搂平,盖上地膜,或播种前 4~5d 盖上地膜,播种时用手铲挖孔播种,在 2d 内将种植孔用土封住。采取先种后覆膜方式,在出苗后及时划开地膜,将苗引出,防止苗被烫死。当苗长到 5~6 片叶将地膜撤掉,同时中耕培土。

(一)播种期

适期播种对植株的生长发育和产量形成有重要影响,是促早熟的关键。一般在"立秋"前后播种,如天气凉爽可适当早播,气温高时则迟播 2~3d。若播种过迟,生育期太短,降低产量。首先要根据当地终霜日前推 20~30d,温度稳定通过 7℃~8℃为适播期。一般春薯播种适宜期在 5 月上旬。其次,应把块茎形成期安排在适于块茎形成、膨大的季节(因这个时期平均气温不超过 23℃,日照时数不超过 14 小时,有适量降雨适宜马铃薯生长。

种植马铃薯可分为秋植、冬植和春植。以冬植面积最大,冬植的植期在 11 月至 12 月上旬,在我省的无霜区域轻微霜冻地区种植,收获期在 2~3 月。秋植和春植一般在我省北部或一些海拔较高的山区种植,秋植的种植期在 8 月下旬至 9 月中旬,收获期在 12 月。我省北部山区由于有霜冻,且霜冻较重,一般不能进行冬种,冬种往往会因霜冻死亡,造成严重的损失,所以这些地区适宜春植。春植的种植期于 12 月下旬至翌年的 1 月份,具体什么时间种植应由当地所处的纬度和海拔高度决定。纬度低、海拔高度在 100m 以下(如英德、翁源、曲江)地区,可安排在 12 月下旬,纬度高、海拔高度在 200~300m 的地区,应安排在 1 月上旬。纬度高、海拔在 400m 以上地区,为避免苗期霜冻,种植期应安排在 1 月下旬。播种时间一般在 4 月下旬至 5 月上旬。土壤温度达到 5℃以上时可以播种,采用 60cm 大垄等距开沟,开沟深度 15cm 左右,22~27cm 等距点播,每穴 1 块种薯。施入有机肥和化肥,然后覆土镇压。粘重土壤或下湿地,可种上垄,浅开沟,沟深 10cm,施入有机肥和化肥,按要求等距点播种块,然后破垄背合垄种上垄。

在北方适宜播种期为 4 月下旬至 5 月上旬。外界温度稳定在 5℃以上即可播种,争取适时早播,提早上市。紫色马铃薯宜稀不宜密,垄宽 65cm,单垄单行种植。按株距 25~30cm 进行播种,每亩保苗 3 500 株左右,播种量 75kg 左右。开穴时施入辛硫磷颗粒剂防治地老虎等地下害虫。播种深度以 10~15cm 为宜,适宜的播种深度,可防止冻伤或晒伤薯块,增加结薯层次,有利于提高产量和品质。播种时,种薯芽眼向下或侧向,切口面不要向下。播种后及时镇压并整好垄形,喷除草剂防草,即用 90% 的乙草胺 1 500～1 950mL/hm² 对水 450～600L 喷于垄面和垄沟。

(二)种植规格

起畦种植,畦宽 1.2m(包沟),畦高 25cm,沟宽 40cm,双行植,小行距 30～40cm,株距 24cm,每亩植 4 000 株左右。开沟或穴播,放薯块时,伤口向畦侧,芽朝畦中间,种薯切勿与肥料接触,覆土 5～6cm,覆土后喷除草剂拉索或金都尔,然后覆盖稻草以保湿保温。

秋播以防雨涝烂种为主,播种时,在耕细耙平的土壤上按行距开沟,沟深 6cm 左右,撒施种肥,每亩施硫酸钾复合肥 20～30kg,用土覆盖后播种。此时使沟距地面 3cm,按要求株距播种,播后起垄覆土 8cm(即由种薯至垄顶部),必须使种薯处于垄的中部(即在垄沟底以上),这样可避免降雨后垄沟内积水,造成泡种烂种。如有地下害虫,可结合播种施毒饵或毒土。播种时,应避开高温天气,选择阴天或于清晨早播,随播随覆土起垄,使种薯处于冷凉湿润土壤中,8～9 时气温升高后停止播种,以防晒热的土覆盖种薯造成烂种。土壤干旱时,可开沟后浇水造墒播种,亦可播种后及时灌水,促使早出苗。播种后在垄面上盖稻草或青草保湿、防雨、降土温以利出苗。

垄作栽培的播种技术各地各有特点,综合起来大致分为三种类型。

1. 垄上播种

播前起垄或利用前茬原垄,垄上开沟播种,称为垄上播。垄上播的特点是垄体高,种薯在上,覆地薄,土温高,能促早出苗、苗齐、苗壮。但因覆土薄,垄体大,不抗旱,如春旱严重易缺苗断垄。另外不易施入基肥,应多施化肥做种肥。由于覆土浅,不易加厚培土,易形成块茎绿肩。解决培土问题,可加大垄距,以 65～70cm 垄距为宜。在涝害出现频率高的地区,因此法薯位高,可防止结薯期因涝而烂薯的问题。此外,北方春旱与寒冷地区,此法利于保墒、提温,利于出苗。垄上播应秋整地、秋施基肥、秋起垄,为第二年春播创造良好播种条件。

2. 垄下播种

利用原垄,在垄沟播种、施肥,然后用犁破原垄合成新垄。此法的优点是保墒好,利于幼苗发育,土层深厚利于结薯,易于施入基肥。缺点是覆土易过厚,土温较低,影响出苗速度。播后应镇压,出苗前耢一遍,耢去一部分覆土,利于提高地温、防止憋苗,并可除草。

3.平播后起垄

有随播随起垄和出苗起垄两种方式。随播随起垄的播种沟可浅些,起垄覆土不要厚。出苗后起垄的,播种沟一般深 10～15cm,出苗后结合第一次中耕起垄。

四、嫁接或杂交授粉

由于马铃薯的食用部分在地里,一般不会用本种进行嫁接,大部分选择和番茄进行嫁接,杂交后的植株地上部分结番茄,亩产 4 500kg 左右,效益在 2 500 元左右;地下部分结马铃薯,亩产 3 000kg 左右,效益在 1 500 元左右。

五、马铃薯的光、温、水、肥、气管理

(一)对环境条件的要求

1.温度

马铃薯性喜冷凉气候,怕高温,忌霜冻。发芽适温 12℃～18℃,茎叶生长适温 20℃左右,块茎膨大适温 16℃～18℃,29℃时块茎停止发育。

2.光照

马铃薯喜光,生育期间要求充足的阳光,阳光不足会降低产量。块茎在短日照下容易形成。光温处理:马铃薯是喜光作物,温度一般为 20℃左右,高温不适合马铃薯的生长,在我国大部分地区都有种植。

3.土壤

马铃薯块茎在地下形成,以疏松的沙壤土为适宜,PH 值 5.5～6.5,碱性土栽培易发生疮痂病。种植地要有灌水条件,且排水良好,最好是两年以上无种植过烟草、番茄、茄子、辣椒等茄科作物的田块。生育期间要求湿润的土壤环境。

(二)田间管理

苗出齐后用手除草松土,在现蕾初期结合除草用耘锄培土一次。在开花期及薯块膨大期趟地各一次,覆土厚度 13～15cm。在现蕾初期结合除草松土亩追施尿素 15kg。在现蕾期及薯块膨大期如降雨量少土壤干旱,要灌水 1～2 次。生长中后期,长势过旺要掐尖打杈,或用 300 倍的矮壮素喷雾,

防止徒长养分过分消耗。生长中后期如发现有脱肥现象,可用尿素 1kg,磷酸二氢钾 0.1kg 兑水 30～50kg 喷雾防止早衰。生长期中要做好病虫害预测预报,马铃薯常发的病害有晚疫病、疮痂病、早疫病、环腐病、青枯病、花叶病、卷叶病等,易发的虫害有马铃薯块茎蛾、线虫、地老虎、蛴螬等,发生病虫害要根据预报及时进行防治。马铃薯的田间管理要早,总的要求前期早发,中期稳长,后期晚衰。

除草:杂草与马铃薯争水、争肥、争阳光、争空间,对产量影响很大,且还有很多害虫的寄主,所以除草要坚持除早、除小、除净的原则。

化学除草:采用播后苗前土壤处理较好。每公顷用 48％广灭灵 300～450ml＋70％赛克 450～600g,兑水 200kg 喷雾。

人工除草:一般在马铃薯出全苗后除草松土,提高地温,促进根系发育,以达到根深叶茂,一般生育期人工除大草 2 次,做到田间无大草。

出苗前:疏松土壤,增加地温,促进早出苗。

出苗期:覆盖地膜栽培,幼苗出土后要及时人工辅助破膜放苗,并用湿土将放苗孔封严。露地栽培者,雨后或浇水后要及时划锄,打破硬壳,使幼苗顺利出土,促进苗齐、苗全、苗壮。苗期浇水要视墒情而定,墒情好可不浇水,避免降低地温。当幼苗出齐后,为了促进幼苗早发棵,可叶面喷施叶绿精 800 倍液 2～3 次。

查苗补苗:大田苗高 4～5cm 时,查看苗情,缺苗处用备用苗带土坐水移栽,使后补的苗与“坐地苗”具备相同的生长条件。

1. 肥水管理

马铃薯对肥料的需要量较大,合理的施肥方法是施足基肥、早施追肥、多施钾肥。施用土杂肥、厩肥等有机肥能改良土壤的物理状况和化学性质,有利于块茎的膨大。据有关资料报道,每亩产出 5 000kg 马铃薯需 N22.2kg、PO10.1kg、KO0.8kg,可见施用钾肥的重要。种植马铃薯的丰产栽培经验表明,要达到单产 2 000～2 500kg 的马铃薯,需施入土杂肥 1 500～2 000kg、尿素 5kg、过磷酸钙 50kg、复合肥(N、P、K)80kg、硫酸钾 15kg。具体施肥方法如下:土杂肥和磷肥一起堆沤,腐熟后作基肥施入,然后每亩再撒入复合肥 40kg 作基肥,基肥施入方法是犁翻粗耙后施入或起畦时集中沟施。追肥 3 次进行,齐苗后进行第一次追肥,每亩淋施或撒施尿素 5kg;苗高 10～15cm 进行第二次追肥,每亩埋施复合肥 25kg＋钾肥 7kg;第二次追肥后 15～20d,进行第三次追肥,每亩埋施复合肥 15kg＋钾肥 8kg。可能的情况下,追肥采用淋施水肥的方式更为有效,结薯也较均匀。齐苗后淋 1 次尿素,每亩用量 5kg,之后每隔 7～10d 淋 1 次复合肥 8kg＋钾肥 3kg,共需淋施 4～5 次。淋水肥时,注意浓度不要超过 0.6％,以免伤苗。

马铃薯喜湿润的土壤环境,忌干旱和渍水,整个生长期间要保持土壤呈湿润状态。干旱时应灌水,灌水的方法是水位到沟的1/3为宜,让水渗透上去即可。下雨时应注意排除田间渍水,特别是生育后期,以防晚疫病的发生。

马铃薯到现蕾开花期,需大量的水分,如果此时土地干旱,必须进行适量灌溉。在多雨季节或涝洼地马铃薯容易淹死,因此应及时做好排水工作。秋马铃薯从播种至结薯盛期要保持土壤湿润,既不能旱,也不宜过湿,浇水次数应根据天气和土壤墒情确定。沟灌时,水不可漫过垄顶,保持垄内通气性,有利于结薯。收获前一周应停止浇水,以利种薯贮藏。马铃薯较耐旱,仅靠天然降雨即可正常生长,如有浇水条件,视土壤墒情可在播种前造底墒,播种后15～20d视墒情可补水保苗,但浇水后要中耕;开花前一般不浇水,仅靠中耕保墒,重点保证花期的水分供应充足。在收获前10d停止浇水,雨后要及时排水,田间积水超过24h,马铃薯即开始腐烂。

紫色马铃薯是高产喜肥作物,对肥料反映非常敏感,除了施足底肥外,还要注意追肥,促进健壮生长。一般追肥2次,结合中耕培土进行。第1次追肥结合第1次中耕进行,以氮肥为主,亩施尿素15kg。第2次追肥结合第3次中耕进行,追施1次结薯肥,以磷、钾肥为主,亩施磷肥20～25kg,钾肥5～10kg。紫色马铃薯对水反映也非常敏感,应及时浇好现蕾水和薯块膨大水。

①基施:根据马铃薯的需肥量,$3.75t/hm^2$产量指标,常用的有机质肥料,腐熟的马、牛、羊、猪圈粪和人类尿、炕灰、草木灰等$67.5～75m^2/hm^2$以上,化肥尿素$150～187.5kg/hm^2$,二铵$120～150kg/hm^2$、硫酸钾$150～225kg/hm^2$,在点播种子的沟内先溜化肥将粪施在化肥上面,集中施肥。施肥量:根据土壤肥力状况,一般每公顷施尿素150kg,二铵100kg,硫酸钾60kg。施肥方法:每公顷用120kg尿素做追肥,其余量混拌均匀一次性分层施于种薯下6～10cm。深翻20～25cm,最好施有机肥,一般每亩施1 500～2 000kg,根据地力和施肥种类适当补充化肥。马铃薯需氮、磷、钾的比例为5∶2∶11,一般每亩施磷酸二铵15～20kg,尿素5～10kg,以上肥料可全部作为基肥施用。施肥时将一半肥料撒在地面,翻入土中,另一半撒在垄沟中覆上土,使种肥分离。在现蕾期叶面喷施磷酸二氢钾0.3%～0.5%倍液,以后不再追肥。

秋马铃薯生育期短,要施足基肥,每亩施腐熟畜禽粪1 500kg左右、45%硫酸钾复合肥50kg,开沟条施肥后覆土。

紫色马铃薯生育期较短,需肥较集中且需要的营养物质较多。肥料三要素中,以钾的需要量最多,氮次之,磷最少。施足基肥对紫色马铃薯增产起着重要的作用,一般每亩施有机肥1 000～1 500kg,过磷酸钙15～25kg,

尿素 10kg,硫酸钾 5kg。基肥应结合作畦或挖穴施于 10cm 以下的土层中,以利于植株吸收和结薯层疏松。

用土著微生物发酵肥(发酵肥制作:a.各种家畜粪尿 50%＋阶秸 30%＋豆粕或米饭 10%＋土 10%＋木炭 1%＋原种 0.25%＋水分 65% 发酵 40d。b.在猪舍、鸡舍、牛舍利用土著微生物自然地制作发酵肥。c.制作最佳时期:在秋天、冬天、初春制作效果最好,在露天、仓库、大棚均可制作)。每 1 000m²,施土著微生物发酵肥 3 000～5 000kg＋草木灰 100kg,按表面撒施起垅,疏松土壤,促进根系发育。做底肥时必须在播种前 20d 撒施。

②追肥:一般分为两次进行,第一次在马铃薯出齐苗时结合拔草松土进行以氮肥为主的追肥;第二次结合培土进行以钾肥为主的追肥;酌情混施氮磷肥。追肥在团棵期追肥较适宜,追肥以氮肥为主。一般每公顷追施尿素 120kg。过多易引起徒长,影响结薯。追肥后,中耕培土,肥料全部施入土壤内。

2.中耕培土

中耕培土是马铃薯丰产栽培的主要措施之一。中耕可使表土疏松,通风良好,促进发根和块茎膨大。中耕培土一般分两次进行,第一次是苗高 10～15cm,这次培土要求培 4～5cm,如有稻草覆盖的,则应把稻草全部覆盖好。第二次培土属于轻培土,在第一次培土后 15～20d 进行。培土结合施肥进行,培土一定要认真,避免块茎露出地面,薯皮变青,使品质变坏。当出齐苗或出 8 成苗时,中耕一次,使土壤松暄透气。4～5 片叶时中耕培土一次。现蕾期中耕一次,培土 3～4cm。封垅前最后一次中耕,尽量向根部多培土。如果出苗前土壤板结,可铲一次,兼有除草的作用。出齐苗后,进行中耕锄草,松土保墒,苗高 10cm 左右结合中耕浅培土,植株封垅前进行第二次培土,将垅培成"方肩大垅",可防止新生块茎露出土面变青,影响膨大和产量。浇水或雨后要及时中耕,防止土壤板结,增加通气性。

在去除田间杂草的同时,可加厚土层,提高土壤温度,增加块茎生长的土壤范围,地下根茎增多,可提高产量。具体为,紫色马铃薯出苗后,大约长到 8～10cm 时进行第 1 次中耕,培土高度以露出秧苗 4～5cm 最为适宜。第 1 次中耕后 10～15d,进行第 2 次中耕,宜稍浅。现蕾时,进行第 3 次中耕,比第 2 次中耕更浅。并结合培土,培土厚度不超过 10cm,以增厚结薯层,避免薯块外露,降低品质。

苗期实行三铲三趟,第一次铲趟时间在苗高 6cm 左右,此期地下匍匐茎尚未形成,可合理深铲,趟成方头垅,回犁土要达到 10cm 深。10d 后铲第二次,此期地下匍匐茎未大量形成,要合理深铲,趟成较大的方头垅,达到层层高培土的目的,回犁土要达到 10cm 深。现蕾初期进行第三遍铲趟,此期地下匍匐茎已形成,而且匍匐茎顶端开始膨大,形成块茎,因此只趟不铲以免铲断肉质延生根,要合理浅铲,趟地拿起大垄。苗期三铲三趟,增强土壤的通透性,为马铃薯根系发育和结薯创造良好的土壤条件。

3. 植株生长调控

马铃薯是以匍匐茎顶端膨大变成食用块茎的。植株营养生长过旺则会影响块茎的膨大,分枝太多,则形成的匍匐茎多,结薯多。如结薯太多,则最终形成的商品薯(150g 以上)少,一般每株结 4～5 个薯为好。因此要根据植株生长情况进行整枝和药剂处理。整枝是每株保留两条健壮枝,而后期出现的分枝全部去掉。当马铃薯块长成成人尾指一样大小时,如植株生长过高、过旺,则需用 15% 多效唑进行喷施,施用浓度为 400mg/kg,每亩用水量为 50kg。

4. 马铃薯地膜覆盖

地膜覆盖栽培是保护性农业技术。采用地膜覆盖栽培马铃薯,具有增加地温、防止水分蒸发、保持土壤湿度、提高土壤有效养分含量等作用,可促进马铃薯生长发育,提早成熟,供应城市蔬菜需要,发挥较高的经济效益和社会效益。首先增温效果明显,4 月下旬至 7 月中旬。以 20cm 地温变化状况为例,4 月下旬覆膜比 CK 增温 0.6℃～4.8℃,出苗至封垄前 10cm 土层地温平均增温 2.0℃～3.7℃;一般干旱区,一年内降水主要集中在 7 月至 10 月。马铃薯现蕾期间降水在 140.5mm～308.3mm。地膜覆盖阻止了土壤水分的蒸发,土壤耕层水分状况良好,特别是在通常干旱的前期和上层土壤中,这种作用更为重要。地膜覆盖覆膜后,有利于加速有机质养分的分解,从而增加了速效氮、磷的含量,有利于提早结薯,薯块膨大增重,大薯多,且可以早收获、早上市。地膜覆盖马铃薯,不但产量高于对照,而且每公顷商品薯差额达 6 000～12 000kg,按当时市场薯价 0.6 元/kg 计算,每公顷增加收入 3 600～7 200 元,若除去地膜成本费 1 050 元,则地膜覆盖净增加收入 5 550～6 450 元。2004 年青海省推广旱作马铃薯双垄全膜覆盖,一是可充分接纳马铃薯生长期间的全部降雨,特别是春季 5mm 左右的微量降雨,通过膜面汇集到垄沟内,有效解决旱作区因春旱严重影响播种的问题,保证马铃薯正常出苗。二是全膜覆盖能最大限度地保蓄马铃薯生长期间的全部降雨,减少土壤水分的无效蒸发,保证马铃薯生育期内的水分供应。三是全膜覆盖能够提高地温,使有效积温增加,延长马铃薯生育期,有利中晚熟品种发挥生产潜力,具有明显增产效果。四是投资少,在其他措施相同的情况下,双垄全膜覆盖比常规覆膜栽培每公顷多投入地膜 22.5～30.0kg(常规覆膜栽培用地膜 52.5～60.0kg/hm²),但见效快,当年投资,当年见效。五是技术操作简单,不需要大型农机具,农民易接受,便于大面积推广。

5.马铃薯小拱棚地膜覆盖(双膜)

高原地区,海拔高,气候冷凉,早春冻害严重,马铃薯通常在3月中旬至4月上旬播种,8月中下旬以后收获,为使马铃薯早熟早上市,选择早熟、高产、优质、抗病和耐贮藏的品种早大白和费乌瑞它,采用小拱棚地膜覆盖(双膜)栽培,有效地解决了高原地区早春的冻害问题,促使马铃薯早播、早上市,提高单位面积经济效益,并为下茬复种保证足够的时间,充分发挥了土地增产潜力,实现了经济效益最大化。青海省乐都县于2002年开始对双膜马铃薯栽培技术进行研究,适宜双膜马铃薯栽培的地区海拔为1 850～1 950m,年平均气温6℃～7℃,年降水量340～360mm,无霜期为150～160d。

(三)幼苗期(出苗～现蕾)管理

遇干旱浇水:最好采用喷灌,土壤含水量保持田间持水量的60%～70%最适宜。

防治害虫:苗期乃至结期、长薯期的主要虫害是蚜虫和红蜘蛛,田间发现个别蚜虫,即可防治。

(四)结薯期(现蕾～落花)管理

结薯期应避免植株徒长,特别是块茎膨大期对肥水要求较高,此期根系逐渐衰老,吸收能力减弱,只靠根系吸收已不能满足植株的需要,可采用天惠绿汁(刺槐花)米醋、汉方营养剂、生鱼氨基酸各500倍,人粪酒10倍,磷酸二氢钾1 000倍,矿物质M—D各1 000倍进行叶面喷施,土壤持水量保持在80%左右。可有效地防早衰,使地下块茎达到生理成熟。

此期是需水最多的时期,要避免干旱,遇干旱要浇水,使土壤含水量保持田间最大持水量的79%左右。

防治方法如下。

①选用抗病品种。

②避免与瓜类、茄科作物连作,定植前要撒施充分腐熟的有机肥或土著微生物发酵肥,提早翻晒土壤,畦要整平,防止积水多,要中耕,锄地。

③发现中心病株立即拔除,地面撒施石灰。

④营养液防治:发病初期用磷酸钙、矿物质M—A各1 000倍液根系灌注。地面用乳酸菌,土著微生物原液各500倍,矿物质M—A1 000倍喷雾地面。

六、收获

当马铃薯茎叶逐渐枯黄时,植株生长停止,块茎也相应的停止有机物养分的积累,即可收获,收获时最好用铧、犁,尽量减少薯块破损,收藏时要轻运、轻放,入窖时不能从窖口往下倒,避免碰伤,窖内最适温度应保持在2℃～5℃左右,相对湿度85％,通气要良好,保持新鲜空气。出口马铃薯收购标准:一般要求单个薯重150g以上,薯形正、无青皮、无脱皮、表皮光滑、无病斑、无虫口、无机械损伤。100～150g的马铃薯可作内销处理,到市场批发。马铃薯富含淀粉、蛋白质、铁和多种维生素,是消费者喜爱的蔬菜品种。在播种后60～65d,当叶片发黄时,选土壤不潮湿,天气晴朗的日子收获。收获的马铃薯晾晒20min装袋,在收获中碰伤的薯块在20℃的环境中晾晒两天后装袋,储藏期间应放在阴凉通风处,避免阳光照射。收获时期对产量和品质影响很大,要根据品种的特性及时收获。收获时避免薯块损伤或表皮损坏,薯块出土后在田间晾晒2h左右,避免阳光暴晒,防止灼伤。按薯块大小等质量标准分级装袋,同时捡除病烂薯和受伤破损的薯块,然后遮光贮藏。

秋马铃薯的生育期较短,为增加产量,应尽量延长其生育期,直到11月中下旬茎叶全部被冻死后再进行收获,但应注意勿使地下薯块受冻害。收获后也可储藏在地下,待机出售以便提高经济收入。

收获时间:当植株达到生理成熟即可开始收获。生理成熟标志:大部茎叶由绿转黄,达到枯萎,块茎停止膨大且易与植株脱离。

收获方法:在收获前7～10d,先将秧棵割掉,使块茎在土中后熟,表皮木栓化,然后用犁铧起收,装袋,销售。如需贮藏,要将薯块放于干燥、通风处,并遮荫。

七、病虫害防治

马铃薯的病害较多,常见的病害有病毒病、晚疫病、青枯病、环腐病、疮痂病、癌肿病等。晚疫病多在雨水较多时节和植株花期前后发生。因此,要注意及早用波尔多液或瑞毒素进行防治。青枯病目前药剂防治较难,防治方法主要通过合理轮作、选用抗病品种以及用小整薯作种等措施进行防治。马铃薯的害虫主要有瓢虫、土蚕、蚜虫、蛴螬、蝼蛄等,可用药剂或人工捕杀等措施防治。马铃薯的主要病害有青枯病、黑胫病、环腐病、早疫病、晚疫病,虫害主要有蚜虫、蓟马、螨类、青虫及地下害虫、蝼蛄、地老虎、金龟子、沙虫等。

防治措施：①选择抗病品种和经脱毒繁殖的无病毒及其他病害的种薯；②实施3～4年的轮作，最好是在3年内都无种过茄科作物的田块种植；③加强肥水管理，防止渍水和干旱；④发现发病中心及时拔除并用药防止蔓延；⑤及时喷药，齐苗后喷施第一次药，用蚜虱净（2 000倍）＋阿维菌素（2 000倍）＋青虫锐杀（1 000倍），防治蚜虫、蓟马、螨类、青虫，之后隔10～15d喷第二次药，用好生灵（600倍）或金蕾多米尔（800倍）＋蚜虱200倍，防治蚜虫、蓟马、早疫病、晚疫病，共喷5～6次。同时应及时淋药，齐苗后淋第一次药，用农用链霉素3 000倍或氧氯化铜1 000倍或可杀得800倍＋地虫克1 000倍，预防青枯病、黑胫病、环腐病和地下害虫，之后隔10～15d再淋1次药，共淋3～4次。

晚疫病主要发生在叶柄、茎和块茎上，在叶上主要发生于叶尖和边缘。防治重点是早发现。在连续两天相对湿度大于75％，气温在10℃以上，就有可能发病。发现病株可喷58％瑞毒霉锰锌500～600倍液；瓢虫用敌敌畏或敌百虫喷雾；蚜虫主要是桃蚜，可用50％"抗蚜威"2 000倍液喷雾。为了获取高产，生产中应用多效唑和膨大素。多效唑每亩用15％可湿性粉剂30g对水40kg，在蕾期均匀喷在茎叶上，可抑制植株徒长，增产10％～20％。膨大素每亩用10克对水25kg，在蕾期均匀喷在茎叶上，可增产10％。

秋马铃薯主要病害是疫病，可用1％波尔多液、甲霜灵500倍液、代森锌600倍液、托布津、敌克松1 000倍液喷雾防治。其虫害主要有地下害虫和蚜虫，地下害虫可结合整地每亩用杀地虎（10％二嗪磷颗粒剂）400～500g拌毒土10kg沟施，要施匀、盖土，保证药剂均匀分布在土层5～10cm处；蚜虫可用抗蚜威2 000～2 500倍液喷雾防治。

紫色马铃薯的主要病害是晚疫病，虫害是蚜虫和瓢虫。防治晚疫病可用64％杀毒矾600倍液进行喷雾；防治蚜虫和瓢虫可用18％乐斯本1 000倍液进行喷杀。

病毒病：病毒病在田间靠昆虫（主要是蚜虫）或叶片接触而传播，表现花叶、叶片卷曲或皱缩等茎叶异常现象，并造成巨大损失。

防治方法如下。

①防治蚜虫。马铃薯出苗后，立即喷药防治蚜虫。

②取适量鲜垂柳叶，捣烂加3倍水，浸1d或煮0.5h，过滤后喷施滤出的汁液。

③取新鲜韭菜1kg，加少量水后捣烂，榨取菜汁液。用每千克原汁液对水6～8kg喷雾。

④取洋葱皮与水按 1∶2 比例浸泡 24h,过滤后取汁液稍加水稀释喷施。

⑤红辣椒 5～6 个(不要种子)加 0.5kg 水煮沸。辣椒水＋肥皂 20g(切块)＋15kg 水。晴天、高温时喷雾,蚜虫背裂开而死亡。

病害:马铃薯病害主要以马铃薯环腐病为主:可用绿得宝、霜脲锰锌 150g、杀毒矾 150g、克露 200g、杀毒矾 180g 等杀菌剂交替使用,每次 7～10d,喷 5～6 次。

虫害:马铃薯虫害主要以二十八星瓢虫为主,可用敌杀死、功夫等杀虫剂防治,一般公顷用量 0.35kg。

第八章 高　粱

第一节　高粱的生物学特性

一、高粱的品种介绍

高粱是我省主要杂粮作物,它不仅具有高产稳产、营养丰富、用途广的特点,而且还有抗旱、耐涝、耐瘠、耐盐碱等抗灾特性。我省夏高粱栽培面积不断扩大,生产实践证明,夏高粱在良好的栽培条件下可以获得超千斤的产量。

高粱有很多品种,有早熟品种、中熟品种、晚熟品种,又分常规品种、杂交品种;口感有常规的、甜的、黏的;株型有高杆的、中高杆的、多穗的等;高粱杆还有甜的与不甜的之分。粮食(面粉做出的食品)颜色有红的、白的,白脸红面的,不红也不白的等多种。按性状及用途可分为食用高粱、糖用高粱、帚用高粱等类。高粱属有 40 余种,分布于东半球热带及亚热带地区。高粱起源于非洲,公元前 2000 年已传到埃及、印度、后入中国栽培。主产国有美国、阿根廷、墨西哥、苏丹、尼日利亚、印度和中国。按照用途分为粒用高粱和秸秆高粱,秸秆高粱主要是指高粱的转化品种甜高粱。

二、高粱的生物学特性

一年生草本。秆较粗壮,直立,高 3～5m,横径 2～5cm,基部节上具支撑根。叶鞘无毛或稍有白粉;叶舌硬膜质,先端圆,边缘有纤毛;叶片线形至线状披针形,长 40～70cm,宽 3～8cm,先端渐尖,基部圆或微呈耳形,表面暗绿色,背面淡绿色或有白粉,两面无毛,边缘软骨质,具微细小刺毛,中脉较宽,白色。圆锥花序疏松,主轴裸露,长 15～45cm,宽 4～10cm,总梗直立或微弯曲;主轴具纵棱,疏生细柔毛,分枝 3～7 枚,轮生,粗糙或有细毛,基部较密;每一总状花序具 3～6 节,节间粗糙或稍扁;无柄小穗倒卵形或倒卵状椭圆形,长 4.5～6mm,宽 3.5～4.5mm,基盘纯,有髯毛;两颖均革质,上部及边缘通常具毛,初时黄绿色,成熟后为淡红色至暗棕色;第一颖背部圆凸,上部 1/3 质地较薄,边缘内折而具狭翼,向下变硬而有光泽,具 12～16 脉,仅达中部,有横脉,顶端尖或具 3 小齿;第二颖 7～9 脉,背部圆凸,近顶端具不明显的脊,略呈舟形,边缘有细毛;外稃透明膜质,第一外稃披针形,边缘有长纤毛;第二外稃披针形至长椭圆形,具 2～4 脉,顶端稍 2 裂,自裂齿间伸出一膝曲的芒,芒长约 14mm;雄蕊 3 枚,花药长约 3mm;子房倒卵形;花柱分离,柱头帚状。颖果两面平凸,长 3.5～4mm,淡红色至红棕色,熟时宽 2.5～3mm,顶端微外露。有柄小穗的柄长约 2.5mm,小穗线形至披针形,长 3～5mm,雄性或中性,宿存,褐色至暗红棕色;第一颖 9～12 脉,第二颖 7～10 脉。花果期 6～9 月,染色体 2n＝20。

酒用有机高粱在品种上主要选用种皮厚、玻璃质含量高、单宁含量大于 1%、支链淀粉含量高的糯高粱品种。目前,金沙县种植的有机高粱品种主要有青壳洋、红缨子 1 号。2 个品种最高产量可达 6t/hm² 以上,一般产量在 3.75～5.25h/hm² 各项指标均符合茅台酒生产的要求,是当前茅台酒生产的优质、高产的品种。

青壳洋:该品种是四川省农业科学院水稻高粱研究所选育的中晚熟品种,在金沙县春播移栽区于 3 月下旬至 4 月上旬播种,7 月上旬至中旬抽穗,8 月下旬至 9 月上旬成熟,全生育期 140d 左右。株高 250cm 左右,芽梢紫红色,幼苗绿色,主脉白色,株型较紧,单株叶片数 21～22 片,穗柄长约 50cm,灌浆期后穗下垂,穗形中散,每穗着粒数 3 000～4 000 粒。乳熟期护颖深绿色,成熟后护颖紫红色,粒卵圆形,千粒重约 16g,易脱粒。该品种抗粒霉病、纹枯病,耐炭疽病,穗螟危害轻,耐瘠、耐旱。品质糯性,总淀粉含量约为 65%,其中支链淀粉含量 95% 以上,单宁含量 1.09%,蛋白质含量 7.59%,优质白酒率为 59.6%,浓香型曲酒出酒率为 41.8%,是酿造茅台酒的优质原料,是金沙县种植有机高粱的主要品种之一。

红缨子 1 号:该品种是仁怀市茅台酒专用高粱育种中心从当地传统高粱品种红缨子中选育出来的优良品种,属糯性中秆中早熟地域性常规品种,全生育期春播约 130d、夏播约 120d,抗旱能力较强,抗炭疽病和黑穗病,株高约 240cm,穗长约 33cm,穗粒数 2 400 粒左右,叶宽约 7.2cm,总叶数 13 叶,地上部伸长节 8～9 节,叶色浓绿,散穗型,颖壳深红色,籽粒褐色,较易脱粒,千粒重约 19g,单宁含量大于 1.1%,总淀粉含量约 69%,糯性好,支链淀粉含量约占总淀粉的 92%,玻璃质含量高,种皮厚,耐蒸煮,出酒率高。

三、高粱的土壤质地选择

平原肥地,还是干旱丘陵、瘠薄山区,均可种植。首先,地力要肥沃,最好是香蕉地、菜园地等,不要选在水田地、荒地、芒果地,这样的地块容易板结,地力差、农药危害重。其次,选水源近、水源充足的地块,附近有深水井及湖、河的地方适宜繁种。由于海南冬季少雨高温,水分散失快,小水塘坚持不到作物收获。再次,选择远离村屯、山林的地块,这样可以防止家禽、牲畜及鸟类对高粱的危害。最后,要基地成片,分割管理。基地集中种植将为管理工作带来方便,分割管理有利于各环节农活的及时完成。要避免几人承包,管理不到位,工时紧张,延长除草、灌水周期,致使作物生长受阻。

第二节　高粱的栽培技术

一、高粱的品种选择

①考虑品种熟期。无霜期长的地区,可选用晚熟品种;无霜期短的地区,可选择早熟品种。②考虑产品用途。酿酒或酿醋应选择淀粉含量高、单宁含量较高(1%左右)的红粒品种;食用或饲用应选择蛋白质和赖氨酸含量高、单宁含量低(≤0.4%)的品种;能源用应选择茎秆含糖锤度高的甜高粱品种;青饲料用应选择草型高粱品种。③考虑品种高产稳产性。在其他条件相似的情况下,应尽量选用产量潜力大的品种,同时,应选择抗病、抗虫、抗逆能力强的品种,保证稳产性。

二、高粱的种子处理

选用早熟、高产的杂交种。生育期在 90～140d,如豫粱 4 号、晋中 105 等。播前选择温暖晴天晒种。为了防治地害虫,可用 50%1605 乳油 0.5kg 兑水 25～50kg 拌 250kg 种子,闷 3～1h 后播种。盐碱地区,可用 1%～3% 盐水溶液浸种 1～3h,捞出后用清水浸洗,晾干后播种,可增强种子的耐盐能力。

有机高粱种子处理:一是晒种。选晴朗天气用竹制品晒种 2～3d,打破休眠,杀死虫卵和病菌。二是选种。方法有风选、筛选和水选。风选即用风机等工具将种子中的杂质,虫卵、虫蛀粒等风净。用细网过筛,除去不饱满的种子和部分杂质,用清水淘洗,除去不饱满籽粒、虫卵、病菌和杂质。三是温汤浸种。将精选后的种子播前用 60℃ 温开水浸泡 12h,漂去秕粒、碎粒,然后捞出装入清洁、透水性好的袋内放于适温下催芽,每天早、中、晚用 40℃ 清水各淋 1 次。24～36h 种芽露尖后,即可播种。

三、高粱的播种

高粱属喜温作物,适宜生长温度为 24℃～30℃。金沙县春播高粱,海拔在 800m 以下区域适宜播期在 3 月中旬至 4 月中旬,海拔在 800m 以上区域适宜播种期在 3 月下旬至 4 月下旬。将制作好的营养球小孔内播已催芽种子 2～3 粒,播种后用过筛细土覆盖厢面 1cm 左右,以不见种子为宜,用水浇透,然后再盖拱高约 50cm 的农膜保温、保湿。高粱营养球的苗床管理和玉米营养球的苗床管理大体一致,重点把握好高粱的移栽苗龄,一般苗龄 30d 左右,叶龄在 3.5～5.5 叶为宜。

抢时早播,提高播种质量:夏播高粱抢时、抢墒播种是增产的关键,一般应在六月底前种完。有条件的地方可采用麦垄套种或育苗移栽,增产效果更显著。普通高粱楼播或机播亩用种量 1～1.5kg,开沟撒播的 1.5～2kg。杂交或多穗高粱应适当增强播种量。播种深度普通高粱以 1～5cm 杂交高粱以 3cm 为适宜,播后要适度镇压,确保出苗质量。

播种量:每公顷约需 15～20kg 种子,种子可向当地乡镇农会购买。播种法:播种法分点播及条播两种,一般以条播为主,把种子均匀播于植沟内然后覆土厚约 3cm。一般为平播,个别采用垅作,行距 50cm,株距高秆型 15cm,中矮秆 10cm。播种深度为 5～8cm。开沟后先将事先准备的口肥与农药(呋喃丹)一同撒入沟中,略搜一层薄土,然后播种、覆土。根据墒情决定是否踩格子或镇压。

四、高粱的嫁接或杂交授粉

①切茎:春作收获时,及时于离地面 1～2cm 处将茎切断,切茎的时期越早越好。②施肥:施肥量及肥料种类、施肥时期如前述进行。③疏芽:切茎后每株萌芽数可达 2～5 株,但每株以留健芽二枝为原则,其余的芽应早日摘除,以免吸收养分。④其他管理:如中耕除草,收获调制等作业均与高粱的一般栽培法相同。

五、高粱的光、温、水、肥、气管理

春作播种期约在农历三月底至四月中旬,时间不宜过早,因早期播种气温低,生长缓慢,遇到寒流易枯死,秋作则选在农历五月下旬至六月下旬之间播种,时间不宜太迟,以免生育中后期遇低温,影响生育而延迟成熟期。夏播高粱地区前茬多是小麦或大麦作物,为了不误农时,应事先做好准备,合理安排,随收随浅耕灭茬随播,以利保墒、保苗增产。为了施足底肥,可结合播前整地用充分腐熟的农家肥作基肥,也可在播种时集中条施或穴施。也可给前茬作物加大基肥施用量,作到一季肥料两茬用。

施肥灌水:结合犁地施基肥,播种时施口肥,保证苗期生长所需求的养分。如果不施口肥又无基肥,幼苗生长又瘦又黄,生育期延迟,穗小,产量低,无论后期怎样施肥管理也不及施足口肥的植株。播种后4~5d即可出苗。由于苗期害虫较重,一般采取早疏苗、晚定苗的措施。苗高近20cm时,进行深松土,并追肥、培土、灌水。苗高50cm和抽穗前都要进行深松土、追肥、培土、灌水。后期可用尿素进行根外追肥。在高粱整个生育期间,要根据植株生长和土壤干旱情况及时追肥、灌水。抽穗前和授粉后都要灌水。沙性大的土壤灌水后易倒伏,可采取隔沟灌水的方法。

肥水管理:有机高粱生产过程中的重要环节,由于禁止施用化学肥料,因此有机高粱基肥和追肥只能施用符合有机高粱生产的农家肥或商品有机肥。在生产过程中,要使用水质好、无污染灌溉水,地势低洼田块要做好开沟排水。基肥以经过充分腐熟和无害化处理的绿肥、圈肥、沼渣为主,在有机高粱生产地,用家畜圈肥制作基肥,一般就近选择平整好的空地,将成熟的家畜圈肥堆放,用农膜将其盖严压实,经 60~180d 的充分发酵和分解,堆肥成褐色即可使用。一般施 30.0~37.5t/hm²,基肥应来源于当地,任何单位和个人未经有机认证机构许可,不得外购商品有机肥作基肥和追肥。追肥制作有 2 种方法,一是直接施用沼渣、沼液;二是将人畜粪尿蓄于蓄粪池内 60~180d,待其充分发酵和分解后施用。用腐熟的清肥或沼肥施用 4次,即移栽时施用 1 次,用量为 15.0~22.5t/hm²;苗期施用 1 次,用量为 22.5~30.0t/hm²;拔节期和抽穗期各施 1 次,用量为 37.5~45.0t/hm²。在有机高粱生产过程中,大力提倡施用绿肥、作物秸秆还田等措施,应通过回收、再生和补充土壤有机质和养分来补充因作物收获而从土壤中带走的有机质和养分,以维护和提高土壤肥力、营养平衡及土壤生物活性。

(一)加强田间管理

1.苗期管理

幼苗长出1～3片叶时进行间苗,到5～6片叶时,可用大锄结合中耕进行定苗,定苗要均匀,保证留苗密度。中耕促根壮苗,群众有"一头遍扒、二遍犁、三遍划破皮"的经验,第一次结合定苗浅锄防埋苗,第二次在拔节前深刨或深耥,使植株矮壮墩实,叶肥色浓。苗期一般不施肥、不浇水,但对瘦地、弱苗则应酌施苗肥。

2.拔节孕穗期管理

此期是肥水发挥作用最大的时期,在施足底肥的基础上、重施拔节肥、轻施孕穗肥。高粱拔节以后,由于气温高、生长快,蒸腾作用旺盛,抗旱能力减弱,穗分化期"胎里旱"和跳旗期的"卡脖旱"对产量影响都很严重。因此,应在追肥后根据降雨情况,适时适量浇水,保证充足的水份供应。对拔节过猛有徒长趋势的高粱可用0.1%矮壮求喷洒仁部叶片,控制徒长。

3.抽穗结实期管理

此期管理的主要任务是延长叶片和根系的功能期,防早衰,防贪青,促进有机物质的制造和转运,在管理措施上要做到合理灌排水,如遇干旱,适量浇一次水,但水量不宜过大,以免遇风倒伏。降雨过多,应排水防涝,酌施粒肥,如发现上部叶片颜色变浅,下部黄叶增多,表明有脱肥现象,可补施一次化肥,以延长叶片生命,促进灌浆成熟。后期,也可用3%～5%过磷酸钙浸出液进行叶面喷肥、有促熟增重作用。打底叶,对温度较低的年份,贪青晚熟的地块,适时打去底叶,打底叶的时间不宜过早,打叶数量不宜过多,一般在蜡熟中后期进行,并以留6片叶左右为宜。

4.重视田间管理

高粱制种主要在去杂阶段。由于在海南进行高粱制种的不是很多,致使农户不精通管理。所以为确保质量,必须要有足够的人力去管理,特别是花期,做到日日到地、地地有人。田间杂草一直是影响海南制种的主要原因之一,龙葵、苋类生长旺盛,致使高粱生长受抑制,传粉不良,结实性差。田间除草应以人工为主,慎用除草剂,以免产生药害。除草可减轻水肥流失及虫害发生。田间管理还要重点防虫。高粱在生长到50cm左右时,会出现螟虫,结实后出现黑虫或蚜虫,应以喷施高效氯氰菊酯等防治。鸟害一直成为各制种企业头痛的问题。海南山鸟居多,而且成群迁飞,以破坏子粒为主,早出晚归,危害时期长。可采取鞭炮轰吓、父本行扯绳成网罩母本果穗、用人工看守、支防鸟网等方式进行防鸟。

高粱不同生育时期需肥:高粱苗期生长缓慢,植株小,根系弱,吸肥量少。人为地创造良好的营养条件,有利于根系和茎叶的生长。但是,苗期磷素营养更为重要,生育初期地上部磷化物含量,相对高于中、后期茎叶及穗的磷化物含量。

拔节至开花阶段,植株吸收养分数量急剧增加,氮、磷、钾的吸收量分别占全生育期的 52.5%、57.7%、51.3%。从拔节开始,营养物质分配重心也从茎叶转向穗部。就单株而言,拔节期,已进行穗分化的生长锥吸肥量占全株的 62.3%,至挑旗期,幼穗吸肥量仍占全株的 60.7%。这一时期养分充足,则穗主轴增长,各级枝梗增多增长,穗粒数增多,产量增加;养分供应不足,穗部发育受到限制,穗粒数减少,产量下降。

开花至成熟阶段还需要吸收相当数量的氮、磷、钾,分别为全生育期的42.2%、44.8%和42.4%。在这一阶段,适量的氮素供应,有助于灌浆草木→高粱(或谷子),向日葵→高粱(套草),辽西的棉花(2~3 年)→高粱→谷子,中部地区的大豆→玉米(间套草木樨或豌豆、元葱、大蒜等),玉米(同前)→高粱,辽南的冬小麦、向日葵→玉米,水源不足地区的水稻(3 年)大豆→玉米(2 年),沙土地上的花生→甘薯→谷子等不同轮作,都是值得试验研究总结的。在这里,特别要研究茬口、土壤耕作、施肥的配合,兼顾产量、地力、生态、经济四个方面效益,为农业现代化和让划生产服务。要加强种植业和畜牧业的结合,扩大物质循环。畜牧业是农区生产的一条短腿,没有相应的畜牧业,种植业持续增产是句空话。为此,安排轮作时一定要注意饲料的生产和供应。除大田轮作应注意这个环节外,还要专门安排少量的青饲料和多汁饲料的轮作。成熟和提高籽粒蛋白质的含量。氮素过多或追肥过晚,会造成贪青晚熟。磷、钾素有助于氮化物的转化和运输,能促进早熟,改善品质。

(二)基肥

基肥多以有机肥为主,如在其中混拌过磷酸钙和腐植酸铵等,更有利于早期发苗。

1.施肥量

在一定的施肥水平下,高粱产量随基肥用量增加而提高。大面积生产调查结果,亩产 300～350kg 高粱,需亩施基肥 2 500～3 500kg;亩产4 000～5 000kg,需亩施基肥 4 000～5 000kg;高粱平均亩产超千斤的,基肥都在万斤左右,有的高达 750kg 以上。此外,还要配合一定数量的化肥。对于一般田,亩施基肥也不宜少于 2 500kg。基肥的增产效果与地力、肥料质量及茬口有一定关系。实践证明,在平肥地上,递增千斤基肥,其增产幅度较坡地为小,所以,肥沃土壤适当少施,膺薄地需多施。优质基肥应该少施,质量差的应多施。大豆茬可适当少施,玉米、谷子茬应多施。沙土地需大量施圈粪、土粪、泥肥;黏土地除圈粪外,应配合施炉灰、垃圾,以利于改土。许多地区还采用"沙掺土"和"土掺沙"等方法改造低产田,也有明显的增产效果。

2. 施肥方法

高粱基肥有撒施和条施两种施用方法。撒施肥料易使土、肥融合,利于培肥地力。在干旱地区,撒施基肥,采用平播方法,有助于防旱保墒。条施是将肥料施于垄沟内,接着破台合垄。如结合秋翻、整地、作垄施基肥,更有利于肥料腐熟和保墒。条施的肥料集中,利用率高,当年增产效果好,可在早春集中机、畜、人力突击送粪和施肥,紧接着作垄。冬天送粪,在田间长期保留小粪堆的办法,易损失肥分,应做到随倒、随送、随施、随作垄,既保肥又保墒。

(三)种肥

高粱苗期土壤温度较低,基肥分解较慢,不能很快发挥肥效;施种肥可以及时补充播种层的养分,满足苗期需要。特别是在土壤肥力较低、基肥数量不足时,施种肥更为重要。种肥多以化肥为主,也有采用优质细粪的。在硫酸铁、碳酸氢铵、氨水、氯化铵和尿素等常用氮素化肥中,以硫酸铵作种肥较为安全,亩施 5~7.5kg。锦县用晋杂 5 号高粱试验,无种肥出苗率为 74.5%;亩施硫酸铵 2.5kg 的,出苗率为 72.5%;5kg 和 7.5kg 的,出苗率为72%;超过 10kg 的,出苗率明显下降。

(四)追肥

高粱植株拔节以后,其幼穗开始分化,植株进入营养生长与生殖生长并进阶段,养分吸收量急剧增加。因此,需要追肥补充土壤养分,满足植株生育需要。

1. 拔节肥

高粱追拔节肥,起攻秆、攻穗、增加小穗小花数量等作用,有明显的增产效果。追肥时间以 10~11 叶期为宜。早熟类型可适当提前到 9~10 叶期,中晚熟类型可延迟到 10~12 叶期。在只追一次拔节肥的情况下,通常亩施硫酸钙 15~20kg。追肥要在距植株 5~10cm 处开沟或刨按深施(5~10cm)。施肥后及时中耕培土。追有机肥时,要及早进行。

2. 孕穗肥

孕穗肥对增加高粱千粒重有明显作用,有人试验,不施追肥的千粒重为

25.5g,拔节肥施 12.5kg 硫酸铵的,千粒重为 26.5g,施孕穗肥的为 27.3g。孕穗肥还具有减轻穗部发育中枝梗退化及促进上部叶片生长,延长灌浆期功能叶寿命的作用。施拔节、孕穗两次肥的穗粒重、穗粒数及千粒重比单施拔节肥高 18.0%、9.7%、7.5%;比单施孕穗肥高 56.2%、49.6%、4.4%。拔节期重追,用施肥量的三分之二;孕穗期轻追,用其余的三分之一肥料。

3.叶面喷肥

叶面喷肥,肥效发挥得快,用肥经济,有促进早熟和增产作用。对生育迟缓、密度过大的田块,或在化肥用量不足时,效果更为明显。

①尿素:在目前常用的氮素化肥中,尿素喷肥效果最好。喷施浓度为 2%,在高粱抽穗前喷洒,每亩用尿素溶液 50kg。

②磷酸二氢钾:在开花和灌浆初期施用,每亩用肥 0.2~0.3kg,兑水 50~75kg,喷施 1~2 次。

③过磷酸钙:先以 0.5kg 肥料加 5kg 水的配比溶解,在溶解过程中搅拌 2~3 次,溶液澄清后,滤出清液,再配成 2%~4% 的水溶液喷施。

④混合肥液:用 50kg 水加过磷酸钙 0.5kg,尿素 0.75kg,九二〇1g 配制时先用温水将过磷酸钙浸泡 24h,滤出清液,九二〇先用少量酒精溶液,再同尿素一起加入溶液,尿素溶解后可在高粱拔节至孕穗期喷施。

六、高粱的收获

食用高粱在蜡熟末期收获最适宜,此时千粒重高,淀粉含量也多,糖用高粱应在乳熟期收获。粮精兼用可在蜡熟期收获。收获的最佳期是蜡熟的末期,此时子粒中的干物质,已达到最高峰。主要特征是:稍有黄色,下部子粒挤压时无乳状物,这时 80% 以上的植株穗下基部变黄,叶片枯萎,子粒变硬而有光泽,穗下部子粒内含物凝结成蜡状,含水量已降到 15%~20% 左右。割完的高粱捆好后竖着码起来,让茎叶里的养分继续向子粒里输送,有利于后熟。将近 1 月份,海南将会降雨,气温升高。当高粱种子灌浆后期,掐子粒时若没有水分,过 2~3d,基本出现品种特征即可收获,过晚子粒发黑。晒果穗 3d 即可脱粒。可采用平胎机动车碾压、水稻脱粒机脱粒,少的可人工棒打。脱粒后风筛、晾 1d 即可。

七、高粱的病虫害防治

高粱散黑穗病在我国各高粱产区普遍发病,在华北、东北发病较重。怎样防治高粱黑穗病? 防治高粱黑穗病应采用选育抗病良种结合种子处理及其他栽培防病的综合防治措施。适时播种和提高播种质量,播种过早、土壤干旱、整地质量差以及覆土过厚都会延长出苗时间,增加侵染机会,使病情加重。因此,一般应在保证成熟的情况下尽量晚播,播前墒情适宜,整地精细,覆土深度适宜,以保证早出苗、出壮苗,缩短幼芽被侵染时间,减轻病害发生。选用抗病品种。农家品种一般不抗病。主要抗病或免疫品种为引进的外国品种,如法农1号、美红、美白、早熟亨加利、亨加利等。在可能的条件下实行轮作,可以控制和减轻危害。进行土壤消毒也是一项行之有效的防治措施。用20%萎锈灵乳油对细土100倍,点种后每穴覆药土50g,然后盖土。也可用75%五氯硝基苯0.2kg,拌细土500kg,撒于播种沟上面。施用净肥及种肥,可切断粪肥传病这一途径;不要过于早播并覆土过深。及时拔除病株烧掉,减少土壤中病菌含量。

种好、管好种子繁育应抓好以下几个主要的防治环节。

①防虫:从高粱播种至成熟各个生育阶段均有不同虫害发生。播种后主要有蚂蚁盗种或食胚,可采取撒药带或踩格子等措施。苗期危害较重的是地老虎和高粱芒蝇。播种时连同口肥施呋喃丹可防地老虎和其他地下害虫。在地老虎严重发生时,可灌水一次,还可用1 500倍乐果液浇杀。也可根据地老虎幼虫活动规律进行人工捕捉。高粱芒蝇在苗期每年均有不同程度发生,当小苗两片叶时开始喷乐果药液,根据发生情况及时喷药,既可防治高粱芒蝇,又能防止蚜虫发生。

开花灌浆期主要受食穗螟虫的危害。该虫不食叶子,多食刚灌浆的子粒。有的年份发生较早,在高粱开花时危害高粱雌花柱头。套袋选育材料更易被该虫危害,在高粱灌浆期,应及时检查穗部是否有螟虫危害,如发现有螟虫,应将纸袋一一打开捕捉,否则严重时可能将穗部子粒全部危害。为防止该虫发生,在高粱抽穗期即开始喷乐果或敌杀死药液,既防食穗螟虫,又防蚜虫。

②防鸟:高粱南繁鸟害较重,特别是白粒和浆甜的品种受害更重。因此,防鸟是高粱灌浆期的主要任务。应派专人严加看管,防鸟较好的办法是用鸟网,也可用火药枪等其他方法。

其他栽培管理、授粉要求等,可根据具体情况和繁种单位的要求进行。总之,南繁、南育必须多施大头肥,勤追肥、培土、灌水、喷药,做好防虫防鸟等工作。

③病虫害防治:高粱病虫害种类较多,金沙县发生危害的病虫害主要有高粱黑穗病、炭疽病、高粱条螟、粘虫、穗螟、高粱芒蝇、蚜虫等。农业防治上,可采取选用抗耐病虫良种;严格实行晒种、风选、水选等种子处理;选用无病无虫壮苗移栽;加强清洁田园及中耕除草;禁止施用化学氮肥;实行分

带轮作,宽厢宽带种植;适时收获储存等措施。物理防治上,在有机高粱生产基地内主要通过安装使用频振式杀虫灯,太阳能杀虫灯和色板诱杀害虫。在零星地块可采用人工捕杀害虫。生物防治上,主要是利用自然界的天敌进行防治病虫,保护利用好天敌,提高自然控制能力,如瓢虫可取食蚜虫。有条件的地区采用性诱剂诱杀害虫。药剂防治上,主要是选用通过有机认证的生物农药和植物源农药防治病虫害,严禁施用化学农药。在主要病虫发生期,在植保部门的指导下选用通过有机认证的生物农药和植物源农药进行防治。

④病虫草害防治:高粱的主要病害是黑灰病。可用 10% 多菌灵,50% 的甲基托布津可湿性粉剂拌种,用量为种子重量的 0.5%～0.7%。高粱的害虫有玉米螟、高粱条螟、蚜虫等,可在心叶木期用含有效成分 1% 1 605 颗粒剂决花剂或 0.2% 辛硫磷颗粒剂去心防治玉米螟、高粱条螟亩用 1.5% 乐果粉剂或 1.5% 对硫磷粉剂 2kg 直接喷洒植殊可防治蚜虫、田间杂草主要是马唐、牛筋草、莎草等。防治马唐可用 35% 稳杀得乳油、每亩50～100ml,加水 30～10kg。喷晒茎叶;防牛筋草,应在播种前亩用 50% 都尔乳油巧150～300ml 加水 25～30kg,处理土壤,如土壤干旱,应当在喷药后出苗前浅耙混土;防治狗尾草,在播后出苗前亩用 18% 拉索 150ml,加水 10kg 喷雾地面;防莎草用 50% 莎扑隆可湿性粉 300g 左右,拌和细土 25～30kg 进行土壤处理,然后播种。

第九章 谷 子

第一节 谷子的生物学特性

一、谷子的品种介绍

谷子中两个亚种分出德国粟、西伯利亚粟、金色奇粟、倭奴粟、匈牙利粟等类型。弗里尔和 J. M. 赫克托将粟分为 6 个类型。通常中国粟被列为大粟亚种的普通粟。形态分类上都以刺毛、穗形、子粒颜色等稳定性状为主要依据。中国将粟划分为东北平原、华北平原、黄土高原和内蒙古高原 4 个生态型。中国粟品种有穗粒大、分蘖性弱等特点，表明其栽培进化的程度较高。从欧美引入的品种往往分蘖力强、穗小、刺毛长，适于饲用。

梁和粟在中国有悠久的栽培历史；经过人们长期选择和栽育，有着多种多样的品种资源，根据其生长期的长短可以分为早熟、中熟和晚熟品种，有大白谷、大黄谷、小春谷等，有耐旱的抗旱谷和较耐涝的水里站；有较耐碱的抗碱谷，有分蘖较多的大八杈、五秆旗等品种，一般比较优良的品种有黄沙子，金钱子、大白谷、华北的华农 4 号、玉黄谷、竹叶青等。根据花序的形状，可以分为纺缍型种、圆筒形种、异型种等，如异型种有鸡爪黄谷、猫爪谷、龙爪谷等，这些多数是黏性的。

二、谷子的生物学特性

谷子是一年生草本植物。须根粗大，秆粗壮，直立，高 0.1～1m 或更高。叶鞘松裹茎秆，密具疣毛或无毛，毛以近边缘及与叶片交接处的背面为密，边缘密具纤毛；叶舌为一圈纤毛；叶片长披针形或线状披针形，长 10～45cm，宽 5～33mm，先端尖，基部钝圆，上面粗糙，下面稍光滑。圆锥花序呈圆柱状或近纺缍状,通常下垂,基部多少有间断,长 10～40cm,宽1～5cm,常因品种的不同而多变异,主轴密生柔毛,刚毛显著长于或稍长于小穗,黄色、褐色或紫色;小穗椭圆形或近圆球形,长 2～3mm,黄色、桔红色或紫色;第一颖长为小穗的 1/3～1/2,具 3 脉;第二颖稍短于或长为小穗的 3/4,先端钝,具 5～9 脉;第一外稃与小穗等长,具 5～7 脉,其内稃薄纸质,披针形,长为其 2/3,第二外稃等长于第一外稃,卵圆形或圆球形,质坚硬,平滑或具细点状皱纹,成熟后,自第一外稃基部和颖分离脱落;鳞被先端不平,呈微波状;花柱基部分离;叶表皮细胞同狗尾草类型。染色体2n＝18。

三、谷子的土壤质地选择

谷子喜高燥。黄土高原,丘陵山区,最为适宜。具体,要选择坡梁地,莫选沟河地。东北平原,种谷子要选择土质疏松,地势平坦,黑土层较厚,排水良好,土壤有机质含量高的地。为夏秋排涝,应保持垄作,即将谷子种在垄上。

"谷子种岭坡,穗硬子粒多"。同一品种在土壤肥力大致相同的条件下,种在地势高燥,通风透光、排水良好的岭坡地较为有利。

谷子耐瘠薄是相对而言的,肥与瘠相比,高肥才能高产。土壤有机质含量、氮含量、矿化氮含量、速效磷含量、土壤代换量等都与谷子产量有关系。需要矿化氮总量和速效磷总量比例近 1:1。

谷子在 PH 值 4.5～5.5 的土壤中已试种成功。在盐碱地种谷则采取一系列的相应措施。土壤含盐量达 0.5% 不能发芽,0.3% 时幼苗半数不能存活。

谷子一生需要碳、氢、氧、磷、钾、硫、钙、镁、铁、锰、硼、锌、铜、钼、氯等多种元素。

氮被称为生命元素。许多生理过程都离不开磷。钾离子是细胞内多种酶的活化剂,可以加速酶的催化作用,从而影响许多生理代谢进程。氮素不足,植株矮小,过量施氮又会造成倒伏、贪青等。适量施用,合理配比,看苗施肥,才能高产。

第二节 谷子的栽培技术

一、谷子的品种选择

①选择分蘖力强、成穗率高的品种。这两个指标十分重要,因为在同样穴数条件下,分蘖力强的品种比分蘖力弱的品种总穗数多,从而为高产打下关键性的基础。同时还必须要求品种的成穗率要高,只有高分蘖力没有高成穗的品种也很难获得高产。

②株高不宜过高,要耐肥抗倒。在株高选择上宁矮勿高,更不宜过高。过高的品种不仅容易倒伏,也不利于农事操作,一般分蘖力也较弱。早杂以85～95cm 为宜,中单晚以 95～110cm 为宜,晚杂以 90～100cm 为宜。如果因某种情况必须选用高杆品种,应按照要求做好相应的工作,如增施磷钾肥、控制氮肥、适时烤田等,以防止倒伏。

③选择着粒密,结实率高的品种,兼顾穗型大小。在实践中有不少农民一味喜欢选择大穗型品种,而忽视了着粒密度和结实率,以为大穗产量高,这是误解。根据我们近两年来的调查,水稻产量高低不一定在于穗型大小,而更在于着粒密度和结实率。不少品种看似穗子很大,其实粒与粒之间有一定的间距,籽粒稀,穗粒数并不多。农民选种时一定要注意品种的着粒密度和结实率,兼顾穗型。

二、谷子的种子处理

精选种子,通过筛选或水选,将秕谷或杂质剔除,留下饱满、整齐一致的种子供播种用。其次是晾晒浸种,播种前将种子晒 2～3d,用水浸种 24h,以促进种子内部的新陈代谢作用、增强胚的生活力、消灭种子上的病菌,提高种子发芽力。还可进行拌种闷种,即用 50％苯来特或 50％多菌灵可湿性粉剂,按种子重量的 0.3％拌种;或用 35％的阿谱隆按种子重量的 0.3％～0.4％拌种,防治谷子白发病。用 50％多菌灵按种子重量的 0.5％拌种,防治黑穗病。用种子重量的 0.1％～0.2％锌硫磷闷种可防治地下害虫。

三、谷子的播种

播期要做通盘考虑。主要考虑一:谷子生育期长短,当地无霜期多少,防止春秋霜冻。考虑二:谷子秀穗灌浆,需水高峰期与雨季高峰期吻合。考虑三:掌握天气预报,如果播期有雨,应雨后土地粉化时及时抢播,可避板结。

传统播种技术,是人畜力耧播或耩播。机播的国家标准是条播,都只讲究亩播量和均匀度。机精播,按照亩留苗确定株行距,株间多余被事先拿掉。机精播,根据种子发芽率、病虫伤害率、确定和调整穴粒数,可省种子70%以上,相应省间苗工70%之多。机精播,改善了谷子幼苗生长环境,不挤,不麻,苗齐,苗全,苗壮,胜过早间苗。再与沟播、重镇压、厚培土措施结合,促墒增养,可增产30%以上。高寒山区,再配套液膜加除草剂喷施覆盖,增产翻番,亦具条件。

四、谷子的杂交授粉

谷子杂交一般要经过整穗、去雄、授粉三个过程。

①整穗:谷子是小粒多花作物,单穗花数达数千枚,且单穗小花发育不一致,花期持续1周左右,因此,为了提高小花杂交率,应在去雄前去掉已开花、授粉和发育尚不完全的小花,只留下翌日将开花者,整穗宜在当天开花结束后进行。

②去雄:有温烫集体杀雄、人工单花去雄、水浸人工综合去雄、日光杀雄、化学杀雄等多种方法,但目前应用较多的是温烫集体杀雄和人工单花去雄。温烫去雄:是利用雌、雄蕊对温度反应的不同,用温水浸泡母本穗杀死雄蕊而使雌蕊不受伤害的去雄方法。该方法去雄速度快,可操作时间长,能在短时间内大量进行,但杀雄不彻底,真杂交率低。适宜的水温和浸泡时间与品种对温度的敏感程度和栽培环境有关。在我国北方,一般用45℃～47℃温水浸泡7～15min。人工单花去雄:是在授粉前人为地摘除雄蕊的方法。该方法优点是真杂交率高,但去雄速度慢,技术要求高。谷子人工单花去雄在盛花期小花开花后、花药开裂散粉前进行。

③授粉:可在盛花期人工采粉授粉,也可用透光、透气性好的羊皮纸袋将父母本穗套在一起,辅以人工敲袋自由授粉。要注意调节父母本花期,以保证花期相遇。

五、谷子的光、温、水、肥、气管理

谷子田间管理：一是早压苗，促进根系发育，在幼苗2～5片叶时，用木头磙子压青苗1～2次，以利壮根。二是早间苗、定苗，"谷间寸，如上粪"，当苗高3cm时开始间苗，即拿上手就间苗，幼苗5～6cm时进行定苗，草株留苗，拐子苗，不留死簇子。三是三铲三趟，细铲细趟，搞好除草和松土，促进根系发育。四是合理灌水，"旱谷涝豆"，谷子是比较耐旱作物，一般不用灌水，但在拔节孕穗和灌浆期，如遇干旱，应急时灌水，并追施孕穗肥，促大穗，争粒数，增加结实率和千粒重。五是防病治虫，生育期要及时防治土蝗、玉米螟，干旱时注意防治红蜘蛛，后期多雨高湿，应及时防治锈病。

种子萌发，需水较少。不同品种萌动吸水量占种子重量的25％～50％。

谷子幼苗期耐旱，初生根吸水能力强，叶面蒸腾少，适度干旱还有利于促根蹲苗。所以群众说："小苗旱个死，老来一包子"。拔节至开花是谷子需水较多的时期，其中孕穗阶段需水量多。该期生长与发育并进，物质运输积累快，蒸腾量大。群众说："谷怕胎里旱"，"拖泥秀谷穗"。灌浆后期需水逐渐减少，要求有充足的光照和较好的土壤通透性，保证根呼吸，才能防止植株早衰。

合理施肥：一是基肥，以农家肥为主，要亩施优质农家肥2 500～4 000kg，并与过磷酸钙混合作底肥，结合翻地或起垄时施入土中。二是种肥，一般亩施磷酸二铵10kg，氮肥5kg作种肥，可促谷苗早生快发，满足谷子生育期对养分的需要。三是追肥，谷子苗高30～50cm时，距苗眼6cm左右，用锄头或镐开10cm深的沟，每亩均匀撒施氮肥35kg左右，然后埋土，深施提高利用率。

六、谷子的收获

谷子蜡熟末期或完熟初期应及时收获，此时谷子下部叶变黄，上部叶黄绿色，茎秆略带韧性，谷粒坚硬，种子含水量约20％左右。谷子收获过早，籽粒不饱满，谷粒含水量高，出谷率低，产量和品质下降；收获过迟，纤维素分解，茎秆干枯，穗码干脆，落粒严重。如遇雨则生芽、使品质下降。谷子脱粒后应及时晾晒，干燥保存。

七、谷子的病虫害防治

(一)防治地下害虫

按种子重量 2.5% 应用种衣剂包衣,防治粟灰螟、粟凹胫跳甲、金针虫、蝼蛄、地老虎、蛴螬。

(二)防治蚜虫

当田间蚜量达 500 头/百株时开始防治,用菊酯类药剂喷雾,或用 50% 的辟蚜雾可湿性粉剂 2 000～3 000 倍液,或吡虫啉可湿性粉剂 1 500 倍液,亩用药液量 40～50kg。

(三)防治黏虫

要掌握在 3 龄以下用药,当 3 龄幼虫 20 头/平方米时开始用药。用 90% 敌百虫晶体或 20% 氰戊菊酯乳油 2 500 倍液喷雾。

(四)防治白发病、黑穗病

用甲霜灵与 50% 克菌丹,按 1∶1 的配比混用,以种子重量 0.5% 的药量拌种,种衣剂可与甲霜灵、克菌丹混合同时包衣、拌种,但须随拌随播,一般不能过夜。

(五)防治谷瘟病

在谷子抽穗期,用甲基托布津 600 倍液喷雾,用药液量 40～50kg。

第十章　青　稞

第一节　青稞的生物学特性

一、青稞的品种介绍

青稞是禾本科大麦属的一种禾谷类作物,因其内外颖壳分离,籽粒裸露,故又称裸大麦、元麦、米大麦。青稞分为白青稞、黑青稞、墨绿色青稞等种类。主要产自中国西藏、青海、四川、云南等地,是藏族人民的主要粮食。青稞在青藏高原上种植约有 400 万年的历史,从物质文化之中延伸到精神文化领域,在青藏高原上形成了内涵丰富、极富民族特色的青稞文化。有着广泛的药用以及营养价值,已推出了青稞挂面、青稞馒头、青稞营养粉等青稞产品。

二、青稞的生物学特性

(一)根

青稞的根系属须根系,由初生根和次生根组成。初生根由种子的胚长出,初生根一般 5～6 条,初生根在幼苗期从种子发芽到根群形成前,起着吸收和供给幼苗营养的重要作用。初生根数目多少与种子大小和种子活力密切相关。种子大而饱满,生活力强,其初生根数目较多,长出的幼苗也健壮,种子小则反之。在良好的土壤条件下,秋播青稞越冬时初生根入土深度可达 60～70cm,到生育后期,有的品种初生根可达 200cm 左右。

（二）茎

青稞茎直立,空心茎。由若干节和节间组成,地上部分有 4～8 个节间,一般品种 5 个节间,矮杆品种一般 3 个节间,茎基部的节间短,愈上则愈长。茎的高度一般（株高）80～120cm,矮杆品种株高 60～90cm。茎的直径 2.5～4mm,茎包括主茎和分蘖茎。它们均由节和节间组成。茎节可分为地上茎节和地下茎节,地下茎一般有 7～10 个不生长的节间,密集在一起,形成分蘖节。地上茎节通常有 4～8 个明显伸长的节间,形成茎杆。

（三）叶

青稞的叶片厚而宽,颜色一般较淡,冬性品种和一些具丰产性能的品种,叶色较浓绿。叶除具有同化、呼吸和蒸发作用外,还有保护茎杆和幼穗的作用。青稞的叶根据其形态与功能分为完全叶、不完全叶和变态叶。青稞叶着生在茎节上,叶片较小麦的叶片大,一般长 15～20cm,宽 8～22mm,由基部向上逐渐狭窄,顶端尖形。叶片的中间有一条明显的中心叶脉,两边各有 10～12 条叶脉与中心叶脉平行。叶片的横切面似 V 字型。叶鞘由茎节长出,包裹着茎杆。叶鞘的表皮一般是光滑的,但一般冬性品种具有绒毛。在抽穗期,叶鞘表皮分泌出蜡质而呈粉灰色。叶舌在叶片和叶鞘连接处,是一个半透明的、边缘不规则的薄膜,它紧贴着茎杆。叶耳比其他谷类作物的叶耳肥大,呈新月形,它环抱着茎杆。基部第一叶与其他叶完全不同,宽而短、叶端钝,叶耳退化,衰老程度较快。旗叶很像基部第一叶,但比第一叶小,叶端尖。旗叶叶鞘特别发达,它起着保护幼穗的作用。

（四）花

青稞花是形成种子籽粒的重要载体。青稞的花序为穗状花序,筒形,小穗着生在扁平的呈"Z"字型的穗轴上。穗轴通常由 15～20 个节片相连组成,每个节片弯曲处的隆起部分并列着生三个小穗,成三联小穗。每个小穗基部外面有 2 片护颖,是重要的分类性状。青稞的护颖细而长,不同品种的护颖宽度、绒毛和锯齿都是不同的,大多数变种的护颖狭窄,护颖退化为刺状物。每个小穗仅有 1 朵无柄小花,每个小穗也具有小穗轴,连接在每一穗轴的节片的顶端处,已退化成为刺状物,并着生绒毛,称为基刺。基刺的长短和绒毛的多少、疏密,是品种分类上的重要依据。小花有内颖和外颖各 1 片,外颖是凸形,比较宽圆,并且从侧面包围颖果,外颖端多有芒。内颖呈钝的龙骨形,一般较薄。小花内着生 3 个雄蕊和 1 个雌蕊,雌蕊具有二叉状羽毛状柱头和一个子房。在子房与外颖之间的基部有 2 片浆片。青稞开花是由浆片细胞吸水膨胀推开外颖而实现的。一个穗由若干小穗组成,每个穗只是一个单花。花为两性花。由两个护颖(一个内颖、一个外颖)、两个鳞片,三个雄蕊和一个雌蕊所组成。

（五）果实

在植物学上,青稞的种子为颖果,籽粒是裸粒,与颖壳完全分离。籽粒长 6～9mm,宽 2～3mm,形状有纺锤形、椭圆形、锥形等,青稞籽粒比皮大麦表面更光滑,颜色多种多样,有黄色、灰绿色、绿色、蓝色、红色、白色、褐色、紫色及黑色等。青稞籽粒是由受精后的整个子房发育而成的,在生产上青稞的果实即为种子(籽粒)。种子由胚、乳胚和皮层三部分组成。胚部没有外胚叶,胚中已分化的叶原基有 4 片。胚乳中淀粉含量多,面筋成分少,籽粒含淀粉 45%～70%,蛋白质 8%～14%。

三、土壤质地选择

青稞适宜生长在比较肥沃的粘壤土或壤土上,土壤酸碱度以中性为宜,也能在微碱性土壤上生长。酸性土壤,青稞不宜生长;幼苗期对土壤酸度较为敏感。泥炭土、沼泽土及沙质重的土壤,对青稞生长都不利。

第二节　青稞的栽培技术

一、青稞的品种选择

要达到高产,就要有优良的种子,良种应具备四个条件:一是品质好;二是产量高,增产潜力大;三是品种要适应当地的种植制度和土壤条件;四是对当地病虫草害等自然灾荒有较大的抗御能力。如:绿青 1 号、短芒绿青稞、云青一号、云青二号等优良品种。

二、青稞的种子处理

播种前选晴天把精选好的种子在阳光下薄晒 1～2d,以提高种皮的透气性,使种子内部酶的活性加强,晒种后要进行药物拌种,防止青稞黑穗病、锈病、白粉病的发生危害,50kg 种子用 10g 立克锈或多菌灵、粉锈宁等 100g 拌种 50kg,堆放 1～2d 后播种。

三、青稞适时播种

正确掌握青稞播种节令,是达到苗全、苗壮,满足青稞生长发育所需要的时间,获得高产的一个重要环节。青稞适时的播种期受气温、土壤、品种等因素的制约,一般以气温为依据,幼苗在越冬前后形成壮苗为原则,过早过迟都不宜。播种过早,由于气温较高,发育进程快,营养生长期缩短,植株矮小,早抽穗,穗头小,产量低;播种过晚,气温低,出苗迟而少,生长慢,根系差,分蘖少,苗弱,幼穗分化时间缩短,不易行成多穗大穗,千粒重不高,同样影响产量,所以要适时播种。一般在我县金江镇、上江乡、三坝乡适宜种植冬青稞种植的地区播种期应在 11 月下旬至 12 月上旬集中播完(即立冬前后)。

四、青稞的杂交授粉

青稞杂交育种是目前较为普遍的育种方法,是两个品种间杂交,收获 F1 杂合种子。F1 和以后世代以同样方式种植,主要是自交。因此,连续各世代必定是一个混合群体,经选择后,逐步接近于纯合植株,约 8 代之后,这些单株已成为纯合体。

常用的杂交去雄法,不同品种去雄后雌蕊柱头的生活力不同,云南南繁青稞去雄后雌蕊柱头生活力表现基本上与青海一致。去雄方法是剪去位于花药之上内外颖的尖端,然后用细镊子和吸器把花药除掉,也有应用化学杀雄法,去雄的穗子套上纸袋,防止串粉。在供粉源的小花花药上剪颖,靠阳光和手温促使雄蕊伸长,并取下花药一二枚,放入去雄的小花中,或抖动花粉源,使花粉散落在雌蕊上,使之受粉,F1 代种子充分成熟后,细心分收、分贮、分管,供下一年种植。以后各世代按分离—选择结合的办法,选出育种目标要求的株、穗及后代群体,直至稳定为止。各年度、各世代选株及选系应详细记录。

选用良种是投资少,收效快,增产增收的基本措施。各地生产实践表明,良种一般可以增产 10％～15％。20 世纪 50 年代以来,我国在选用农家品种的基础上,通过系统选种、杂交选育及引种等多种形式,改良了大量适应不同地区的青稞品种类型并推广生产。青稞具有适应多种生态条件的能力,适生区和主产区是青藏高原,在 20 世纪 80 年代以来由于重视了青稞的育种和栽培技术研究,产量水平有了明显的提高。

五、青稞的光、温、水、气、肥管理

光照:青稞喜光,是长日照作物,原产于北方高纬度地区的品种对日照长度尤为敏感。

温度:青稞整个生长发育阶段都较耐寒冷,年平均气温 3℃以上,≥0℃积温为 1 300℃～1 400℃的地区可良好生长;在年平均温度仅为 0.3℃年降水量 100mm 的地区仍能完成生长;通常中晚熟品种从播种至蜡熟期需要≥0℃积温为 1 550℃～1 626℃。青稞耐春寒,籽粒播种后温度达到 0℃～1℃即可开始萌芽;气温稳定在 15℃左右有利于青稞籽粒的充实,以不低于14℃为宜;随着气温的下降,青稞籽粒成熟并停止生长,一般在气温降至一2℃以下时,籽粒灌浆结束。

水分:青稞为耐旱作物,不同发育阶段对水分的需求差别很大。幼苗期气温较低,苗小需水量少;开春植株拔节后,气温回升,生长发育速度加快,需水量逐渐增大;青稞孕穗期需水量较大,此时期若水分不足会影响有效分蘖天性细胞的形成,减低结实率,造成产量下降。可见,青稞生长对水分的需求表现为前后期少、中期多特征,分蘖至抽穗期和开花灌浆期是青稞需水的两个临界期,这两个时期水分供给不足将严重影响籽粒产量和茎秆高度。

空气:青稞的发芽和出苗过程中对氧气的要求很高,只有满足种子吸收氧气和排除二氧化碳的呼吸作用才能使青稞正常发芽。所以空气的流通及足够的氧气条件是发芽不可缺少的。如果播种在过于潮湿或板结不透气的土壤里,或种子表面粘满泥浆,都不利于种子的发芽,甚至会因窒息而使种子死亡或腐烂,氧气不仅对于种子的呼吸很重要,而且对于种子中促使淀粉转化为糖、酶的作用也是不可缺少的。

肥料:青稞生育期较短,根系浅,分蘖能力强,对营养元素的反应特别敏感,生长前期是吸收氮、磷、钾最多的时期,以氮和钾表现最为明显,吸收磷的数量以生长前期最为突出。出苗到分蘖吸收磷的数量占全生育吸收总量的 46%,分蘖期是吸收氮磷最多的时期,从分蘖到拔节期吸收氮素生育期总量的 75%,钾占 61%,其中又以拔节期吸收的钾最多。

①基肥:有机肥、钾肥一次性施入,氮肥、磷肥施肥量占总施肥量的 80%。

②种肥:每亩 1.5kg 尿素或 2.5kg 磷酸二铵与种子混合均匀后条播。

③追肥:三叶期结合中耕除草,追施尿素 2.5kg;分蘖到拔节期撒施草木灰,具有壮杆抗倒伏作用;抽穗至灌浆期用磷酸二氢钾 0.2kg 兑水 20～

30kg 叶面喷施 1～2 次,以提高千粒重和促进早熟;早衰的地块每亩加施尿素 1kg 混喷,促进灌浆防青干。

六、青稞的病虫害防治

青稞中后期指拔节、孕穗、抽穗、开花、灌浆期,生育时期为 60～70d,此时期易发生病虫害,应集中防治。

①病害防治:青稞病害主要是黑穗病、锈病、白粉病三种,在防治措施上采取预防为主、早期防治,在拔节孕穗期,用立克锈 100～150g 兑水 50～60kg,全田喷雾,也可以用 25％粉锈宁或 50％多菌灵 500 倍液喷雾。

②虫害防治:青稞害虫主要有蚜虫、红蜘珠、粘虫,一般情况下以蚜虫危害最为严重,抽穗前就开始危害叶片和幼茎。抽穗后集中在嫩茎上取食,到青稞乳熟期蚜量呈现高峰期,危害最为严重,对以上三种虫害均可用 40％的乐果乳油或 1 000 倍液或 40％杀灭菊脂 10ml 兑水 60kg,或用其他杀虫剂农药选晴天进行喷雾,每隔 7d 喷一次,连喷 3～4 次。

七、青稞的收获

一般用机械收割机收割。

青稞在腊熟后及时收获,收获不及时会影响产量,并且影响青稞的储藏品质。青稞在黄熟期收获最好,也就是植株和穗子全黄,含水量小于20％～22％时收获、脱粒,籽粒不受损伤。收获后及时晾晒,防止混杂,并分筛去杂,使籽粒含水量降至 10％～12％,以利于种子安全贮藏。

第十一章 向 日 葵

第一节 向日葵的生物学特性

一、向日葵的品种介绍

向日葵是一种新兴的油料作物,大面积种植时间短,是我区目前生产上种植面积较大的油用品种。向日葵四季皆可种植,主要以夏、冬两季为主。花期可达两周以上。向日葵除了外型酷似太阳以外,它的花朵明亮大方,适合观赏摆饰,它的种子更具经济价值,不但可做成受人喜爱的葵瓜子,更可榨出低胆固醇的高级食用葵花油。向日葵的品种可分为"一般观赏用"品种或"食用"品种,一般观赏用品种特征为植株较矮小,通常不超过 0.5m,因此适合栽种于盆栽中;食用品种则植株较为高大,种于一般露天苗圃土壤中,可长至 2m 以上。向日葵生长相当迅速,通常种植约两个月即可开花,其花型有单瓣、重瓣或单花、多花之分,花期相当长久,可达两周以上。生态习性:忌高温多湿,喜阳光充足,不耐阴,对土壤要求不严。

二、向日葵的生物学特性

从生物科学上分析向日葵向日原因,那么向日葵究竟是不是一直向日?答案是:要看处于什么生长阶段。像工具书那样笼统地说向日葵"常朝着太阳",是不准确的。向日葵从发芽到花盘盛开之前这一段时间,的确是向日的,在阳光的照射下,生长素在向日葵背光一面含量升高,刺激背光面细胞拉长,从而慢慢地向太阳转动。在太阳落山后,生长素重新分布,又使向日葵慢慢地转回起始位置,也就是东方。但是,花盘一旦盛开后,就不再向日转动,而是固定朝向东方了。向日葵的花粉怕高温,如果温度高于 30℃,就会被灼伤,因此固定朝向东方,可以避免正午阳光的直射,减少辐射量。随着向日葵花盘的增大,向日葵早晨向东弯曲、中午直立、下午向西弯曲、夜间直立的周而复始的转向逐渐停止,花盘除表现为越来越明显的垂头外,朝向不再改变。抑制转向的因素,一是不断增大的花盘重力;二是成熟期临近,分生区和伸长区的生长过程已基本结束。而已不再是幼嫩茎的组织趋向衰老,生长素含量较少,且木栓层形成。在转向受抑制之初,当夜间茎顶直立后,最先接受早晨来自东方阳光的照射,为此,绝大部分花盘朝向东,又由于受抑制也有一个过程,是缓慢进行的,所以还能够向南偏转一个约 $30°\sim40°$ 的角度,久之便以花盘朝东南方向固定下来。

向日葵从出苗到种子成熟所经历的天数,一般为 $85\sim120d$ 以上。生育期长短因品种、播期和栽培条件不同而有差异。向日葵整个生育期分为幼苗期、现蕾期、开花期和成熟期四个生育时期。

①幼苗期:从出苗到现蕾,称为幼苗期。一般需要 $35\sim50d$,夏播 $28\sim35d$。此时期是叶片、花原基形成和小花分化阶段。该阶段地上部生长迟缓,地下部根系生长较快,很快形成强大根系,是向日葵抗旱能力最强的阶段。

②现蕾期:向日葵顶部出现直径 $1cm$ 的星状体,俗称现蕾。从现蕾到开花,一般需 $20d$ 左右,是营养生长和生殖生长并进时期,也是其生长最旺盛的阶段。这个时期向日葵需肥、水最多,约占总需肥水量的 $40\%\sim50\%$。此期如果不能及时满足对水肥的需要,将会严重影响产量。

③开花期:田间有 75% 植株的舌状花开放,即进入开花期。一个花盘从舌状花开放至管状花开放完毕,一般需要 $6\sim9d$。从第 2 天至第 5 天是该花序的盛花期。这 4 天开花数约占开花数量的 75%。花多在早晨 $4\sim6$ 点开放,次日上午授粉、受精。未受精的枝头可保持 $7\sim10d$ 不凋萎。向日葵自花授粉结实率极低,仅为 3% 左右,而异花授粉结实率高。气温高,雨水多,湿度大,光照不足,土壤干旱等会使结实率降低。因此,调节播期,适时施肥、浇水,防治病虫害,以及采取放蜂或人工辅助授粉等措施,可提高结实率。

④成熟期:从开花到成熟,春播 $25\sim55d$,夏播 $25\sim40d$。不同品种有差异。开花授粉后 $15d$ 左右是子粒形成阶段。此期需天气晴朗,昼夜温差较大和适宜的土壤水分。

三、向日葵的土壤质地选择

向日葵栽培对土壤具有广泛的适应性,PH 值在 $5\sim8.15$,含盐量在

0.3%～0.5%的轻沙壤土或重黏土均能栽培向日葵,但要创高产也需要有黑土层深厚、肥力较高、地势平坦、排水良好等特点,pH 值在 6～8 之间的沙壤土或黑壤土最好。若只能种在坡旱地、重黏土、盐碱湿地上,则必须因地制宜,采用改善水利条件,增施有机肥,排水防渍,开沟躲碱等改良措施后种植向日葵才能获得高产、稳产。

向日葵忌重茬,茬口的选择最好是禾谷类作物为前茬,避免重茬、迎茬,这是选择地块时首先要考虑的问题。选择 4 年来没有种植过向日葵的地块,前茬最好是玉米、黄豆等作物。不宜选择前茬作物是蔬菜的地块。如果要选择这样的地块,首先必须消除土壤中的大部分病菌和害虫。

同时,选择地块时要注意不能选水稻田,水稻田透气性差,水分含量高,地温低,种子不易发芽生长。选择地势高的地块也是非常必要的,做到排涝无忧,同时要离水源近,做到灌溉无忧。

注意避免除草剂残害,前茬施用长残效除草剂农药的地块不宜种植向日葵,向日葵不耐除草剂,至今国内还没有一个抗除草剂的品种。因此,选择地块时要特别注意农户有没有用过除草剂。一般除草剂用过一个月以后,重新整理土地,就能破坏除草剂对植物的抑制作用,基本上就不会对向日葵产生危害了。

此外,选择的地块要地势平坦,隔离条件要好,便于管理,且不易遭人畜危害。

第二节　向日葵的栽培技术

一、向日葵的品种选择

观赏型品种如下。

①大笑:株高 30～35cm,旱花种,舌状花黄色,管状花黄绿色,花径 12cm,分枝性强。

②太阳斑:株高 60cm,大花种,花径 25cm,舌状花黄色,花盘绿褐色。

③玩具熊:超级重瓣,矮生,株高 40～80cm,自然分枝,多花,全花呈球形、橙色。

④音乐盒:株高 70～85cm,花径 10～12cm,舌状花由米黄色向褐红色过渡,心盘黑色。

⑤太阳:早期台湾花卉市场最主要品种,有花粉是它的特点,后来则被光辉取代。

⑥光辉:台湾花卉市场最主要品种,也是本农场栽培最多的品种,花期、插花寿命较长及无花粉是它的特点,也是目前在毕业典礼上最常使用来赠与的花卉。

⑦华丽:花瓣有一轮红色,有别于一般人对向日葵都是黄色的印象,栽培上相当不易,看起来像火红色的太阳。

⑧月光:绿色花心是它的特点,与一般黑色花心的向日葵不同,让人有种清新的感觉。

⑨莫内:属于重瓣品种,虽然是向日葵,但看起来已经不太像了,或许可以从另外一个角度去感受印象派大师的艺术情怀。

⑩香吉士:台湾花卉市场次要品种,与光辉的特点大致相同,但优于光辉的是其花瓣较长且多,所以自然比较美丽。

⑪情人节:属于多花品种,淡黄色椭圆形的花瓣,一株约有 3~5 朵花,它也是每年情人节最受欢迎的向日葵。

⑫可可:红色品种的向日葵,很特别但不太容易栽培,有时还会"红到发黑"。

混合型品种主要有巨无霸:大花品种,花朵直径可达 20cm 以上,植株高度可达 200cm 以上,花瓣呈现耀眼的金黄色,是目前游客最喜欢的品种,也是最容易栽培的向日葵。该品种食用性也很强,含油量在 40％以上,既可用来榨油也可鲜食瓜子,还可做出美味的佳肴。

实用型品种如下。

①晋葵 9 号:株高 140cm 左右,叶片数 22 枚,叶片较大,叶色深绿,盘径 16.2cm,花盘弯度 4 级;结实性好,籽粒黑色,较饱满。

②龙食葵 2 号:中晚熟种,株高 242cm 左右,茎粗 2.9cm,无分枝,花盘直径 25cm,平盘。结实率 75％左右,百粒重 19g,籽粒黑色黄白边(俗称黑背),长锥形,粒长 3cm 左右,籽仁率 52.3％,籽仁蛋白质含量 33.66％,属优质品种。

③辽嗑杂 1 号:早熟中秆食用型向日葵杂交种,下胚轴淡绿色,舌状花杏黄色,平均株高 2m 左右,叶片 33 片,茎粗 2.8cm,花盘直径 20~26cm,千粒重 129g,籽仁率 58.8％,籽仁含蛋白 31.2％。种皮黑白条相间,粒长 2.1~2.3cm,商品性好,抗叶部斑病,耐菌核病,空瘪率低。

④567DW:中熟、高产、高油杂交种,生育期约 95~105d。茎秆粗壮,叶片肥大,平均叶片数 18~24 片,株高 80~120cm,抗倒伏及抗冰雹等灾害能力极强;株型矮,极易于人工或机械收获。抗炭腐病、锈病、霜霉病等,中抗

菌核病。

⑤645：中熟、高产、高油杂交种，生育期约 95～105d。茎秆粗壮，株高 120～150cm。为中油酸品种，所产葵花油为中油酸食用油，加工过程中不需氢化，储存时间长，且天然不含可转换脂肪，属于国际流行的健康食用油。抗炭腐病、黑茎病，中抗菌核病。

⑥765C：该品种属中熟、高产杂交种，生育期约 100～110d。该品种茎秆粗壮，株高 140～165cm。增产潜力大，所产籽粒适于嗑食和食品加工。抗炭腐病、黑茎病、霜霉病，中抗菌核病。

⑦665：中熟、高产、高油杂交种，生育期约 95～105d。产量突出，茎秆粗壮，株高 130～160cm。为中油酸品种，所产葵花油为中油酸食用油，加工过程中不需氢化，储存时间长，且天然不含可转换脂肪，属于国际流行的健康食用油。抗炭腐病、黑茎病、霜霉病等，中抗菌核病。

⑧金星 1 号：食用葵花新品种，适应性非常强，比较抗盐碱。发芽快，比普通葵花苗期长势好。在水肥充足的条件下，株高可达 2.8m。它的叶子长而宽，分枝率小。葵盘径一般可到 50cm。出仁率非常高，一般出仁率在 80％左右，籽饱满。抗病性较强，一般品种叶斑病发病率很高，而此品种发病率非常低。

二、向日葵的种子处理

近年来地下虫害严重，播种前必须进行种子处理。具体方法为：用 40％的甲基柳磷 50g 兑水 3～4kg 喷拌种子 30kg，闷种 6h，待种子阴晾七成干后即可播种。

①晒种：选晴天，把种子摊开晾晒 1～2d，能促进种子内酶的活动，提高发芽率。

②冷水浸种：冷水浸种 4h，可吸收种子发芽所需水分的 25％～30％，能提前 1～2d 出苗。

③盐碱水浸种：目的在于从种子萌动期就接受盐碱锻炼。方法是：取 1kg 盐碱土加 5L 水，去杂质泥渣后配成"盐碱水"，浸种 12h 后捞出，用清水漂洗一下，置 3℃～5℃下保湿 5～7d 后播种，能提高种子抗盐碱能力和出苗率。

④药剂拌种：将 50％多菌灵可湿性粉剂加水稀释成 0.6％浓度的药液，喷雾拌种，可杀死附着在种子表面的小菌核和菌丝态，可长期保持发芽力，延长种子寿命。

三、向日葵的播种

播种期:葵花一般在 10cm 土层温度连续 5d 达到 8℃~10℃时即可播种。一般我县常规品种适宜播种期为 4 月下旬。杂交品种生育期大于 105d 一般播期为 5 月 10 日左右;生育期小于 105d 一般播期为 5 月下旬。

播种方法:葵花种植以单种为好,最好集中连片种植,但也可以在地埂及沟沿上种植。播种一般采用玉米点播器点播,也可用锄头开沟或铲子点播,播种深度以 3~5cm 为宜。

种植密度:常规品种通常采用大小行种植,覆膜种植大行 100cm,小行 66cm,株距 40cm,亩留苗 2 000 株;不覆膜大行距 93cm,小行距 46cm,株距 43cm,亩留苗 2 198 株;食葵杂交种则采用大小行覆膜种植,大行 46cm,小行 40cm,株距 40cm,亩留苗 2 770 株。油葵杂交种则采用大小行种植,大行 80cm,小行 33cm,早熟品种如 G101、S33 等株距 30cm,亩留苗 3 900 株左右;晚熟种如 S47、S40 等株距 33cm,亩留苗 3 500 株。

四、向日葵的嫁接或杂交授粉

向日葵是一种异花授粉作物,它着生在花盘上的上千管状小花,是靠昆虫传粉而受精结实的。如果在向日葵开花期间,昆虫减少或气候不利,就会降低授粉率,特别是在没有蜜蜂传粉的地方,因授粉不好会出现秕粒,造成减产。所以,种植向日葵一定要进行人工辅助授粉。据试验结果表明:人工辅助授粉次数愈多,其结实率就愈高。如:进行一次人工辅助授粉的葵花结实率为 83.2%,可增产 14.2%;进行二次人工辅助授粉的结实率为 85.9%,增产 18.3%;进行三次人工辅助授粉的结实率为 89.1%,增产 20.3%。人工辅助授粉操作方便,简而易行,应当大力推广,特别是向日葵产区更为必要。具体方法如下。

①要掌握好时间。第一次人工授粉应在向日葵花期(整个田块有 70%植株开花)后 2~3d 进行,以后每隔 3~4d 进行一次,共授粉 2~3 次。不管采用哪种授粉方式,授粉时间都要在早晨露水干后至上午 11 时结束,午后 3 点以后再进行,因为这时花粉的生活力强,容易受精。过早露水未干,湿度大,花粉易粘结成团,影响授粉效果;过晚,中午天气炎热,气温高,花粉生活力弱,授粉时 1 个人负责两行,顺着行向逐棵进行,避免漏行漏株。

②粉扑子授粉法。用块厚纸板做一个与向日葵花盘一样大小的圆形粉扑子板,上面垫一层 3~5cm 厚的棉花,外面再裹上一层纱布,使粉扑子的

中心凸起、柔软而又有弹性。粉扑子的背面,要缝一条带子,以便套在手上,有利授粉。如果给高秆向日葵授粉,可在粉扑子上安上一根长木柄。授粉时,将粉扑子轻轻磨擦其他花盘,就可将花粉带给不同花盘的雄蕊心,完成了辅助授粉。授粉时,要依次一株一株地进行,直到授完。

③花盘授触法。这种方法比较简单易行,不需要制作特殊的工具。在向日葵开花盛期,授粉者可以把相近的两棵向日葵的花盘互相接触,并要轻轻地抖动,就可以起到辅助授粉的作用,但效果不如前种。操作时要注意,不要用力过大使花柱损伤,以免造成人为的秕粒。

五、向日葵的光、温、水、肥、气管理

光照:向日葵为短日照作物。但它对日照的反应并不十分敏感。比如在天津市的日照条件下,无需特殊处理,都能正常开花成熟。向日葵喜欢充足的阳光,其幼苗、叶片和花盘都有很强的向光性。日照充足,幼苗健壮能防止徒长;生育中期日照充足,能促进茎叶生长旺盛,正常开花授粉,提高结实率;生育后期日照充足,籽粒充实饱满。

温度:向日葵原产热带,但对温度的适应性较强,是一种喜温又耐寒的作物。向日葵种子耐低温能力很强,当地温稳定,在 2℃ 以上,种子就开始萌动;4℃～5℃时,种子能发芽生根;地温达 8℃～10℃时,就能满足种子发芽出苗的需要。发芽的最适温度为 31℃～37℃,最高温度为 38℃～44℃。向日葵在整个生育过程中,只要温度不低于 10℃,就能正常生长。在适宜温度范围内,温度越高,发育越快。

水分:向日葵不同生育阶段对水分的要求差异很大。从播种到现蕾,比较抗旱,需水不多,仅为总需水量 1.9%。而适当干旱有利于根系生长,增强抗旱性。现蕾到开花,是需水高峰,需水量约占总需水量的 43%。此期缺水,对产量影响很大。此阶段恰逢雨量较多,基本上能满足向日葵生长发育对水分的需要。如过于干旱,需灌水补充。开花到成熟需水量也较多,约占总水量 38%。如果水分不足,不仅影响产量,而且还降低油脂含量。葵花一般苗期不需浇水,适当推迟头水灌溉时间,葵花现蕾期之前浇头水,开花期浇二水,灌浆期浇三水,整个生育期一般浇水三次即可。后期浇水应注意防风,以免倒伏。另外,若遇连雨或持续高温干旱,应酌情少浇水,同时进行叶面喷水。特别注意葵花开花以后不可缺水,做到"见干见湿"的原则。

需肥特性:据试验,每生产 100kg 向日葵子实,需纯氮 3.3～6.1kg,纯磷 1.5～2.5kg,纯钾 6.3～13.9kg。向日葵需钾量高于其他作物。从现蕾到开花特别是从花盘形成至开花,是向日葵养分吸收的关键时期。出苗至花

盘形成期间需磷素较多,花盘形成至开花末期需氮较多,而花盘形成至蜡熟期吸收钾较多。偏施氮肥可加重病害的发生,施用磷钾肥并配合微肥,可提高向日葵的抗病性。

施肥技术:基肥以有机肥为主,配合施用化肥,可以为向日葵持续提供养分。基肥施用量,一般亩施 1 500～2 000kg。施用方法有撒施、条施和穴施三种。常规品种如星火花葵种肥每亩施磷二铵 4～5kg 加"三元"复合肥 5kg;向日葵杂交种每亩施磷二铵 15kg 加"三元"复合肥 10kg。向日葵需在现蕾期之前追肥,每亩施尿素 20～25kg。

气候条件:充足的土壤湿度是菌核萌发的必要条件,在 12℃～22℃ 和高湿度(RH 为 60%～80%)的有利条件出现后 20～30d,菌核即可形成子囊盘。若土壤湿度不足或温度超过 25℃ 则不形成子囊盘。高湿度条件下(如雨后),成熟的子囊盘释放出大量的子囊孢子,19℃～24℃ 对子囊孢子的放射最为有利。在空气湿度 100%(或有水滴)时,子囊孢子发芽的适宜温度为 18℃～26℃,在这种条件下,落到向日葵植株表面的子囊孢子经 4h 即可萌发入侵。该菌侵染的适宜温度是 15℃～18℃,若平均气温超过 30℃ 则不能侵染。所以生长期多雨(尤其是连绵阴雨)是该病偏重发生的重要原因,一方面多雨能够保证病菌萌发的湿度条件;另一方面,多雨往往伴随着降温,又保证了病菌萌发的温度条件。生产实践中表现为开花期以前多雨,根茎腐烂较重;灌浆期多雨,盘腐较重。

六、向日葵的收获

适时收获:葵花成熟时的植株特性表现为:茎秆变黄,上部叶片变成黄绿色,下部叶片枯黄下垂,花盘背面变成褐色,舌状花朵干枯脱落,苞叶黄枯中变成本品种特有颜色,黑中透亮,带有小白条纹,种仁里没有过多水分,此时收获最为理想。

脱粒晾晒:将收获的葵花头平摊于场上,晴天晾晒 2～3d,粒变小松动,用机械、木棒或链枷敲打,机械脱粒可能造成碎籽或脱色等。

将脱粒产品经过晒风场后,杂质在 2% 以下,水分 10% 以下,即种皮坚硬,手指按压较易裂开,籽仁用手碾磨较易破碎时,便可进行装贮,装贮时须分级包装,严禁与其他品种葵花混装,销售分级出售,可明显增加效益。

葵花收获后应注意贮藏条件,即应在低温、干燥、通风环境下贮藏,做到防潮隔湿、通风防漏等。此外,本品种为杂交种,种植一年后不能留种,否则造成品质下降。

七、向日葵的病虫害防治

在向日葵生产过程中，及时防治病害，做好向日葵的保护工作，是保证向日葵正常生育、高产稳产的重要环节。向日葵病害种类很多，为害较重。目前，国内外向日葵主要病虫害有褐斑病、黑斑病、菌核病、锈病、黄萎病、灰腐烂病、露菌病和浅灰腐烂病等。常发生的几种病害分述如下。

(一)向日葵菌核病

向日葵菌核病，又名白腐病，是向日葵主要病害之一。

1. 病症

向日葵菌核病在整个生育期间都发生，主要为害茎秆和花盘。受害植株逐渐地凋谢直至干枯，花盘腐烂。茎部发病时，茎部发生破损、折断现象，引起植株死亡。该病如发生在靠近地表茎基部时，即使茎部没有遭受破损，也会因水分供应受阻而凋萎。

2. 防治方法

防治向日葵菌核病应以预防为主，从各方面设法不让病原菌进入土壤，故应抓好以下几点。

农业防治：

第一，轮作倒茬。提倡进行区域性轮作，一般与禾本科作物进行，不与豆科、茄科等作物轮作，浇水时避免打过水，以免菌核随水漂移。轮作年限要根据病菌在土壤中的存活时间而定。菌核病是土壤习居菌，在土壤中能存活3～5年，有的甚至达5～7年，因此至少要进行3～5年的轮作，才能从根本上消灭土壤中的越冬菌源。若要连作，提倡食葵和油葵倒茬。

第二，深翻深浇。试验证明，菌核在土层10cm下就很难萌发或不萌发，并且在这种厌氧环境里还可以加速菌核的腐烂进程。所以深翻至少要达到20cm以上，在浇秋水前要将根茬刨出，以减少初侵染源。

第三，调节播期。葵花对菌核萌发侵染最敏感的阶段在开花期，适当提前或延迟播种可以错开这一阶段，从而达到避病的目的。

第四，种植抗病品种，如RH118、RH3708、DK119等早熟品种，对菌核病、锈病的防治将起到积极的作用。

第五，无病留种。种子带菌是菌核病菌萌发侵染的主要途径之一，因此对常规花葵品种要建设无病留种基地，实行统一供种，切断种子传染源

。第六，合理施肥，培育壮苗。在追施氮肥时，配施磷钾肥或叶面喷施

磷酸二氢钾,可以培育壮苗,提高植株抗病能力。

第七,拔除病株,清除病残体。发病初期,将病株带土挖出深埋,尽可能地减少病、健植株之间接触传染的机会。收获后,及时清除田间杂草和残根落叶,破坏菌核的越冬场所。

第八,进行覆膜种植,变等距为大小垅种植。

化学防治:

第一,处理种子。用 2.5％适时乐种衣剂包衣处理,药与种子的比例为1：50 或用 50％多菌灵可湿性粉剂 500 倍液浸种 4h。种子处理面积达25％以上。

第二,处理土壤。用速克灵可湿性粉剂每亩 1kg 拌适量砂土,结合播种均匀撒入播种机开沟内。

第三,田间灌防。在发病初期用速克灵可湿性粉剂或菌核净每喷雾器水兑逐株灌根防治。

(二)向日葵锈病

向日葵锈病,发生较为普遍,是吉林、黑龙江等向日葵产区主要病害之一。发病以后,由于同化作用遭到破坏,不但种子减产 30％～50％,而且种子含油量也显著降低,甚至可能达到绝产的地步。

1. 病症

向日葵锈病主要为害叶片及萼片。叶两面产生黄褐色斑点,斑点内有褐色小点微露,以后叶背面病斑处长出许多黄色小粒,后期,植株接近收获时,逐渐形成黑色小疱斑,露出大量黑褐色的粉末,严重时叶片上布满疱斑,使叶片早期枯死。

2. 防治方法

向日葵锈病是一种流行性很强的病害,一旦流行即能造成严重减产。因此必须加强对锈病的调查,根据病情、苗情和气候条件,综合分析锈病的发生发展趋势,及时防治,把锈病消灭在流行之前。向日葵锈病的防治,应采取以选用抗锈品种为主,药剂防治和栽培措施为辅的综合措施。

农业防治:

①轮作:锈病属土壤寄居菌,在土壤中存活年限短,一般为一年。与禾本科作物进行一年的轮作,可以消灭土壤侵染源。

②深翻:秋季深翻将带有冬孢子的杂草、落叶翻入地下,减少越冬菌源基数。

③选用抗病且早熟的品种:如 DK119、RH3708、RH118 等抗锈病较强

的品种。

④清除病残体:收获后彻底清除田间的病残体,集中烧毁。

⑤增放磷钾肥,合理施用氮肥:通过培育壮苗,提高植株自身的抗病能力,同时破坏锈菌生存繁殖的高湿环境。

⑥大小行种植:变等行为大小行,增强植株通风透光能力,创造有利于作物生长不利于病菌繁殖的生态条件,同时便于田间喷药。

⑦无病留种:采用上年无病害发生地块的种子作为下年籽种,切断种子传染途径。

化学防治:

①种子处理:用80%成标悬浮剂1∶50拌种或用50%百克可湿性粉剂1∶100进行拌种。种子处理面积达70%以上。

②土壤处理:用70%代森锰锌或50%百克可湿性粉剂每亩200g拌适量砂土,结合播种均匀撒入。

③田间喷药:发病初期喷洒粉尘剂(硫磺尘剂)或烟雾剂进行喷雾防治。

(三)向日葵褐斑病

向日葵褐斑病,又名斑枯病,是一种发生面广、为害严重的病害。前期可造成幼苗死亡,后期常造成叶片过早枯死,对产量影响很大。

1.病症

幼苗子叶上有褐色圆形病斑。成株叶片上有不规则或多角形的褐色病斑,病斑周围有时有黄色晕环,有时中央呈灰色,长出黑色散生的细小黑点,严重时病斑相连成片,以致整叶枯死。

2.防治方法

①选育抗病品种。

②及时处理病残体和自生苗:清扫田园,及时处理病残体和铲除自生苗,是减轻病原的重要措施。因此每年秋后,应及时清扫田园,消灭枯柄落叶和根茬等病残体。及早烧掉向日葵秸秆,不能架围栏或搭芸豆架。对地里、道边的向日葵自生苗应全部铲除。

③调整播期,减轻为害:掌握适宜播期,调节开花时间,躲过主要发病期是当前一项带有关键性的措施。春播地区应狠抓适时早播,夏播地区应注意适当晚播。

④选地倒茬:向日葵连作病害重,应注意轮作倒茬,至少种两年粮谷作物后,再种一年向日葵。

⑤合理密植,科学施肥:鉴于目前有些地区向日葵褐斑病较为严重的实际情况,栽培密度不要过大,为了增强抗病能力,应注意施全肥,前期以磷肥为主,中、后期以氮、钾为主。

⑥药剂防治:向日葵还有一些其他病害,如白粉病、黄萎病、轮纹病、叶枯病等,也应引起重视,加以研究,进行防治。

(四)向日葵虫害

向日葵虫害发生率较低,但向日葵盘上害虫直接影响葵花籽的产量。向日葵螟、桃蛀螟,是影响向日葵产量和油分甚至造成绝产的主要原因,这两种虫害在向日葵产区普遍发生。向日葵螟在我国向日葵产区均有分布,黑龙江省吉林省等发生较重,一般农家品种的花盘被害率20%~50%,重者达100%,被害的花盘遇雨后多发霉腐烂,影响产量和品质。该虫以老龄幼虫越冬,越冬深度3~15cm,成虫于7月上、中旬开始出现,发生盛期在8月上、中旬,成虫有一定趋光性。

桃蛀螟在东北、西北、华北,中南等地均有发生,是向日葵的主要害虫之一。在辽宁省一年发生一二代;河北,山东、陕西等省每年三代;河南省四代,第四代幼虫发生盛期在9月中旬至10月上旬,主要危害向日葵,成虫有一定的趋光性。其防治方法如下。

1. 向日葵螟

①选用抗虫品种。有些品种在籽实壳的木栓组织和厚壁组织间具有硬壳层和炭素层,当向日葵螟幼虫长成3龄时硬壳层已形成,幼虫不易啃食,故不能危害种仁,可阻止幼虫蛀食。一般油用型品种都具有这种硬壳层,比食用型品种受害轻,所以较抗螟虫危害。

②秋翻冬灌,消灭越冬虫。第一代幼虫老熟后,从向日葵盘上吐丝落地,潜入15~20cm深土层中越冬。实行秋翻冬灌,减少虫源。

③药剂防治。在成虫产卵盛期喷90%晶体敌百虫1 000倍液,每个花盘上喷施药液50ml(每亩50L,防治效果可达90%以上),也可喷洒B·t乳剂300倍液,每亩50L。还可在成虫盛发期选择无风天,施放敌敌畏烟剂,时间为晚7~9时,过2~3天再施放1次,防治效果在90%左右。

2. 桃蛀螟

①囤草诱杀。把收获的花盘摊开在场院里,四周围以乱草,阳光曝晒,使幼虫逃避于乱草中,然后再集中消灭。

②脱粒后的葵盘,粉碎后做猪饲料。这样可以消灭寄主,减少虫源。

③药剂防治。在幼虫孵化盛盛期,喷洒50%双硫磷乳剂1 000倍液;25%杀虫脒水剂200~500倍;75%辛硫2 000倍;60%磷胺1 000~2 000倍。杀虫效果均在90%左右,但这些药物对蜜蜂有害,使用时应慎重,以免对蜜蜂造成药害。

第十二章　甜　　菜

第一节　甜菜的生物学特性

一、甜菜的品种介绍

甜菜,又名恭菜,原产于欧洲西部和南部沿海,从瑞典移植到西班牙,是热带甘蔗以外的一个主要糖来源。叶子也是一种蔬菜。

红菜汤是俄罗斯的国菜,其主料是红甜菜。2003 年,世界卫生组织(WHO)向全球推荐的 13 种最佳蔬菜有红薯、卷心菜、甜菜、芹菜、胡萝卜、芦笋、花椰菜、茄子、荠菜、苤蓝菜、金针菇、雪里红、大白菜等 13 种,其中甜菜并不是我们常见的糖用甜菜,而是根用红甜菜。食用红甜菜在我国引种很少,在中国人的餐桌上很难寻到它的踪影,对于淮安人来说,红甜菜更是一种陌生的洋菜了。其实,它在欧美国家中却是饭桌上最常见的蔬菜。

（一）甜菜起源

糖甜菜起源于地中海沿岸,野生种滨海甜菜是栽培甜菜的祖先。大约在 1500 年前从阿拉伯国家传入中国。在中国,叶用甜菜种植历史悠久,而糖用甜菜是在 1906 年才引进的。中国的甜菜主产区在东北、西北和华北。

（二）用途种类

甜菜的栽培种有 4 个变种:糖用甜菜、叶用甜菜、根用甜菜、饲用甜菜。作制糖原料的糖用甜菜是两年生作物。甜菜浑身都是宝。甜菜的主要产品是糖。糖是人民生活不可缺少的营养物质,也是食品工业、饮料工业和医药工业的重要原料。除生产蔗糖外,甜菜及其副产品还有广泛开发利用前景。

红甜菜自古就是药食两用的民间草药。早在 2400 年前,古希腊医圣希波克拉底即主张洋葱、芹菜根、红甜菜等食药兼用来治病,民间传承至今。试验证实,食用红甜菜有抗癌、抗疲劳、抗辐射、治疗胃炎、增强免疫、补血等功能。

二、甜菜的生物学特性

(一)形态特征

甜菜是一种两年生草本植物,株高 50～80cm,叶长 5～20cm,叶形多变异,有长圆形、心脏形或舌形,叶面有皱纹或平滑;花小,绿色,每朵直径仅 3～5mm,5 瓣,风媒。果实球状褐色,通常数个联生成球果;主根为肉质块根,有圆锥形,也有纺锤形和楔形,皮有红色、紫色、白色、浅黄色等不同的品种,喜凉爽气候,根中含糖分,可以生产砂糖,但在高温和潮湿地区生长的甜菜含糖量低。块根分为根头、根颈和根体三部分:根头上部与根颈相接,根颈下端至主根直径 1cm 处为根体,直径 1cm 以下的称根尾。根体两侧各生有一条根沟,生长大量须根。

(二)生理特性

生长第 1 年主要是营养生长,可分为幼苗、叶丛繁茂、块根糖分增长和糖分积累 4 个时期。生长第 2 年主要是生殖生长,可分为叶丛、抽薹、开花和种子形成 4 个时期。甜菜为喜温作物,但耐寒性较强。全生育期要求基础温度 10℃以上的积温 2 800℃～3 200℃。块根生育期的适宜平均温度为 19℃以上。当土壤 5～10cm 深处温度达到 15℃以上时,块根增长最快,4℃以下时近乎停止增长。昼夜温差与块根增大和糖分积累有直接关系,昼温 15℃～20℃,夜温 5℃～7℃时,有利于提高光合效率和降低夜间呼吸强度,增加糖分积累。适宜块根生长的最大土壤持水量为 70%～80%。持水量超过 85%时块根生长受到抑制;90%以上时块根开始窒息,终致死亡。糖分积累期持水量低于 60%时块根生长缓慢,根体小而木质化程度高,品质较差,不利于加工制糖。块根生长前期需水不多,生育中期需有足够水分,生育后期需水量减少。全生育期降水量以 300～400mm 为宜,收获前 1 个月内降水宜少,否则含糖率显著降低。适宜的日照时数为 10～14h。在弱光条件下,光合强度降低,块根生长缓慢。日照时数不足会使块根中的全氮、有害氮及灰分含量增加,降低甜菜的纯度和含糖率。在遮光条件下,块根中单糖占优势,品质显著变化。

红甜菜适应性很强,较耐寒,也较耐热;生长适温为 12℃～26℃,苗期耐霜冻。通过春化阶段的适温为 2℃～6℃,需 30～80d;通过春化阶段后,在 20℃～25℃和长日照条件下抽薹、开花、结籽。春季栽培要适期播种,以防早期抽薹。红甜菜属两年生蔬菜,肉质根生长期(最佳经济获得期)80～120d,根形为圆形,单根重 200～400g,根皮、根肉、叶片、叶脉均为深红色,以根肉为主要食用部位。

三、甜菜的土壤质地选择

选择南繁夏播地块时,首先应考虑到旱时灌溉问题,所以,距水源(大河或机井)近处为宜,以使灌溉操作方便。土质以沙壤土最佳,该种土壤播种时钩沟省力,覆土严密,能保证播种质量。灌溉后土壤板结较轻,出苗整齐。收获时利于起拔,甜菜根体不黏土,较光滑干净。而黄黏土及综色土等易形成土块,播种覆土不严,灌水后地表板结,影响出苗。收获时根部带土多,特别是雨天更甚,对于发运和贮藏都不便。整地做畦是夏播很重要的一环,整地不匀不平,影响甜菜生长。在甜菜播前 2～3d 开始耕翻,翻地前先撒施底肥磷酸二铵,然后翻耙均匀,在播种当天边打畦边播种。畦有两种:黏土地(沿湖、黄海)以高台畦为宜,长 10m,宽 1.5～2.0m,各畦间留有宽深各20cm 的水沟;沙壤土(丰县、高密)以平畦较好,每隔 10～12m 垒起一条土埂挡水。选用肥力较高、地势平坦、排水良好的西瓜茬,并进行秋翻地、秋施肥、秋起垄和秋振压。用机引 7 桦犁在浅翻 15～18cm 基础上再深松 10～15cm。松后将农家肥 3 000kg/亩、过磷酸 30kg/亩、二铵 15kg/亩、钾肥10kg/亩均匀条施于沟内,合垄后振压达到播种状态。

红甜菜适于在富含有机质、疏松、湿润、排水良好的壤土、砂壤土或黏壤土中栽培。红甜菜不耐连作和重茬,适时轮作,有利于预防土传病害和提高产量;适宜的土壤 PH 值为 6.5～7,不适于酸性太强的土壤,红甜菜较耐盐碱。肉质根膨大期需要较多的水分供应,应保持湿润的土壤条件。生育前期需氮较多,中后期需钾较多,对磷的需要较均匀。

(一)选地

选择好的地块种植是高产的基础,就像盖房子要打好基础一样,应选择土质肥沃、地势相对平整、排水良好、四年以上未种过甜菜的玉米、烤烟、万寿菊、土豆、蔬菜、瓜菜茬等。不选低洼易涝、坡度高容易干旱和根腐病及地下害虫严重的地块,不要重茬、迎茬种植甜菜,四年内用过普施特、绿黄隆、豆黄隆等对甜菜有药害的除草剂地块不能种植甜菜。选地选择耕层深厚疏松、土质肥沃、排水保水性良好,水肥供应适宜的地块。甜菜是深根系作物,主根入土可深达 2m 左右,根体肥大,要求土壤渗透性好,土质肥沃,耕层深厚、疏松。因此,种植甜菜要选择地势平坦、排水良好、土质肥沃的平川地或平岗地,不选地下水位高的低洼地,以防立枯病和根腐病。甜菜前茬最好以夏收作物小麦、亚麻为好,其次是秋收作物玉米、马铃薯。豆茬种甜菜也较好,但容易遭受挤蜡危害,特别是坡地、漫岗地严重。如选用大豆茬,要加强防虫措施。甜菜种植要实行 4 年以上轮作。重、迎茬或轮作年限短的,根腐病发生较重,降低产量和含糖量,严重地块造成绝产。甜菜不能种在以下 5 种地上。

①3 年内喷施过普施特的地。

②3 年内喷施过豆黄隆的地。

③3 年内喷施过绿黄隆的地。

④水田改旱田地。

⑤得过甜菜根腐病和地下害虫严重的地。

(二)整地

浅翻深松,及时振压,做到上实下喧,最好是伏秋整地,连续作业,及时振压,防止跑墒。翻地深度 25cm,深松 35cm,打破犁底层,达到土层松软,没有夹干层和大土块。采取伏翻或早春整地,翻地深度 20～25cm,深松深度可达 30～35cm。耕深一致,误差不超过 1cm,行向直,不乱土层,不漏耕,无开闭垄,翻后整平耕细,夹农肥,起垄,振压,达到待播状态。甜菜是深根喜肥作物,土壤供给甜菜生长所需的水、肥、气、热等状况与甜菜块根的膨大和糖分的积累关系极为密切。应选择地势平坦、土层深厚、结构良好、保肥水能力强的 PH 值为 6.5～7.5 的地块。

甜菜是深根系作物。深耕对于促进甜菜生长发育具有重要作用,它能疏松土壤,打破犁底层,增加土壤孔隙度,改善通气透水性,增强蓄水保墒能力;深耕能提高土坡温度,促进土壤微生物活动,提高土壤肥力,促进甜菜根系发育,从而获得根体大、根形好、产量高、含糖多的产品。甜菜地必须深翻、深松、细整地。耕翻深度 25～30cm 左右。最好伏秋翻整地,没有伏秋翻的地也要采取"三犁川"整地。

①适时整地。适时整地是提高地膜甜菜机械铺膜播种质量,保证田间出苗率的基本条件。整地过早,土壤含水量大,铺膜播种质量差;整地过晚,土壤偏干,不易保全苗。整地后地表要有 2～3cm 的干土层。

②整地质量。整地要达到:齐——地头地边整齐;平——地表平整;松——上松下实,松土层应在 10cm 左右;碎——地表土细碎,不应有直径

3cm 以上的土块;墒——墒情适宜;净——地表干净无残株和前茬根块。宽膜膜上穴播甜菜无人工放苗作业,只须定苗,因此,整地质量比其他作物要更严格,标准更高。播种后一旦产生地膜悬空现象,就会造成大量的甜菜苗斜向膜内生长而造成无效株数。此时地膜甜菜再进行人工放苗封洞,增加了劳动强度和生产成本,影响了甜菜幼苗期的正常生长,对于大面积种植,既不可能,也不现实。因此,提高整地质量非常重要。

种植甜菜最好选平川地、平岗地,干旱地区可选排水良好的二洼地。选择土层深厚,排水及通气性好,4 年以上轮作,不重茬,不迎茬,且肥力中等以上的土地。要求秋翻 25cm 以上,浇好秋水,秋压或春压优质有机肥5 000kg。播种前用缺口耙深耙 1 遍,然后用铁耙纵横耙 2 遍,最后振压 1遍。整地质量要达到地平土碎,上虚下实,无坷垃,无根茬,墒好墒匀的要求。结合整地每亩深施磷酸二铵 20~25kg,播种时不再施肥种肥。

（三）轮作

科学合理轮作倒茬是甜菜保产增收的重要措施。各种作物对土壤养分吸收的比率不同,合理换茬可以调节土壤养分供应状况,减轻病虫危害,提高出苗率。甜菜最好实行 4 年以上的轮作。甜菜根系强大,吸肥多,生长期长,从土壤中吸取的营养物质及水分远远高于其他作物,又经常发生各种病虫害。因此,甜菜最忌连作（即重茬）或隔年连作（即迎茬）。重茬、迎茬甜菜不仅块根产量、质量严重下降,而且易导致病虫害特别是根腐病的发生,并会逐年加重。轮作周期一般地区为 4 年;褐斑病、黄化病毒发生地区应 5 年以上;在根腐病发生严重地区,应实行 6 年以上;丛根病地区实行 8~10 年以上。

大豆等豆类作物也是甜菜的良好前作。豆类作物根部的根瘤菌可固定土壤中游离氮,土壤氮素水平高,有利甜菜生长。但豆类作物茬口的缺点是地下害虫较多,尤其是隔年豆茬,地下害虫可造成缺苗而减产,严重的甚至要毁苗改种别的作物。因此,豆茬种甜菜必须加强防虫。同时,豆茬地氮素水平高,应控制氮肥过量,注意增施磷、钾肥,避免引起茎叶徒长,降低块根含糖率。此外,马铃薯、玉米、棉花等作物也是甜菜较好的前作。

甜菜适宜的耕翻深度因各地气候、土壤及机械化水平不同而有所差异,一般应达到 20~25cm。在有条件的地方深耕 30cm 结合增施有机肥,增产可达 30%以上。在土层较薄的地块或盐碱地,为避免深耕时把犁地层为熟化土壤或盐分高的土壤翻到表层而不利幼苗生长,可以采取深松的办法。

甜菜耕整地目前普遍采用机引犁。应根据耕层厚度确定耕翻深度,一般应达到 20~25cm,深松应达 35cm。耕地时应做到深度一致,不乱土层,不漏耕,不重耕,较少开闭垄,不漏地边、地头。采用畜力耕地,可提倡"三犁川"耕地方法,即用畜引犁在原垄沟内深耕1犁,然后用犁破开原垄,把土推入旧垄沟内,原垄台变成新垄沟。最后在新垄沟再深耕1犁,把犁起的土集中到新垄台上,形成新垄。

在深耕或深松的基础上进行整地,用耙打碎土块,平整地面,疏松土壤,保储水分。耙地以对角线和横向耙地最好。耙深4~5cm,一般耙1~2次,土块多的地块应增加耙地次数。要达到土壤细碎、疏松、保温、保水,为甜菜种子提供适宜的苗床。春整地最佳时机是土壤返浆期进行翻地,做到翻、耙、压连续作业,在煞浆前结束。

第二节 甜菜的栽培技术

一、甜菜的品种选择

对于甜菜经济品质性状的育种选择材料不宜连续,即使外观性状的选择也要考虑经济性状的优劣,每隔2~3年停1年以测试其根中含糖及品质情况为宜。此外,甜菜母根小,生活力旺盛,耐储藏,春季栽植省力、易成活,抽薹快而整齐,但也有根细小易萎蔫,单株产种量稍低的不足。选择高产、含糖量高、抗病性强的甜菜优良品种。品种是高产优质的基础,应因地制宜。可以选用高产、高糖、抗病性强的"甜研304号"、"双丰309号"等优良品种。播种用种子要求达到甜菜一级良种标准,纯度不低于99%,净度不低于98%,发芽率不低于80%,水分低于14%,色泽80%以上为黄色、黄绿色或黄褐色,千粒重为20g以上新鲜种球。

二、甜菜的种子处理

为使机械播种下种子流畅,促进种子萌发,播前用石滚或碾米机碾压碎球,除去种球上的木质花萼和外果皮,使种球表面光滑,由黄色变黑褐色,并除净杂物。经过碾磨后的种子,用40℃温水浸种1昼夜,捞出阴干或半干时播种。为防治病虫害,可用种子质量6%的种衣剂拌种,即100kg种子加6kg种衣剂兑20kg的水,拌匀后闷种24h,阴干后即可播种。播种前用30倍液的敌克松30kg喷洒种子100kg,闷种4h,然后摊开后晾干即可播种,或用 0.8～1.0kg 敌克松干粉剂拌种 100kg,目的是防治苗期立枯病。若是包衣种子则不需要处理,未包衣的种子要以 0.1kg40％甲基异硫磷兑水 15kg,加 80g70％敌克松可湿性粉剂配成药液浸闷种子 10kg,闷种 24h。亩留苗 3 300～3 500 株,行距 50cm,株距 37～40cm。每亩用种大约 0.35kg,每穴播种 3～4 粒种子。

①晒种:播前晒种 1～2d。

②碎球:播前用石滚或碾米机碾压碎球,除去种球上的木质花萼,使种球表面光滑,由黄色变黑褐色,并除净杂物。

③浸种、拌药:具体做法有以下两种:

方法一:每 100kg 碾好的种子加水 90kg。水分三次加入,第一次用水 45kg,拌匀堆闷(上盖塑料膜或湿麻袋)6h,第二次用水 25kg,拌匀再堆闷 6h,第三次用水 20kg,加入 1kg7.5％的甲拌磷(3911),拌匀堆闷 12h,然后将种子摊开晾至半干即可播种。

方法二:先在 100～150kg 水里加入 75％甲拌磷 1kg,均匀搅动,然后将碾好的甜菜种子 100kg 倒入药液中,浸泡 12～24h,每隔5～6h 搅动一次,浸泡结束捞出种子,晾至半干即可播种。

三、甜菜的播种

播种之前,要根据种子量多少、繁育目的及地块大小,将所有夏播种子进行品系编号,并确定种植行数及田间排列。播种时一条播为宜,种子点匀,覆土不宜过厚或踩得太实。为防治地下害虫,每份种子在播前均放入呋喃丹或甲甘磷制成饵料,于播种当天傍晚撒匀于田间,这对防治蝼蚁和蚂蚁十分重要。地膜甜菜播种一般采用膜上点播,点播器的工作性能好坏,尤其是点种器(鸭嘴)的性能好坏,直接影响播种质量,要求鸭嘴开闭灵活,不易堵塞,刀口锋利,排种均匀,点种深度一致,洞穴处的膜要断开不丝连,不影响出苗。选用 145cm 宽的地膜,一膜点 4 行,悬挂式的地膜播种机的播种幅宽为 540cm,行株距为 30cm×60cm,677m 点穴 6 150 穴,空穴率小于 5％,穴粒数均匀,其范围为 2～4 粒,平均 3 粒,下籽总粒数 1 750 粒,点种深度 3cm。

(一)播种期

春季栽培一般于 3～4 月播种;秋季栽培一般于 7～8 月播种。甜菜的适宜播种期取决于土壤湿度和墒情。当地表 5cm 土层温度稳定在 5℃时,平均气温在 7℃～8℃之间为最佳播期。直播甜菜的适宜播种期一般在 4

月末—5 月上旬。4 月 15 日—4 月 30 日是甜菜最佳播种期,以埯种为主,也可糠种和精量点播。埯种亩播种量 2.0kg(每埯 20～25 粒),糠种每延长米 100～120 粒,精量点播每亩 1.5kg。无论哪种播法,都需把种子播在湿土上,播深一致(在 3cm 左右),种子和肥料必须分开,避免肥害。踩好格子,压好滚子,机械播种后一定要镇压。干旱地块要坐水埯种。

(二)播种方法

一般是人工开沟点播。行距 30cm,穴距 10～15cm,每穴 2～3 粒。每亩播种穴数在 15 000～22 000。进口种子价格较高,为了降低生产成本,保证出苗率,可采取人工点播和地膜覆盖。露地直播可按 50cm 等距离划行,耧开沟,人工按 37～40cm 等距离点播。地膜覆盖按 1m 等距离划行,每行用 90cm 地膜覆盖,每膜种 2 行,行距 50cm,株距 37～40cm。为了保证产量,一般定植行距 30～40cm、株距 20～25cm,每亩栽 1 万株左右。秋播一般用直播法,播后视土壤墒情可进行镇压。一般采用条播机播种,优点是播种深度一致,行距相同,覆土均匀,出苗整齐,作业效率高。也可以人工点播(穴播),好处是节省种子,穴内可施用种肥,能够充分发挥肥效。在起好的垄上,按照要求株距(22～25cm)刨 5cm 左右深的种穴,每穴 6～8 粒种子,然后在种子下方 3～5cm 处施化肥。土壤干旱时,要坐水播种。一般每 1hm² 用种量 15～22.5kg,保苗 7 万株。一般覆土厚度 3～4cm,播后及时镇压。

(三)播前准备

栽培地应及早清理前茬,每公顷施腐熟有机肥 45 000kg,深翻筑成行距 30～40cm 的小高垄或宽 1.2～1.5m 的小高畦。采用高垄或高畦栽培有利于雨季排水防涝。

(四)适时早播

适时早播,可延长甜菜生长期,是甜菜获得丰产的重要措施,试验证明,在适宜播种期内,播种每晚 1 天,块根减产 20～50kg,因此一定要根据当地气象条件,适时早播,不误农时。早播可延长生长期,提高产量;抓住墒情保全苗;培育壮苗增强抗病抗虫能力;培育壮苗增强抵抗风、冻等自然灾害的能力。一般年份,中西部适宜播种期为:直播 4 月 15 日至 4 月 25 日,纸筒育苗点籽 4 月 1 日至 4 月 10 日。

(五)合理密植

合理密植发挥群体优势是夺取高产的关键措施,合理密植后可提高甜菜对土壤养份及化肥的利用率,降低水分蒸发,充分利用光能,从而实现高产。通过试验,密度为 3 000 株时,亩产为 3.778t;密度为 6 000 株时,亩产为 4.381t,增产率为 15.9%,亩增产甜菜 603kg。试验结果说明,合理密植是高产的基础。东北地区甜菜的最佳密度为每亩 5 600 株;行距 66cm,株跟 18cm。移栽时株距 21cm,垄距 65cm,亩保苗 4 733 株,成活率 98%,3 天后查田补栽 1 次,达到苗齐、苗壮。合理密植不一定能确保全苗。这就要求必须秋整地、秋施药,达到蓄水保墒,防治地下害虫目的育苗时种子要经甲基硫环磷闷种以防苗期害虫,还要提高播种质量,以育出壮苗,通过以上等措施才能确保全苗。针对披单 13 号株型紧凑、株高中等、耐荫蔽性好的特点,必须合理增加种植密度。根据密度试验和大面积丰产方示范实践,在套种、纯作条件下,一般每亩种植密度以 5 200~5 500 株为宜,各地可根据地力和用肥水平适当增减。甜菜是靠群体增产。无论哪种播法,亩保苗都要达 4 000 株以上,收获株数 3 800~4 000 株。种植密度主要有以下 3 种栽培模式:垄距 60cm、株距 26cm;垄距 66cm、株距 25cm;垄距 70cm、株距 23cm。提倡缩垄增行、增株,逐步改变大垄稀植作法。

(六)铺膜

良好的铺膜质量是地膜甜菜田间保苗的关键。机械铺膜要突出抓好膜穴不错位。机械铺膜要做到膜平、膜紧、压土结实、地膜不回缩、膜面干净、采光面大。为此,在铺膜时,一定要维修调整好铺膜机,使铺膜器、开沟器、压土器和挡土板等各部件技术状态正常。另外,还要做好人工打腰埂的辅助工作,以防刮风吹起地膜而导致较大面积的膜穴错位。针对披单 13 号生育期较长的特点,为培育早、齐、壮苗,充分利用本地光温资源,可因地制宜地推广应用地膜覆盖栽培技术。本地一般在 3 月 20 日前后播种,8 月上旬成熟。

播期:连续 5d、5cm 土层平均地温稳定,通过 5℃时即可播种。适宜播期为 4 月 20 日~4 月 25 日。

播量:公顷播量 15kg。

播深:甜菜种球小,必须在整地精细条件下严把播种质量关,做到播后覆土严密,深浅一致,尽量采用精量点播,粒距均匀,播后镇压,播深 3~5cm。

密度:株距为 25~28cm,公顷保苗 5.25 万~6 万株。

四、甜菜的嫁接或杂交授粉

制种杂交率的高低,取决于父母本花期相遇的程度,相遇比率高,杂交率也就高。作为杂交制种种球品质的重要性状——杂交率高低与甜菜冬前播期早晚关系极为密切,播期偏早,冬前块根较大,父母本种株在较适光温条件下,早花比例大,花期相遇好,种子杂交率亦高。

五、甜菜的光、温、水、肥、气管理

(一)甜菜的施肥管理

分析表明,当黏质土壤相对含水量为 75%~85%、壤土为 7%~80% 时,最有利于种株开花结实,种球发芽率也高;一般中等肥力的田块于 3 月初亩施纯氮 4~6kg、五氧化二磷 3.5~5kg,结合初花期喷硼、锰等微量元素,可获高发芽率种子。种植采种甜菜,从始花至收获约为 42d 左右,总积温约为 890℃,总日照为 287h,可见温光条件能较好满足甜菜花期的生理需求。

科学的施肥方法应该是农家肥和化肥混施,氮、磷、钾合理配方施用;底肥、种肥结合施用。每亩施用农家肥 2 000kg 以上,配合施用甜菜专用肥 50kg。自己配肥,合理方法是:尿素 12kg,磷酸二铵 25kg,硫酸钾 13kg,如果土壤肥力不足,可按比例增施。如土壤缺硼,应补施硼肥,每亩叶面喷施硼砂 0.5~1.0kg。要根据甜菜的吸肥规律和特点进行施肥,要因地因土施肥,以产定肥。实行农家肥同化肥相结合,氮、磷、钾同微量元素相配合。施肥总量按有效成分计算的 55%~60% 做基肥,15%~20% 做种肥,其余 5%~20% 做追肥。亩产 1t 甜菜块根,按吸肥量氮 4.7kg,磷 1.7kg,钾 6.2kg 计算;无机肥的供肥量是氮素 5.2kg,磷素 8.5kg,钾素 12.5kg。

甜菜是需肥较多的作物。据测,每生产 1t 甜菜需要氮素(N)4.7kg、磷素(P_2O_5)1.7kg、钾素(K_2O)6.2kg。甜菜对氮、磷、钾的需要量比谷类作物分别多 1.6 倍、2 倍和 3 倍。甜菜的合理施肥要因土施肥,以产定肥。以底肥为主,种肥为辅,追肥为补,农肥和化肥配合施用。如甜菜平均亩产 1 000kg,每亩要施农家肥 2 000kg,磷酸二按做种肥 10kg,尿素做追肥 20kg。该品种需肥量较大,应增加肥料投入。亩用纯氮量一般栽培不能少于 18kg,高产栽培在 25kg 以上。在施肥策略上应坚持施足基肥,轻施苗肥,稳施拔节肥,重施穗肥的原则。各期用氮量大体比例是:基肥占 40% 左

右,苗肥占 5％左右,拔节肥占 20％左右,穗肥占 35％左右。地膜覆盖栽培应增加基肥比例。基肥应在施足有机肥的基础上,同时施用氮、磷、钾、锌等化肥。施肥的生育标志是:约在第 6 片展开叶时追施拔节肥,第 11 片展开叶前后重施穗肥。高产栽培应增施粒肥。耗肥量大,吸肥力强,吸收肥料期间长,吸收营养全面,是甜菜四大需肥特点。所以施肥要以优质无害化农家肥为主,搭配适量化肥。在甜菜营养生长时期,需肥量是两头小、中间大,呈抛物线状。幼苗期植株小,吸肥量小,约占全生育期吸肥量的 15％～20％;甜菜繁茂期对氮、磷、钾的吸收量分别为整个生育期总吸收量的 70％～90％、50％～66％、53％～72％;到了块根成熟生长期,甜菜对磷、钾的吸收量仍然较多,但对氮肥的需要则显著减少,只占全生育期总量 8％～9％,一般来说,在此期间不需追肥,尤其是氮肥。

甜菜喜氮肥,但不是越多越好:随着氮肥施用量的增加,甜菜含糖率明显下降。在高氮状况下,因块根产糖和含糖率的同时下降,使块根产量也同时下降。故在科学施肥方面要重视有机肥的投入,坚持合理的 NP 比(改目前 NP 比 1∶0.3～0.5 为 1∶0.8～1),坚持测土施肥,补充微量元素,以提高甜菜产量、质量水平。

基肥以农家肥为主,即 1hm² 施入 30～40t 经过高温发酵的厩肥、堆肥、绿肥等有机肥料,也可以配合一定量的化肥(化肥总量的 2/3)作为基肥,结合深翻整地施入土壤。采用宽膜种植的甜菜,将全部有机肥、化肥一次性撒于地面,结合深翻施入土壤,即一炮轰。采用窄膜种植的甜菜或直播甜菜,犁地前将全部有机肥、磷肥(除种肥外)、氮肥的 2/3 均匀撒到地里,立即深翻,最好秋施基肥。基肥应结合翻耕整地施入。垄作地区应结合起垄把基肥施在垄内。一般采用农家肥,配合施用一定量的化肥。磷肥做基肥深施,有利于磷素分布在根系密集区,提高磷肥的利用率;钾肥做基肥可减少速效养分的损失,还能减弱土壤深层积累氮素的不良影响。

种肥,每 1hm² 施 150～225kg 磷酸二铵类肥料,硫酸钾 30～45kg。与种子错行施入,切忌种、肥同位,以免烧种。垄作时,种肥深施于种下 4～5cm 处,或分层深施于种下 7cm 和 14cm 处,在施足基肥的情况下可以免施种肥。每亩 5kg 磷酸铵类肥料,与种子错行施入地里。在施足基肥的情况下可以免施种肥。试验证明,磷肥做种肥施入,能显著促进幼苗根系发育,增强吸肥能力,并增强幼苗抗旱、抗寒、抗病能力。在盐碱地施入过磷酸钙做种肥,既能中和土壤碱性,减轻盐碱为害,又能改良土壤结构。种肥用量不宜过大,一般是甜菜生育期总施肥量的 1/4～1/3。同时,一定要根据土壤养分含量确定种肥的种类及用量,做到缺什么元素施什么肥。中等肥力地块,一般施磷肥 2～4kg/亩,氮肥应在 5kg/亩以下。施化肥时,种子和化肥一定要分开施用 4～5cm，不能直接碰到种子，避免出现"烧苗"现象。

追肥时，结合开沟灌头水，施入氮肥总量的 1/3 左右，施肥深度 5～10cm。有严重脱肥的，在二遍水前人工穴施或撒施尿素每 75～150kg/hm²。也可根外追肥，每 1hm² 可用 2%尿素 75～150kg 进行叶面追肥。

施用微肥在甜菜出现病害之时。甜菜缺锌一般在苗期 6～8 片叶时，甜菜种子由基部发黄、发白、叶子干枯、卷缩、脱落。缺硼表现块根小，根尖停止生长、发黑，严重时烂心，即腐心病。合理施用硼肥、锌肥，甜菜一般可增产 10%～20%，可增糖 0.3%～1.4%，同时硼肥还可防治腐心病。甜菜缺锌一般再现在苗期 6～8 片叶时，甜菜种子由基部发黄、发白、叶子干枯、卷缩、脱落。锌肥、硼肥可以基施也可心叶面喷施。硫酸锌每亩用量 1kg，硼或硼砂每亩 1kg 作基肥深施。未基施的，可在苗期和繁茂期叶面喷施 1～2 次硫酸锌和硼酸（若用硼砂时需用 40℃温水将硼砂溶解，再加水稀释），每种肥料每亩次用量50～80g，加水 30～40kg 喷雾。

根外追肥的方法，甜菜定苗后到叶丛繁茂期对营养需求急剧增加，此期基肥肥效未能充分发挥，种肥已经被大量消耗，需要及时补充速效营养。追肥以氮肥为主，适当配合磷肥。注意追肥时间一定不能太晚。太晚会引起甜菜茎叶徒长，影响块根产量和含糖量。追肥的次数及用量同样要根据土壤肥力，以及基肥、种肥的用量和甜菜长势来确定。一般肥力中等、施基肥 2t/亩左右，长势较好的地块，在叶丛繁茂期追施尿素 10～20kg/亩。在基肥不足、长势不好的地块或高产田，一般追肥 2 次。第一次在定苗后追肥 5～10kg/亩；第二次在封垄前结合中耕培土再施入 5～10kg/亩。

根部追肥的方法，目前多采用人工追肥。即在距甜菜植株 5～7cm 处，用锄头刨 5～7cm 深的坑，施入化肥后覆土。机械化水平高的地区可使用复式中耕机侧施肥或用追肥机条施追肥，深度 10cm。追肥后进行灌溉，更能充分发挥追肥的效果。

（二）甜菜生育期的需水特点与灌溉技术

多年来，我们南繁夏播材料中多为四倍体早代材料与优良系号、二倍体单胚与多胚品系、红甜菜品系等，根据这些材料的特点与地势及水源上下游情况，在田间排列时考虑到灌水可能带来的品种混杂等因素，一般安排为较好的或种子较少的材料放于地块中间，种子较多的或材料稍次的放于地块两头或两边，这样可较好地避免人为或牲畜践踏破坏。对于种性或类别相近的材料可集中连片排列。从种子特点来看，以四倍体材料播于水源下游为宜，二倍体多胚播于单胚上游，可育系播于雄性不育系上游，红甜菜可播于上游或中游。如此排列可防止或减少灌水时冲出上游其他种子造成的种性混杂情况,因为每年南繁四倍体材料均进行叶片气孔保卫细胞中叶绿体粒数镜检及翌年花粉染色体检查,所以上游冲下来的二倍体种子即使出苗也会被淘汰;二倍体单胚及雄不育系于翌年春季现蕾、开花期均进行胚性及育性检查,可汰除混入其中的多胚株和可育株;而红甜菜混入其他品系或其他品系混入红甜菜时,从幼苗期即可被识别淘汰。整个地块在浇灌时,一般是从水源下游开始,逐畦向上游退灌为佳,这样有利于水管移动和防止大面积冲击混杂种子。

甜菜的灌水时期、灌水次数、灌水量应根据各地的实际情况,做到看天、看地、看甜长势进行适时、适量的合理灌溉。其原则是使土壤湿度保持在田间土壤最大持水量 60%～70%,满足甜菜生长对水分的需求。

1.苗期

甜菜幼苗需水量小,只要土壤水分能满足幼苗生长需要,一般可不灌水。苗期不灌溉有利幼苗主根深扎,扩大根系范围,增强植株抗旱能力。

2.叶丛快速生长期

叶丛快速生长期是甜菜需水量最大的时期。伊犁河谷第一次灌水一般在 6 月初,水量 20～30m³/亩。为防止灌水过多引起茎叶徒长,可采用隔行灌水的方法。

3.块根含糖增长期

这时甜菜已封垄,需水量大增,一般每隔 10～15d 浇水 1 次,满足甜菜生长需要,每次灌水量 40～60m³/亩。

4.糖分积累期

收获前的 30～40d,甜菜需水减少,要求土壤含水量是土壤最大持水量 60%～70%。如果水分含量低于这个水平,要灌水。一般灌 1 次,干旱时也可灌 2 次,每次灌水量为 30～40m³/亩。甜菜收获前 10～15d 停止灌水,以免促进新叶生长,消耗体内积累的蔗糖、降低块根品质。

(三)田间管理

及时间苗、定苗才能保证植株生长良好,并达到种植要求的密度。间苗、定苗的时间、方法与红甜菜发育、产量密切相关。当甜菜长出 1～2 对真叶时,要及时间苗、疏苗,同时要结合间疏苗中耕锄草 1 遍。如发现有缺苗现象,可就地移苗。此时移苗,不但成活率高,且不影响主根生长。当甜菜长出 3～4 对真叶时及时定苗,定苗时要及时中耕锄草 1 遍。饲用甜菜块根粗大,1/3 在地下,2/3 在地上,块根圆桶状。为防止倒伏,中期加强块根培土工作。甜菜封垄前,6 月 15 日左右及时追施尿素 15kg/亩。7 月中旬至 8

月末结合消灭田间杂草采取病虫兼治,喷甲基托布津和敌杀死两次(间隔 7 天),防治第二代甘蓝夜蛾和褐斑病,8 月末至 10 月上旬,昼夜看护,杜绝劈叶子,拿净田间大草。甜菜播种后及时越犁,小苗照垄后,若缺苗在 10% 以上要进行查田补种、补栽工作。1~2 对真叶时疏苗,6~8 片真叶时定苗,定苗后结合二遍铲趟亩追尿素 10kg,提早进行中耕除草,做到三铲三趟。每次中耕都要力求铲趟结合,不脱节。注意保苗,减少伤苗,争取全苗。当土壤含水量达到田间最大持水量的 80%~90% 时,甜菜块根就会开始腐烂变质。因此,在雨季集中的 7—8 月份,要及时排出地表积水,做好防洪排涝工作。

①查田补种:出苗后,及时查田,发现缺苗断条现象时,及时催芽坐水补种或用备用苗坐水补栽。应及时查苗,连续 50cm 无苗均应补苗。方法:将种子温水浸泡 24h,装入塑料袋于 20℃~25℃温度下催芽,待 50% 种子萌动露白时抢墒人工点播补苗。

②间定苗:2~3 片真叶间苗,间苗时,条播地块 4~6cm 留 1 株;穴播地块每穴留 2~3 株。4~6 片真叶定苗,按株间距要求进行,拔去病弱杂苗,留大苗健苗。为保证全苗,可以分 2 次定苗。一对真叶时间苗,3 对真叶时定苗。间苗:当红甜菜出苗良好时,如果不及时间苗,会产生争光、争水、争肥的现象,将大大影响幼苗生长。适时早间苗,叶片肥大,苗壮,产量高。红甜菜在出现 1 对真叶时为间苗适期,最晚不应晚于 2 对真叶展开后。条播的红甜菜应间成单株,大约每隔 15cm 留 1 苗,但在病虫害严重时,为避免缺苗断条,应间苗两次,第 1 次每隔 10cm 留 1 株苗,第 2 次 15~20cm 留 1 株苗,穴播每穴应保留 2~3 株。定苗:间苗后 1 周为定苗适期,每穴留 1 株,条播的应按株距留苗。如果垄宽 40cm,则株距为 20cm;如果垄距为 30cm,则株距为 20~25cm。定苗应尽早进行,在条件允许的情况下、病虫害较轻时,可以在间苗时 1 次定苗,但为了保全苗,不提倡一次定苗。

③中耕除草:深松 1 遍,中耕 3 遍,第 1 遍深松定苗前进行,最后 1 遍中耕封垄前完毕。春播及时中耕有利于提高地温,促进根系生长。秋播生长期正值炎夏,外界气温高,植株易徒长,因此,一定要中耕蹲苗,可结合除草同时进行,促进根系发育,抑制地上部过旺生长,蹲苗期一般为 7~10d。肉质根膨大期要勤浇水,每 3~5d 浇 1 次,保持土壤湿润。遇大雨应及时排水防涝,生长期应勤中耕除草。

在甜菜整个生育期要进行多次中耕、松土、除草。一般至少要进行三铲三趟。第 1 次在间苗后,结合间苗浅中锄,浅锄 3~4cm,并用小铧犁深松 10cm,少培土,趟成敞口垄;第 2 次在定苗后结合追肥进行深锄,并用大铧犁中耕 12~14cm,多培土,趟成方头垄;第 3 次中耕于封垄前进行,耕深

15cm,甚至更深,趟成碰头垄。要求表土松碎、不伤苗、不压苗、不漏耕。根据田间杂草情况,秋后再拔1～2次大草。

化学除草可用"稳杀得"或"拿捕净"杀灭甜菜地单子叶杂草,每 hm² 用量 2kg,双子叶杂草用"甜安宁",每 hm² 用量 6kg,两种除草剂可混合使用。

后期管理的目的是控制后期大草发生,提高光能利用率;保护叶片,确保丰产高糖。

④追肥:甜菜封垄前,及时追肥,公顷追尿素 75～112.5kg。

⑤灌水:视土壤墒情,于甜菜需水关键期灌水1～2次。

⑥保护功能叶片:保护叶片,严禁劈叶,确保丰产高糖。

六、甜菜的收获

南繁小份母根的收获与发运时期也要根据天气情况及时抢收发回。1月中旬阴雨天较多,因此,要抓紧时机抢收,时值北方气温已达零下十几度,因甜菜母根多为 100g 左右,容易发生萎蔫和冻害,所以收获时尽可能当天收完,第二天发运。包装以麻袋最安全,单层麻袋内放一层纸或两条麻袋套一起基本上可防止冻害,但货到东北车站后应立即取回入窖,以防发生冻害。在收获前事先将南繁材料按播种顺序编号及品系名称写好塑料牌,边插牌边起拔边装袋,且翌年春栽母根时仍可按此牌号查找,方便实用。母根收获最好于晴天进行,因根小易萎蔫,起收修削后用甜菜叶子适当遮盖以免失水。有的年份收获正逢阴雨连绵天气,不抢收又怕雪埋或冻害,在雨停或顶雨收获,这样会产生不利影响,如 1994 年秋收获过程中受到雨淋,加之北方气温较低,母根顶芽受冻,窖贮中变黑甚多,有的母根栽到田里还在继续变黑腐烂,尤以红甜菜发病最重。另外,小份育种材料母根在农户园田栽植时,一定把握"遮东不遮西"的原则,亦即栽植母根靠近东边园墙或高秆作物比靠西边为好,若栽于西边墙下,当下午 2—3 点钟时就见不到阳光了,影响种子成熟。

9月末至 10 月 5 日起收为宜,起收要做到"四随"、"三净"不能马上送交的甜菜,要做好田间埋堆保藏,避免风吹日晒,冻伤及牲畜祸害,达到丰产丰收。秋季栽培红甜菜在生长后期,外界气候渐凉爽,很适于肉质根膨大,应适当晚收,有利于提高产量。一般于霜降后,土壤结冻前采收。采收后为延长供应期,可削去叶丛,选择无病虫害、无机械损伤的肉质根,入地窖或挖沟埋在地下,保持贮藏温度为 3℃左右、相对湿度在 85％以上,可贮藏 1 年。甜菜块根在地温 8℃左右时基本停止生长,气温小于 5℃时基本停止糖分积累。该品种籽粒大,灌浆期较长,应适当推迟收获。当果穗苞叶变黄松散,籽粒变硬,并出现光泽时收获。甜菜切削后堆起,堆的体积以装够一车为宜;如运送不及,田间贮藏应覆盖甜菜叶或 7~10cm 湿土以保鲜防冻;如田间贮藏时间长,堆中间应竖 1~2 个通风草把子,上细下粗,直径为 15~20cm,封冻前再加土一次,封堆后的甜菜要及时检查,堆内温度不要超过 6℃~8℃,防止堆中甜菜发热霉烂。

①适时收获:根据在田间甜菜的长势情况,在每株有 70% 的种球达到淡黄色,种仁见粉状时即可收获。气温降至 5℃,含糖率稳定在 16% 以上时为甜菜适宜收获期。收获过早会使块根减产,含糖率降低;收获过迟,甜菜易遭受冻害,含糖率下降。

②收获方法:采取就地收获,花上晾晒。顺向轻割、轻提、轻放。注意理顺多杈枝,3~5 株扎一把,置放在根茬上暴晒 2d 的方法。以确保种球呈金黄色,有利于提高发芽率。分人工及机械收获两种。收获时要坚持五随(随挖、随拾、随削、随堆、随运)及五净(挖净、拾净、削净、装净、运净),防止晒暴、霜冻及变质。

③收割时间:在上午的 7~10 点,下午的 4~6 点收割最好,以免掉粒,影响产量。

④脱粒方法:最好用改装带齿的滚筒式稻麦脱粒机或人工棒打脱粒。严禁用手扶、石磙碾压法脱粒。防止种球脱壳,降低重量及质量。

⑤脱粒时间:在上午的 10 点前或下午的 4 点后脱粒最好,因此时种粒正处于半干或回潮状态,可避免因植株过脆而使枝梗、碎叶、土块混入种球,影响净度。

⑥及时摊晒精选:种子脱粒后,应及时摊晒、扬净、清楚杂质,切不可将没晒干含杂质过多的种子堆放捂闷,防止杂质吸湿使种子回潮霉变。

⑦种子精选:对晒干扬净的种子,根据不同品种、组合,用不同型号的标准筛筛选,清除砒、小种球和残留杂质,提高甜菜种球的整齐度、净度,以保发芽率。

⑧切削及贮藏:根头切削采取一刀平削和梯形切削相结合,除净块根上的泥土和根毛,并将直径 1cm 以下的根尾去掉。

七、甜菜的病虫害防治

南繁甜菜在叶丛期发生花叶病毒和抽薹期发生的白粉病,不仅严重的阻碍着甜菜的生长,而且还阻碍了甜菜的发育,对南繁甜菜的影响很大,应及早防治。更需注意的是,花叶病毒还可以随同南繁种子带回北方,发病率可达 13.7%~34.2%。因此,渡口南繁种子在北方播种后,一定要严格淘汰病株,杜绝进一步传播。在掖单 13 号生长中后期,特别是 6 月下旬至 7 月上旬,如遇到阴雨高湿天气,易发生纹枯病,应采用综合防治措施。播种时用"浸种灵"进行种子处理;6 月上旬进行玉米奎根,控制土表菌核侵染;中后期要及时疏通田间沟系;当田间发病株率达到 3%～5%时及时亩用 5%井岗霉素 150g 加水 75kg 对植株中下部进行喷雾,防效可达 90%以上。

甜菜褐斑病由真菌侵染引起,是一种严重危害甜菜生产的世界性病害,我国各地均有发生。一般发生可使块根减产 20%～30%;严重发生地块可减产 50%以上。应该主动防治,及时防治,科学防治,确保甜菜丰产。发病时间为 6 月中下旬到 8 月中下旬。经常到地块观察,统计发病率,首批病株率达到 3%～5%或田间出现中心病株时,开始喷第一次药,也就是说刚发现有少量病斑时必须及时喷药,7d 左右喷第二次,连喷三次以上,病害可得到有效控制。虫害也要及时发现及时喷药,见虫喷药,立即杀灭,草地螟、甘蓝夜蛾消灭在三龄以前,内吸剂和触杀剂配合使用。及时除草,疏松土壤,提高地温,可大幅度提高产量。

甜菜病虫害各类有几十种之多,其中发生普遍为害严重的病害有根腐病、丛根病、褐斑病、白粉病等;虫害有象甲、跳甲、地老虎、三叶草夜蛾和甘蓝夜蛾、红蜘蛛等。通常统一用 4%的菌杀净拌种,可防立枯病。发生褐斑病的地块可用甲基托布津 800～1 000 倍液叶喷 1～2 次。防跳甲、黑绒金龟子、象甲可用 1%的甲基 1605 粉剂喷洒或苗眼点药,亩用量 1～2kg。严重地块用甲基硫环磷闷种(50kg 种子、50kg 水、1kg 药,闷 24h)。防地老虎用 800 倍液敌百虫液逐苗眼灌根。防甘蓝夜蛾用 2 000 倍液的敌杀死喷施。防挤蜻用 800 倍液的敌敌畏逐株浇灌。

红甜菜在苗期易受地下害虫和立枯病危害。地下害虫可在苗期撒敌百虫毒饵诱杀;利用糖醋液或黑光灯诱杀成虫等方法防治地老虎、金针虫、蛴螬等地下害虫。苗期还应喷 2.5%溴氰菊酯或 20%速灭杀丁 3 000 倍液、或 90%敌百虫 1 000 倍液防治象鼻虫、甜菜夜蛾及甜菜螟等害虫。食用红甜菜常见的病害有立枯病、黑斑病、褐斑病、白斑病等。

象甲、跳甲:用 3911 拌种可兼治象甲、跳甲。如虫口密度过大,可喷施 50%1605 乳油 700～800 倍液、50%甲基硫环磷 50～100 倍液、80%敌敌畏乳油或 50%久效磷乳油 50～80 倍液。

甘蓝夜蛾、三叶草夜蛾:用菊酯类农药或久效磷喷施防治。

立枯病:用种子重量 0.8%的敌克松或用种子重量 0.8%的 50%可湿性粉剂福美双拌种。没有包衣的种子必须进行种子消毒处理。包衣种子主要进行下面农业技术措施进行防治。实行合理轮作,最好选用禾谷类作物为前茬,杜绝重茬。精细整地、适时播种,覆土不宜过厚,3～4cm 为宜,促使幼苗及早出土。及时松土,破除板结土壤,减少土壤湿度。在子叶期及时间苗,增施磷肥做种肥,提高幼苗抗病能力。可用甲基立枯磷防治,1 周 1 次,连喷 3～5 次。

黑斑病:肉质根内出现硬块或软木状黑斑,叶片变小或畸形。黑斑病是根甜菜的主要病害,部分地区分布,一旦发生,病株率均较高,多在 70%～100%,严重影响红甜菜产量与质量。可叶面喷 0.1% 硼砂液防治。

褐斑病:主要危害叶片,产生浅褐色圆形斑点,直径 4～12mm。湿度大时病斑上生灰白色霉层。该病由真菌引起,病菌在病株残体或种子上越冬。阴雨天气及重茬、地势低洼等条件下发生严重。发病初期可用 75% 百菌清 400 倍液或 50% 多菌灵 1 000～1 500 倍液喷雾防治。

白斑病:主要危害叶片,叶片上出现灰色或浅褐色斑点,大小 1～7mm,常见有暗色边缘。该病为真菌致病,防治方法同褐斑病。喷 50% 多菌灵可湿性粉剂或 70% 甲基托布津可湿性粉剂 100 倍液,白粉病还可选用粉锈宁进行喷施防治。

要坚持预防为主、人机药综合防治的原则。推行高效、低毒并对人、畜及后茬作物安全的科学配方。

防治立枯病和跳甲、象甲:主要通过种子处理及苗期喷药防治,应用高效、低毒、无残留的农药品种。

防治褐斑病:7 月上中旬,每 hm² 可用 50% 的多菌灵可湿性粉剂 375g 或 70% 甲基托布津可湿性粉剂 525g＋米醋 1.5L＋磷酸二氢钾 2.5～3.0kg 混合喷雾。

草地螟和甘蓝夜蛾:应将幼虫消灭在 3 龄前,可用 80% 敌敌畏乳油 800～1 000 倍液或 20% 速灭杀丁乳油 1 200 倍液喷雾。

移栽甜菜生长繁茂,封垄早,湿度大易得褐斑病,发生揭斑病要用 5% 基托布津可湿性粉剂 800～1 000 倍液,亩用药量为 30～40g 或用 50% 的多菌灵可湿性粉剂配制成的药液每亩用量为 30kg。

蛴螬是严重危害甜菜的害虫,必须早预防,在整地时应用呋喃丹 1.5～2kg/亩进行土壤封闭。

对草地螟、甘蓝夜蛾应采取综合防治措施,及时清除田间杂草,争取消灭在卵期或 3 龄期以前阶段,发生以上两种害虫时,可用 50% 的辛硫磷 800 倍液或用 50% 的敌敌畏 800 倍液,效果较好,也可用 2.5% 澳氛菊脂乳油 3 000 倍液叶面喷洒。

第十三章 蓖 麻

第一节 蓖麻的生物学特性

一、蓖麻的品种介绍

蓖麻属大戟科双子叶植物,一年生或多年生草本植物,为世界性十大油料作物之一。蓖麻为工业用的特种油源作物,用蓖麻油生产的化学衍生物可达 270 多种,将蓖麻油脂化,可生成甲脂、丁脂,是润滑剂、化妆品、塑料、洗涤等用品的主要原料。蓖麻籽所含的蓖麻油是具有特殊理化性质、用途广泛的植物油,可以生产高级润滑油、表面活性剂、脂肪酸甘油脂及脂肪二醇、干性油、稳定剂及增塑料剂等,与其他原料配合还可生产出塑料薄膜、尼龙系列产品、农药杀虫剂、医学抗癌药等几百种产品。近年来,西欧科学家还将蓖麻油加工成直接代替汽油、柴油的车用燃料油等,可见,蓖麻油几乎可以代替石油化工产品。蓖麻粕可加工为饲料;蓖麻叶可以养蓖麻蚕,发展蓖麻蚕产业。由于种植蓖麻具有这样广泛的用途和较高的经济价值,在国民经济中占有重要的地位。

二、蓖麻的生物学特性

蓖麻原产非洲,它所形成的生物学特性与它原生地的生态环境密切相关。它喜温,生长期长。其种子在 10℃ 以上才能发芽,当温度在 10℃～30℃ 时,发芽速度随温度升高而加快。当温度在 15℃ 时,4.5d 后有 98.5% 的种子发芽;温度为 20℃ 时,4.3d 后有 98.5% 的种子发芽;温度为 30℃ 时,只需 2.3d 便会有 98.5% 的种子发芽。当温度高于 35℃ 时,种子发芽便会受到抑制。在田间,当昼夜平均温度保持在 15℃～18℃ 时,水分适宜,肥力中等的土壤中,履土 3～4cm,经过 15～17d 后,便会有 50% 的幼苗出土。

蓖麻对冻害反应很敏感。幼苗在 −0.8℃～−1℃ 时即会冻死;成长的植株在连续几天的霜冻(−1℃～−3℃)之后,叶子大部分受到冻害而凋萎,甚至有的分枝和主茎上部枯萎。一年生的蓖麻(如东北亚种)遇冻大部分枯死,而多年生的(如桑给巴尔亚种和波斯亚种)上部茎杆枯萎,下部茎杆仍然成活。

蓖麻对水分有一定的需求量,种子萌芽和籽粒灌浆阶段是需水量的重要时期,据试验,蓖麻发芽后,因土壤质地不同,对土壤水分的要求不同,在砂质土壤中,土壤湿度达 14%,即可发芽,但发芽比较迟缓;而当土壤水分上升到 16%～18% 时,发芽迅速而整齐。在黑黏土条件下,土壤水分必须达到 20%,才能发芽,而最适合土壤湿度是 22%～24%。在生长初期和开花至种子灌浆时期,蓖麻需要 35%～40% 的土壤含水量(即土壤湿润而不潮),空气相对湿度也需达 65%～80%。当月平均降雨量少于 50mm 时,就应进行灌溉。

蓖麻对土壤的酸碱性具有一定的适应能力。土壤溶液的 PH 值在 4.5～8.5 的范围内均能生长,但却以有机质含量多,排水性好,又有一定的保水性的土壤为佳,如砂壤土、黑钙土的熟化土壤最适合蓖麻生长。不宜提倡在瘦红壤、夸红壤性红壤(酸性较强)等瘦而瘠薄的轻质砂土地块种植。

蓖麻不仅是雌雄同株,而且同穗,是属于异花传粉植物。主要借助于风力传粉,传粉的距离较近,故称风媒花。由于蜜蜂等昆虫也常光顾蓖麻的花序。因此,也能借助于昆虫传粉。

三、蓖麻的土壤质地选择

蓖麻对土壤要求不严,但是土层深厚,质地疏松、有机质丰富的土壤,最为适宜。要选择有水浇条件,并且排水方便,雨后不积水地块。在保亭县要选择前茬是花生、地瓜或木薯地,在陵水、三亚以早熟晚稻茬为宜。

第二节　蓖麻的栽培技术

一、蓖麻的品种选择

选粒大、籽粒饱满、产量高、脂肪含量高、出油率高、出芽率高的品种做种子。选用良种,旱薄地可选用开蓖 1 号,晋蓖 1、2 号;高水肥地块可选用开蓖 3 号,淄蓖 2、3 号,淄蓖 5 号,淄蓖 6 号。

二、蓖麻的种子处理

要粒选表面光滑,富有光泽成实饱满的种子,播种前将种子置于 0℃～5℃的恒温库沙箱中层积 8～10d,取出晾至 1d,即可播种。

三、蓖麻的播种

①播期。在气温稳定通过 12℃时,开始播种,我县一般在 4 月末至 5 月初开始播种。

②播法。机械播种和人工刨埯播种。

③播深。深浅一致,覆土均匀,播深 2～3cm,每埯 2～3 粒,播后镇压,为防止地下害虫,可用 50 倍的辛硫磷液闷种 4～6h 后,晾干播种。

④密度。公顷保苗 8 000～10 000 株,株距 75～100cm。密度因不同地力而定,肥力高的地块适当稀一些,肥力低的地块适当密一些。公顷用种 7.5kg 左右。

⑤地膜覆盖。在 4 月中下旬覆膜,5 月初晚霜过后出苗为宜。

⑥化学除草。一种方法是使用乙草胺,在蓖麻播种后,杂草出苗前均匀地喷洒于土壤,每亩用量 75～100g,有效期为 8～12 周;另一种方法是使用甘草磷或草枯,在蓖麻生长中后期对杂草喷雾。要注意使用带防护罩的低压喷雾器,以免误喷蓖麻茎叶上,如误喷基部茎秆上,要导致后期整株整株倒折。

四、蓖麻的嫁接或杂交授粉

蓖麻是雌雄同株同穗异花植物,通常情况下雌花和雄花生长在同一花穗上。蓖麻雌性系是指只有雌花而没有雄花的特殊植株,雌性系的发现使蓖麻大面积杂交制种成为可能。蓖麻杂交制种是以纯雌的蓖麻雌性系做母本,以雌雄兼有的自交系做父本,按一定比例相间种植,经蜂媒、虫媒等方式自然杂交授粉,产生杂交一代种。制种地应选择隔离条件好,集中连片,交通便利,盐碱较轻的壤土或沙壤土,必须确保灌排条件,优先考虑地力均匀,地势平坦,光照充足的地块,肥力一般以中等肥力为好。蓖麻耐旱、不耐涝,低洼地、河滩地等不易排涝且降雨量大的地区不宜进行蓖麻杂交制种。

五、蓖麻的光、温、水、肥、气管理

蓖麻在整个生长发育过程中,需要充足阳光和热量,从出苗到开花成熟需昼夜平均活动积温 2 000℃～2 300℃。试验表明:蓖麻播种至出苗,温度在 12.6℃时,需 22d;15.2℃时,需 19d;18.8℃时,需 11d。蓖麻在日平均气温 15℃以上时,生长迅速,进入花果期后,要求温度更高。出苗至开花,温度在 17.9℃时历时 45d;19.4℃时历时 40d;20.9℃时,历时 34d。雌花开放时,要求日平均气温在 20℃以上,低于 20℃,雄花不能开放。蓖麻开花至主茎花序蒴果成熟,温度在 19.8℃时,需经历 60d;21.6℃时,需经 51d;25.6℃时,需经历 45d。蒴果成熟时,要求 10℃以上的有效积温在 550℃能上能下。在蓖麻生长过程中,6、7、8 三个月是蓖麻生长发育的旺盛季节,是开花、结果、灌浆和成熟的重要时期,温度的高低,对蓖麻的生长发育有着重要的意义。6 月份平均温度不能低于 20℃。7、8 两个月的平均气温不能低于 23℃～24℃,否则,蓖麻生长和发育延缓,种子产量和含油量降低。蓖麻整个生育期最理想的温度为 20℃～28℃。

蓖麻是喜温作物,生长期长,整个生长期需 150～240d 的无霜期。蓖麻种子在温度低于 10℃～30℃时,发芽速度随温度的升高而加快,最适宜温度为 25℃～30℃,温度再高发芽受阻,高于 35℃时,种子发芽受到抑制。在日平均气温稳定在 16℃～20℃时,通常经过 13～15d 幼苗即可出土,日平均气温 25℃左右时,即会冻死;成长的植株遇到−2℃～−3℃(秋寒)时,即会受冻害,凋萎枯死。

在整个生长发育期间,需要 450～600mm 的降水,而且需要分布合理,总的来看,蓖麻对水的反应是耐旱怕涝,如果田间积水 8～10h,蓖麻会因渍水而受害死亡。

蓖麻与其他作物相比,较耐瘠薄、适应性强,但要获得高产和好的经济效益,必须为蓖麻创造土层深厚,质地疏松,酸碱适度,肥沃的土壤环境和其它能充分发挥蓖麻高产的生活条件。蓖麻对土壤的耕作要求较高,为促进根系的充分发育就要在进行深耕的基础上打塘种植,特别是宿生蓖麻更要如此。大面积种植蓖麻,要进行深耕,并精细耙地,使土层疏松细软,加之施用大量的农家肥,以改善土壤结构。

蓖麻具有一定程度的耐盐碱和耐弱酸能力。土壤溶液 pH 值在 4.5 以上的酸性土壤和含碱量不超过 0.6% 的碱地上都能生长,但在有机质含量多,排水性好且有一定保水能力的土壤上发育良好。最适土壤是砂壤土、黑钙土。但为了讲究经济效益,不提倡在轻质砂土、重黏土、泥泞以及沼泽地

和盐碱地上种植蓖麻。

六、蓖麻的收获

当蓖麻果穗上有 1/3～2/3 的蒴果呈现种皮变褐,果皮萎缩出现裂纹,种子外观鲜亮时,即可收获。可用果树剪枝剪,将整穗剪下,及时晒干,集中脱粒。

七、蓖麻的病虫害防治

(一)病害

1. 蓖麻枯萎病

蓖麻枯萎病原菌为半知菌类尖孢镰刀菌蓖麻专化型。该病是蓖麻最严重的病害之一,苗期发病常全部毁灭,成株期发病也往往成片枯死。此病在山东、广西、内蒙古、吉林、陕西等许多省份均有发生。除危害蓖麻外,还危害黄瓜、辣椒、豌豆等农作物。

(1)农业防治。排水防病:中耕锄草,增加土壤通气性,避免大水灌溉。

(2)化学防治。种子消毒:用 60％防霉宝(多菌灵盐酸盐)超微粉加 0.1％浸种 60min,捞出后冲净催芽。

(3)土壤消毒。用 50％多菌可湿性粉剂每亩 4kg 混入细干土,拌匀后施于穴内。

2. 蓖麻灰霉病

蓖麻灰霉病是常见的蓖麻病害,以危害果穗为主,一但发病无法以促进蓖麻再生长来补偿。故凡大面积连片种植蓖麻者,不论山区和平原对此病不可掉以轻心,尤以南方山区为重。

(1)农业防治。在发病初期,结合整枝打杈及时摘除病叶,病穗、病枝集中烧毁或深埋,严防乱扔,造成人为传播。

(2)化学防治。①病害始发初期使用 5％百菌清粉尘齐或 10％灭克粉尘剂,每亩每次 1 000 克喷粉,9d 一次,连续 2～3 次。②在病害始发初期,使用 45％灰霉灵可湿性粉剂 500 倍,50％扑海因可湿性粉剂 1 500 倍,60％防霉宝(多菌灵盐酸盐)超微粉 600 倍等,注意交替使用上述药剂,以防产生抗药性。

（二）虫害

棉铃虫属鳞翅目，夜蛾科，是世界性的害虫，我国各地均有分布，危害蓖麻、棉花、玉米、瓜果、小麦等 20 多种植物，该虫主要危害植物幼蕾、幼果，造成严重减产。

（1）农业防治。透杀防治，每 50 亩设黑光灯 1 个，每亩代设性激素诱芯 1～2 个。

（2）化学防治。产卵盛期或达到防治指标时，每 3～5d 一次，连喷 2～3 次，药剂有 40％甲基辛硫磷 1 000 倍、50％棉宝一号乳油 1 000 倍，5.7％百树得乳油 1 000 倍等。

（3）生物防治。在产卵盛期，每亩放赤眼蜂 15 000～20 000 只，每亩 3～5d 一次。

第十四章　烤　　烟

第一节　烤烟的生物学特性

一、烤烟的品种介绍

我国主要栽培的烤烟品种有云烟 87、红花大金元、K326、NC89、G28 等。

二、烤烟的生物学特性

(一)云烟 87

该品种株式塔形,打顶后株高 110～118cm,大田着生叶数 25～27 片,可采收叶 20～21 片,腰叶长椭圆形,茎叶角度中,叶尖渐尖,叶色绿,主脉粗细中等,着生叶均匀,下部节距较 K326 稀,有利于田间通光透风,打顶后茎叶角度适中,花序集中,花色淡红色,主要植物形状变异系数小,遗传稳定。该品种农艺性状好,较耐肥,抗逆力强,品种适应性强。

(二)红花大金元

植株呈塔形,株高 100～120cm,节距 4.0～4.7cm,茎干粗壮,茎围9.5～11cm,可采叶 18～20 片。腰叶长椭圆形,叶尖渐尖,叶面较平,叶缘波浪状,叶色绿,叶耳大,主脉较粗,叶肉组织细致,茎叶角度小,叶片较厚,花序繁茂,花冠深红色。叶片落黄慢,耐成熟,有一定耐旱能力,但耐肥性较差。

（三）K326

该品种植株塔形，打顶后株高 90～110cm，可采叶片 20～22 片，腰叶长椭圆形，花序集中，花色粉红色。该品种烟株长势长相较好，需肥量较高，产量、上等烟率、产指较高，品种效应较大，品种适应性较强。

三、烤烟的土壤质地选择

土壤质地轻重是影响烟叶含钾量高低的一个重要因子，结构疏松的中壤质地的土壤最利于烟叶对钾的吸收，因烟株吸钾需要充足的氧气，土壤黏重通透性差，影响根的呼吸作用，而质地过轻虽通透性好，但保肥、保水能力不好，若想提高烟叶品质应选择土壤质地适中的中壤土栽烟，避免在土壤质地过轻的沙土地植烟。因土壤质地与成土母质有关，若想大面积改变土壤质地困难很大，目前解决对策以选择土壤质地适合烤烟栽培的地区种植烤烟。

第二节　烤烟的栽培技术

一、烤烟的品种选择

烤烟是适应性较广、可塑性较大的作物之一，但是在不同的气候条件、土壤条件及农业技术措施的影响下，同一品种植株的生长发育和烟叶的质量、品质会有明显的差异。因此，在烟草生产上选择品种时必须充分考虑当地气候、土壤、地貌、栽培技术条件等因素，以选择出能充分利用当地资源优势的品种。

总的说来，应该选择高产优质的品种。但是，烤烟产量并非越高越好，单产超出一定的范围，产量越高，品质就越差。据统计，单产在 175kg 以上，质量即随产量的提高相应下降。因此，烟叶生产目标是优质适产。在产量与品质发生矛盾时，选择品种要先选择品质好的，再择其产量。同时，要根据植烟当地的气候条件、土壤状况、地貌等因素，趋利避害，合理选择烤烟品种。比如丘陵山区种烟，灌溉条件较差，就要考虑选择耐旱品种，如红花大金元、K326 等。水稻田种烟，地势较低，加上地区种烟季节雨水较多，应考虑选用较耐涝的品种,如大黄烟、V2 等。土地肥沃,肥水充足的烟区,应选择优质高产的耐肥品种,如 G-28、K324 等。荒地种烟,土地薄瘠,肥料缺乏,应选择耐瘠品种,如中烟 9203 等,老烟区烟草病害往往比较严重,要选择抗病品种。烟草病害很多,要求一个品种能抗各种病害是不可能的,只能根据当地的主要病害有针对性地选择抗病品种。如花叶病多的地方,就要选择抗花叶病品种。

二、烤烟的育苗处理

我国烤烟栽培全部采用育苗移栽。育苗要求做到壮、足、适、齐。壮苗的形态标准是根、茎、叶结构合理,侧根多,根系发达,生活力强;叶色正常,叶片大小适中,移栽时有 8～10 片叶;幼茎粗壮,苗高适中,无病虫。烟苗清秀整齐,苗高 10～15cm,茎高 8～12cm,7～9 片真叶,叶色正绿,根系发达,表观侧根多,茎杆富有韧性,不易断。

三、烤烟的播种

①确定播种期:一般在移栽前 80～85d 播种。
②播种量:每标准苗床(10m^2)播包衣种子 200～300g。

四、烤烟的移栽

移栽期,4 月下旬至 5 月上旬,同一片地要求集中移栽。移栽时选均匀一致的壮苗移栽。栽后 3～5d 要查墩补缺。弱苗偏管,保证全田烟株生长一致。

移栽过早,烟株处于低温时间过长而易产生早花;移栽过晚,生育期短,烟株难以充分生长,后期气温下降,影响烟叶正常成熟。

移栽前深耕 22～25cm,细整,使土壤疏松,拉线理好烟墒,拉线打墩。移栽方法有干栽、水栽及机械移栽。移栽时应做到施好肥,带药移栽,细土壅根,浇足定根水,以提高移栽成活率。

地膜覆盖栽烟可增温保温,保肥保墒,减少病虫草危害。移栽时按密度要求的株距挖穴、浇水、栽烟,用细土把烟苗周围的薄膜孔部压实封严。栽后一般不再进行追肥、中耕、培土管理,但要做好病虫害防治和打顶除芽。同时,应适时揭膜。地力差,施肥不足,后期少雨又无法灌溉时,揭膜宜早;相反,土壤肥力高,后期阴雨天多的地区,揭膜宜晚。

五、烤烟的光、温、水、肥、气管理

烤烟正常生长发育需要 16 种必需的营养元素。需要量较大的元素有：碳、氢、氧、氮、磷、钾、钙、镁、硫；需要量甚微的元素有铁、锰、硼、锌、铜、钼、氯。这些大量和微量元素对烤烟的生长发育是必不可少的，缺少任何一种元素，都会带来严重的影响。这些元素可以从空气、土壤、水分中吸收，氮、磷、钾需要量大，必须通过施肥加以补充。

（一）施肥模式

先综合土壤养分特点：例如湖南永兴县的土壤有机质和全氮含量高，但 pH 值偏高，前期雨水又多，所以有机质矿化释放能力差，前期速效氮素仍感不足；磷素较丰富，钾素含量偏低，缺硼普遍。因此，我们的模式应该是：控氮、稳磷、增钾。

（二）养分分配

养分分配即底肥与追肥的分配。分配原则是重底肥、轻追肥。60％的氮、100％的磷、40％的钾，作底肥施用；40％的氮、60％的钾追肥施用。

（三）每亩施肥量

重点推广专用基肥＋提苗肥＋硝酸钾（或专用追肥）＋硫酸钾＋叶面肥的施肥模式。用猪牛粪 15～20 担，火土灰 15～20 担堆沤作底肥。

模式一：60kg 专用基肥＋7.5kg 专用提苗肥＋25kg 硝酸钾＋12.5kg 硫酸钾；

模式二：60kg 专用基肥＋7.5kg 专用提苗肥＋40kg 专用追肥＋12.5kg硫酸钾；

注：凡有库存硝酸钾的站一律按模式一将库存硝酸钾用完，无库存硝酸钾的站按模式二用肥。

应补施的硼肥、锰肥和镁肥在专用肥配制中加入。根据烟苗长势长相，可在后期喷施以钾素为主的叶面肥。

（四）施肥时间

底肥在移栽前一次施入。追肥在移栽后三次施完，硫酸钾在移栽后 45d 左右一次施入。打顶前后追施钾肥，成熟期喷施以钾为主的叶面肥，对增加烟叶钾含量非常重要。

(五)施肥方法

1.底肥

根据近几年的实践情况,在底肥施用方面要特别注意以下几点。

(1)每亩 70kg 专用基肥必须全部作底肥施下去,不能留一部分作追肥用。

(2)深沟肥或"1"字沟肥要强调深施,距垅面 30cm 左右,如果与穴肥一样深,甚至比穴肥还浅,就起不到化肥深施的作用,容易蒸发流失,烤烟生长后期会因缺肥而早衰,甚至上部叶不能开片。

(3)穴肥必须与泥土拌匀,否则烟苗根部受肥害,不死苗也滞长。

(4)底肥(包括穴肥)施用宜早,最好在移栽前 20d 至 1 个月施下。这样,让基肥在土壤中有一段沤化分解时间,肥效高,又不致产生肥害。

(5)农家肥(猪牛栏肥和火土灰)必须经过沤制,堆沤时间 1 个月以上,使之充分熟化,并减少病菌病毒及其他物质对烟苗的侵害。

2.追肥

烤烟大田追肥的原则:前足、中重、后补。大田前期(团棵期,即移栽后第一个月)因株以长根为主,需肥量比旺长期少,且穴肥正在发挥作用,所以追肥不宜太多,我们叫提苗肥,以氮为主,以足为限。大田中期(旺长期,即移栽后第二个月)烟株生长旺盛,茎和叶的大部分(采收烟的 70% 以上)在此期生长,需肥量是它全生育期中最多的一个时段,所以此期追肥宜重,占追肥总量的 70% 左右。

六、烤烟的收获

烟叶成熟时,由于内部化学成分的变化,在外观上也出现一些特征。人们可以根据这些特征来鉴别烟叶是否成熟。

①叶色由绿变为黄绿,叶尖及叶缘表现尤为明显。中部以上的烟叶或较厚的烟叶还可能出现黄斑。质量较好的叶片叶面上呈凸凹不平的波纹状,并往往在凸面向上处略带黄白色,这是白色淀粉粒集聚的表现。这种现象在上部叶片表现更突出。

②烟叶表面茸毛脱落,有光泽,似有胶体脂类物质显露,有粘手感觉。

③主脉变白发亮:叶基部组织产生离层,采摘时硬脆易摘,并且断面整齐。

④叶尖和叶缘下垂,茎叶角度增大。这种特征在上午比较明显,而下午

叶片萎蔫时则不明显。

烟叶成熟的特征,随叶片着生部位、土壤、气候、施肥等条件不同而有差异。一般来说,下部叶应及早采收,中部叶应成熟采收,而上部叶则必须达到充分成熟或完全成熟时才能采收。

下部叶:及时抢收,烟叶显绿黄色时采收。

中部叶:适时采收,叶面淡黄色,茸毛部份脱落,主、侧脉变白发亮,叶尖下垂时采收。

上部叶:充分成熟采收,叶面淡黄色,有明显成熟斑,主、侧脉变白发亮,叶尖开始发枯时采收,顶叶 3～5 片叶一次性采收。

总之,"下部叶要抢,中部叶要保,上部叶要养",采收时要求做到"三同",即同一品种、同一部位、同一成熟度。

七、烤烟的病虫害防治

以"预防为主,综合防治"为原则,消除病虫传染源,切断病虫害传播途径,是整个苗期无病无虫的关键。

做好场地、苗盘、器械的消毒。

一切农事操作都必须先消毒后操作,每个池间排苗、剪叶、剪根等都必须消毒。操作后对苗造成伤口,必须用药剂进行消毒。

针对苗期易发生的病虫害,有针对性地进行预防和防治。

第十五章 西 瓜

第一节 西瓜的生物学特性

一、西瓜的品种介绍

(一)小型西瓜

超越梦想:北京市农业技术推广站选育。小型西瓜杂种一代。果实发育期31d。单瓜重量1.72kg,果实椭圆形,果皮绿色,皮厚0.5cm。果肉红色,中心折光糖含量11.7%,边糖含量9.5%,口感好。枯萎病苗期室内接种鉴定结果为感病。

京玲:北京市蔬菜中心选育。小型无籽西瓜杂种一代。植株生长势强,果实发育期35.5d。单瓜重1.89kg,果实高圆形,果皮绿色覆细齿条,有蜡粉,皮厚0.8cm,果皮韧。果肉红色,着色瘪籽无或少,白色瘪籽少且小。枯萎病苗期室内接种鉴定结果为中抗。

(二)早熟西瓜

京欣3号:北京市蔬菜中心选育。早熟一代杂交种,果实发育期30d左右,全生育期86～88d。植株生长势中上,雌花出现早,易坐瓜。果实高圆形,亮绿底覆盖规则绿色窄条纹,外形美观,无霜。平均单瓜重3.42kg,红瓤,肉质脆嫩,口感好,风味佳。果皮厚度0.65cm,果皮脆。

京欣1号:北京市蔬菜中心选育。早熟,生长势弱,坐果率高,从开花到果实成熟需要30d。圆形大果,果实上有16～17条明显深条纹,果面有蜡质,肉色桃红,肉质脆沙汁多;糖度高;纤维少,不倒瓤。单瓜重4～5kg。果皮薄,不耐运输,适于大城市附近栽培。

(三)中晚熟西瓜

暑宝:北京市农业技术推广站选育。中熟一代杂种,全生育期 105d 左右。开花到成熟约 33～35d。植株长势中等。果实高圆形,大而整齐。单瓜重 6～8kg。底色墨绿,富有蜡粉。瓤红色,质地细,纤维少,不倒瓤,汁多,脆爽,风味好,中心含糖量在 11%～12%,边缘含糖量 8%～9%。白色秕子小而少。皮厚 1.1cm 左右,韧性好,耐贮运。抗枯萎病,抗逆性好。易坐瓜,亩产可达 4 000～5 000kg。

二、西瓜的生物学特性

(一)根

西瓜的根属深根系,主根深达 1m 以上,侧根横向延伸可达 4～6m,主要根群分布在 10～40cm 土层内,吸肥吸水能力强。根的再生能力弱,受伤以后不易恢复,生产上常采用直播,如果育苗移栽,一定注意根的保护。

(二)茎、叶

西瓜茎又称蔓,主蔓在 5～6 片叶之前直立生长,超过 30cm 续长出一定长度时,由于机械组织不发达,支撑不住自身重量,便葡匐地面生长。茎的分枝能力很强,可萌发 3～4 级侧枝,但以主蔓 3～5 片叶腋中发出的侧枝较为键壮。西瓜的茎节上极易产生不定根,采用压蔓的办法,可促使不定根形成,增加吸收面积,固定植株,防止滚秧。叶互生,有深裂、浅裂和全缘等类型。

(三)花、果实、种子

西瓜花小黄色,雌雄同株异花,单生于叶腋。早熟品种在主蔓第六、七节着生第一雌花,中、晚熟品种在第十节以后发生第一朵雌花。雌花间隔节数为 7～9 节。开花盛期可出现少数两性花,花清晨开放下午闭合。

果实为椭圆形、球形,颜色有深绿、浅绿或带有黑绿条带或斑纹。瓜瓤有红、黄、白等。种子有黑、白、或红色等。西瓜还可按其种子的大小分为大籽型西瓜、小籽型西瓜和无籽西瓜,种子千粒重大籽类型 100～150g、中粒类型 40～60g,小籽类型 20～25g。

三、西瓜的土壤质地选择

栽培西瓜要选土壤疏松、土层深厚、土壤肥沃、排水良好、光照充足、当西晒的地块;西瓜地不宜连作、一般要4～5年轮作一次,否则枯萎病严重;前作以水稻、玉米等禾本科作物为最好,其次是土豆、白菜等蔬菜作物,但前作为瓜类蔬菜种西瓜病害重,不宜选择。

瓜田必须深耕,最好冬季进行翻地。在深耕过或有深耕基础的地块里,四周开排水沟,按照栽培的行距2.4～3.0m包沟(沟宽0.5m)开厢,在畦面一侧开沟施基肥,每亩施入农家肥2 500～3 000kg,加施磷肥15～20kg,45%复合肥20～25kg,硼砂2kg,锌肥1kg。为防地下害虫可在基肥中混施少量晶体敌百虫。盖好基肥沟,并整成瓜垄最后覆盖地膜,等待播种或移栽。在开厢时应注意厢行与春、夏风向垂直,在风先吹进一边的厢面开沟施基肥,便于定植后瓜蔓与风向一致。

第二节　西瓜的栽培技术

一、西瓜的品种选择

选育生育期过短的品种,不能充分利用当地的热能资源,产量很难大幅度提高。选育生育期过长的品种,不能在当地正常成熟,不能充分发挥品种的生产潜力,延误下茬作物的正常播种。应保证西瓜正常成熟和不延误下茬作物的正常播种的前提下,尽量选育生育期长的品种。

二、西瓜的种子处理

(一)浸种

浸种前先将种子晒1d,将晒过的种子用不烫手的温水(30℃左右)浸种6～8h,然后捞出用毛巾或粗布将种子包好搓去种子皮上的黏膜,为防枯萎病,用1 000倍液的甲基托布津再浸4h,一般浸种时间要求达到12h,种皮软化即可取出用清水冲洗干净以备催芽。

（二）催芽

将浸好的种子平放在湿毛巾上，种子上面再盖上一层湿毛巾，放置于30℃～35℃环境下催芽，72h 基本出齐，发芽 85%～90% 露白即可播种。

三、西瓜的播种

西瓜露地栽培就是在没有保护设备的条件下的栽培。一般以当地终霜已过，地温稳定在 15℃ 左右时为露地播种的适宜时间。播种的最佳时间，还应根据品种，栽培季节，栽培方式以及消费季节等条件来确定。一般 3 月中、下旬播种育苗，4 月中、下旬定植，6 月下旬开始收获上市；秋西瓜 7 月上中旬播种，9 月下旬开始采收上市。

四、西瓜的嫁接或杂交授粉

西瓜是依靠昆虫作媒介的异花授粉作物，在阴雨天气或昆虫活动较少时，就会影响花粉传播而不易坐果。为了提高坐果率和实现理想节位坐果留瓜，应进行人工辅助授粉。

雌花选择授粉时应当选择主蔓和侧蔓上发育良好的雌花，其花蕾柄粗、子房肥大、外形正常、颜色嫩绿而有光泽的花，授粉后容易坐果并长成优质大瓜。侧蔓上的雌花作留瓜后备。

西瓜的花在清晨 5～6 时开始松动，8～10 时生理活动最旺盛，是最佳授粉时间。阴天授粉时间因开花晚而推迟到 9～11 时。

用当天开放且正散粉的新鲜雄花，将花瓣向花柄方向用手捏住，然后将雄花的雄蕊对准雌花的柱头，轻轻沾几下即可。一朵雄花可授 2～3 朵雌花。

五、西瓜的光、温、水、肥、气管理

（一）温度

西瓜喜温暖、干燥的气候、不耐寒，生长发育的最适温度 24℃～30℃，根系生长发育的最适温度 30℃～32℃，根毛发生的最低温度 14℃。西瓜在生长发育过程中需要较大的昼夜温差，较大的昼夜温差能培育高品质西瓜。

（二）水分

西瓜耐旱、不耐湿，阴雨天多时，湿度过大，易感病，产量低，品质差。

（三）光照

西瓜喜光照，在日照充足的条件下，产量高，品质好。

（四）养分

西瓜生育期长，产量高，因此需要大量养分。每生产 100kg 西瓜约需吸收氮 0.19kg、磷 0.092kg、钾 0.136kg。但不同生育期对养分的吸收量有明显的差异，在发芽期占 0.01％，幼苗期占 0.54％，抽蔓期占 14.6％，结果期是西瓜吸收养分最旺盛的时期，占总养分量的 84.8％，因此，西瓜随着植株的生长，需肥量逐渐增加，到果实旺盛生长时，达到最大值。

六、西瓜的收获

授粉后，早熟品种 28d 左右成熟，中熟品种 32d 左右成熟，晚熟品种 35d 左右成熟，因气温高低有所变化。直观判断，瓜附近的卷须发黄，瓜脐凹陷变小。注意高温采摘时，可提前 1～2d 采摘，防止采摘后不能及时出售，瓜成熟过度，品质下降。

七、西瓜的病虫害防治

病虫防治西瓜的主要病害有枯萎病、炭疽病、病毒病、白粉病、疫病，主要虫害有小地老虎、蚜虫、红蜘蛛、黄守瓜、瓜蛆、潜叶蝇等。

（一）病害防治

实行 4～5 年以上轮作，选用无病种子，种子用 100 倍福尔马林液浸种 30min 消毒。真菌性病害主要的防治方法：发现病株及时拔除烧毁，病穴内用石灰或 50％代森铵 400 倍消毒。发病初期可在根际浇 50％代森铵 500～1 000 倍液防治。5～7 月西瓜生长期间每隔 7～10d 交替使用 70％托布津 1 000 倍液、25％多菌灵 500～700 倍液、50％代森锌 1 000 倍液、1∶1∶200 倍的波尔多液等方法防治。

(二)虫害防治

对小地老虎、瓜蛆、黄守瓜可采用早春多耕多耙消灭虫卵,用糖醋诱蛾消灭成虫,用 90％的敌百虫 800～1 000 倍液浇根或加少量水拌鲜草、拌炒香的饼肥诱杀。红蜘蛛、潜叶蝇可喷 50％乐果 1 000 倍液或喷 80％的敌敌畏 1 000～1 500 倍液。

第十六章 甜　瓜

第一节　甜瓜的生物学特性

一、甜瓜的品种介绍

甜瓜品种有:金蜜六号、长香玉、昭君一号(L9904)、金蜜十号、金海蜜、金凤凰、金辉、蜜世界、黄皮 9818、金蜜等。

(一)金蜜六号

三亚市南繁科学技术研究院和新疆宝丰种业有限公司联合选育,中熟品种。全生育期 90d 左右,果实发育期 40d。单瓜重约 4kg。植株生长势较强,果实短椭圆形,金黄底上覆墨绿色斑点,中粗网纹密布全瓜。橘黄肉,肉质较脆,中心折光糖含量约 15%。综合抗性好,较耐贮运,本品种在低温下膨果速度好于其他品种。

(二)长香玉

台湾农友种苗公司育成,中熟品种。全生育期 90d,果实发育期 45d。单果重约 2.5kg。果实长椭圆形,灰绿皮,网纹细密。果肉橙红色,肉质细脆有香味,中心折光糖含量约 16%。生育强健,较抗枯萎病,不易裂瓜,耐贮运,栽培时注意初期现纵网时控水,全果现网时要浇水,以增加网纹。

(三)昭君一号(L9904)

新疆农人种子科技有限责任公司选育,中熟品种。全生育期 90d,果实发育期 40d。单瓜重约 4kg。果实卵圆或椭圆形,果面金黄覆少量绿斑,中密网纹。果肉橘红、肉质较脆,中心折光糖含量约 15%。田间生长势、抗逆性强,生长发育整齐,较耐贮运。

二、甜瓜的生物学特性

甜瓜的根系由主根、各级侧根和根毛组成,比较发达,在瓜类作物中,仅次于南瓜和西瓜。甜瓜的主根可深入土中 1m,侧根长 2～3m,绝大部分侧根和根毛主要集中分布在 30cm 以内的耕作层。另外,甜瓜的茎蔓匍匐在地面上生长时,还会长出不定根,也可以吸收水分和养料,并可固定枝蔓。甜瓜的根除了从土壤中吸收无机盐和水分外,还直接参与有机物质的合成。据研究,根中直接合成的有 18 种氨基酸。

甜瓜茎草本蔓生,茎蔓节间有不分杈的卷须,可攀缘生长。茎蔓横切面为圆形,有棱,茎蔓表面具有短刚毛,一般薄皮甜瓜茎蔓细弱,厚皮甜瓜茎蔓粗壮。每一叶腋内着生侧芽、卷须、雄花或雌花。分枝性强,子蔓、孙蔓发达。

甜瓜的叶着生在茎蔓的节上,每节 1 叶,互生。甜瓜叶为单叶,叶柄短,上被短刚毛。叶形大多为近圆形或肾形,少数为心脏形、掌形。叶片不分裂或有浅裂,这是甜瓜与西瓜叶片明显不同之处,甜瓜叶片更近似于黄瓜。甜瓜叶片的正反面均长有茸毛,叶背面叶脉上长有短刚毛,叶缘呈锯齿状、波纹状或全缘状,叶脉为掌状网脉。甜瓜叶片的大小,随类型和品种而异,通常叶片直径为 8～15cm,但有些厚皮甜瓜品种的叶片在保护地栽培时可达 30cm 以上。

三、甜瓜的土壤质地选择

甜瓜对土壤要求不严格,但以土层深厚,通透性好,不易积水的沙壤土最适合,甜瓜生长后期有早衰现象,沙质土壤宜作早熟栽培;而黏重土壤因早春地温回升慢,宜作晚熟栽培。甜瓜适宜土壤为 PH5.5～8.0,过酸、过碱的土壤都需改良后再进行甜瓜栽培。

第二节　甜瓜的栽培技术

一、甜瓜的品种选择

选择甜瓜的标准是三看:
一看外观、品质和市场。

二看丰产性、适应性和抗逆性。

三看对生长环境和管理水平的要求。

根据自己的设施类型、品种特性、管理能力选择相应的符合国家品种管理规定的适合自己种植的品种,并搞好品种搭配。

二、甜瓜的种子处理

播种前先进行浸种催芽:先将种子浸泡在55℃～60℃的温水中进行搅拌,至30℃左右时再浸泡4h,再用高锰酸钾溶液消毒20min,然后用清水清洗2～3遍,捞出晾去皮上的水分,然后用湿布包好,置于25℃～30℃左右的条件下催芽。也可用多菌灵500倍液或10%磷酸三钠浸种15min,然后洗净催芽,出芽后播种。

三、甜瓜的播种

一般灌溉地区都采用先开沟,后浇水,再播种子的方法。北方旱地和南方多雨地区也有不灌水而"抢墒"播种的。

播前灌水时,常在灌水渗入后3d左右铺地膜,并沿水印线挖播种穴,每穴播2～3粒种子,播种穴约10cm大小,深2～3cm。种子播入后,覆1～2cm湿土即可。

"抢墒"播种时,应用瓜铲把表层干土铲去,换上周围深层湿土或用勺人工浇水后再播入种子,并覆土。

四、甜瓜的嫁接或杂交授粉

甜瓜为雌雄同株异花作物,大部分品种为雌雌雄两性花,以昆虫传粉为主。在早春气温低、昆虫少时,棚室内栽培的一般要进行人工授粉。在雌花开放后,当日气温升至20℃前,选当天新开的雄花取下,剥去花瓣,将雄蕊往雌花的柱头上轻轻涂抹。授粉后挂牌标明日期,以确定收时期。一般在授粉后一周左右,幼瓜长到鸡蛋大小时选瓜留瓜。除去多余的花和幼瓜。幼瓜长到拳头大小时,要进行吊瓜,用塑料绳或尼龙绳一头拴住瓜柄,或用草圈垫在幼瓜下部,或用塑料网兜吊起,挂在支架或室内横架子的铁丝上。

五、甜瓜的光、温、水、肥、气管理

甜瓜生长环境中的温度、光照、水分、土壤和营养等因子是密切联系、互相制约的。其表现为：

第一，对温度的需求因光照强弱而不同。晴天光照强时光合作用强，要求较高的温度，但温度过高又会增加呼吸消耗；阴天时光照弱，光合作用受到限制，要求温度较低，若温度高有时会使净光合率急剧下降，以致得不偿失。在保护地栽培，特别是深冬生产时，更需注意这一关系，要坚持"以光照定管理温度"的原则，加温和补温必须慎重。

第二，对水分的需求因温度而异。在温度低，特别是地温低时，根系吸水力弱，植株蒸腾作用也差。所以，保护地深冬栽培和露地早春栽培时，浇水都不能太多，否则不仅会影响到根系的生命活动，有时还会出现沤根等不良后果。光照强，温度高时，植株地上、地下活动明显加快，茎叶激烈地蒸腾作用需要及时补充水分，以满足需要。

第三，追肥需要与水分供应结合起来。温度高，植株吸水多，光合作用旺盛时，必须保证土壤营养的供应。追肥必须结合浇水，以水调肥。

综合以上可以看出，不论是露地栽培还是保护地栽培，都要以光照为核心，"以光照定管理温度，以温度定肥水管理的频率和强度"，从而使环境条件的诸因子间、环境与甜瓜生长发育之间能够得到最大限度的协调，从而实现甜瓜栽培的稳产、高产、优质和低耗。

六、甜瓜的收获

要做到适时采收，首先要能判断果实是否成熟。以厚皮甜瓜为例，判断成熟与否有几个标准。

其一，根据外观判断，果实长到其应有的大小，果皮颜色充分变深（深色果实）或变浅（浅色果实）或充分褪绿转色（转色果实）；无网纹品种的果实表面光滑发亮，果柄附近茸毛脱落，在果柄的着生处形成有透明感的离层，果实蒂部有时会形成环状裂纹；因果腔内胎座组织开始离解，果实脐部变软，当用手指轻按脐部时会感到明显弹性；网纹甜瓜果面上的网纹清晰、干燥、色深；果皮坚硬，手指甲插入困难；瓜柄发黄或自行脱落（落蒂品种）；着瓜节的叶片叶肉部分呈失绿斑驳状（主要因叶肉中的镁被转移），坐果节位的卷须干枯。

其二，根据手感判断，用手掌拍瓜，声音浑浊者为熟瓜，声音清脆者为不熟瓜;用手掂瓜,同样大小的瓜,手感轻者的成熟度好,手感重者的成熟度相对比较差;用手按压瓜的顶部,变软的瓜成熟度好,发硬的瓜成熟度较差。

其三,计算天数,甜瓜从雌花开放到瓜成熟,不同熟性的品种从开花到果实成熟所历经的天数不同。对坐瓜的每个雌花都标记上开花的日期,到接近成熟期时,计算一下每个瓜自开花至今的天数是否达到了成熟所需天数,若达到了所需天数,一般接近成熟或达到成熟。早熟品种一般需要35~40d,晚熟品种一般需要40~50d,个别特大果品种甚至需要60d以上。

其四,根据味感,成熟瓜能够散发出很浓的芳香气味,不成熟瓜则不散发出香味,或香味很淡。

在确定适收期时,要依据开花授粉日期的标记,再根据品种、果实、果柄、植株表现出的成熟期症状,推算和验证果实的成熟度。在果实膨大成熟过程中,温度高、光照足,可提早成熟3~4d;阴雨低温,会延迟成熟3~4d。对远途运销的可适当提早2~3d采收。摘收厚皮甜瓜宜于傍晚或上午揭开草苫1小时,果面无露水时进行。此时温度低,瓜耐贮放,不易染病和发酵。采摘瓜时应带果柄剪下,采摘厚皮甜瓜时,多将果柄带秧叶剪成"T"字形,以便后熟,防止果实失水和病菌侵入危害,可延长货架期。采摘时要轻拿轻放,避免磕碰挤压。对暂时不外运出销售的瓜,应放置在遮阴、通风、干燥、温度较低的室内保存。对于外运远销的瓜,要随即包瓜装箱,装瓜的纸箱要打开通气孔,装上干燥剂(生石灰包),以降低箱内空气湿度。适宜厚皮甜瓜贮藏的温度为4℃~5℃,空气相对湿度为70%~80%。

七、甜瓜的病虫害防治

甜瓜的主要病害有:霜霉病、蔓枯病、枯萎病、病毒病、疫病、炭疽病等。用瑞毒霉、甲霜灵、代森锌、多菌灵、甲基托布津等喷洒或灌根,也可用百菌清烟雾剂熏棚。

甜瓜的主要虫害有:瓜蚜、白粉虱、茶黄螨、潜叶蝇等,防治方法可用烟蚜剂、敌敌畏烟雾剂熏棚,可用扫螨净、乐果、扑虱灵来防治。

(一)病害症状的识别

①炭疽病:炭疽病又称黑斑病,除在生长季节发病外,在储运中也可发病,使甜瓜大量腐烂。此病主要为害叶片和果实,当棚内的温度在18℃~24℃,相对湿度在85℃~95℃时,如田间排水不良,通风透光性不好,最容易发生病害。西甜瓜叶片发病时,出现水浸状圆形淡黄色斑点,很快变为黑色或紫黑色圆斑点,后期病斑干枯易碎。瓜蔓病斑呈圆形,黑色,稍凹陷。

当病斑环绕瓜蔓和叶柄一周时,叶和蔓枯死。果实病斑圆形水浸状,褐色或黑褐色凹陷。

②疫病:在甜瓜各生长时期和植物的各个部位都可发生病害,如早春保护地栽培遇阴冷朝湿的条件下,棚内温度在 24℃～28℃ 时,易发生病害。开始只出现一个或几个病株,然后逐渐向四周蔓延,2～3d 可扩散到全棚或全田。幼苗发病初期,茎基部呈暗绿色水浸状,生长点及嫩叶迅速萎蔫,不久幼苗便呈青枯状死亡。成株发病呈暗绿色腐烂,干燥时呈青白色枯干,受害部位的茎蔓及叶片也迅速萎垂。幼果发病从花蒂部长出灰色白霉,病果皱缩腐烂并且有臭味。

③白粉病:白粉病是甜瓜常发生的病害,当田间湿度过大,植株徒长、栽培过密、通风不良、光照不足,温度在 15℃～25℃ 时,发病较重,此病主要危害叶片。发病初期,叶片产生近圆形粉斑,以叶片居多。以后病斑逐渐扩大,成为边缘不明显的大片白粉区,上面部满白色,叶片枯黄卷缩,一般不脱落。

④霜霉病:此病菌主要通过空气传播,在 15℃～22℃,湿度过大时发病最快。主要危害甜瓜叶片,一般先从下部叶片发病逐步向上部叶片发展。最初叶片上呈现水浸状黄色小斑点,随着病斑扩大,逐渐变为黄色至褐色。空气潮湿时,叶背面长出灰紫色和紫黑色霉层。严重时病斑连成片,全叶片像被火烤过一样枯黄,连续阴雨天,病叶腐烂。

⑤枯萎病:从目前种植甜瓜的地区看,发病较为重,诱发本病的原因主要是大水漫灌和连作,轻则引起植株矮化、黄化、作果率低。该病在结瓜期和膨大期,是两个发病高峰期。苗期发病后,茎基部变褐色,全株萎蔫,早晚恢复。数天后,全株萎蔫枯死。枯萎植株的茎基部开始变软,水浸状,后逐渐干枯,表皮粗糙,纵裂,潮湿时,茎基部水浸状腐烂,有时出现粉红状物,并流出脑状物,病株的根和导管变成褐色、腐烂,很容易拔起。

(二)综合防治措施

①选择抗病品种:苗床土消毒,在配制苗床土时,加入 50% 多菌灵或敌克松,每立方米加 25～30g,与营养土充分拌均后装入营养钵。然后扣膜加温。

②种子消毒:甜瓜种子易带病菌,故播种前进行种子处理,浸种催芽前,先晒种 3～4h,用甲基托布津或多菌灵 500～600 倍液浸种 15min,捞出后放入清水中清洗,用 10% 的磷酸三钠溶液浸种 20min,以钝化病毒。也可用 50℃ 温水烫种 1～2min,将水搅至 30℃ 时再浸泡 24h,然后用湿布包好,放在 30℃～32℃ 恒温箱内催芽,约 24h 后出芽即可播种。

③注意排风降温:控制温度,甜瓜喜干燥气候,保护地内的空气温湿度不宜过大,应严格控制浇水,严禁大水漫灌,及时清除病苗、病株、病叶和病果,并带出棚外烧毁或深埋,以防止病菌蔓延。

（三）病虫害防治

①防治炭疽病可用 50％多菌灵可湿性粉剂 500～800 倍液、75％百菌清可湿性粉剂 500～800 倍液、70％甲基托布津可湿性粉剂 500～800 倍液、65％代森锌可湿性粉剂 500～600 倍液、双效灵 400～500 倍液,7～10d 喷一次,可有效防治炭疽病的发病和蔓延。

②防治疫病选用 40％乙磷铝可湿性粉剂 300 倍液,或用 1：2 的 25％瑞毒霉与 65％代森锌可湿性粉剂混合成 600 倍液灌根,每株用药 200～250ml,7～10d 灌一次。

③防治白粉病可选用 20％粉锈宁乳油 2 000 倍液、75％百菌清、50％多菌灵可湿性粉剂 500～800 倍液、50％甲基托布津可湿性粉剂 1 000 倍液,每 7～10d 喷一次,或用 50％多菌灵 500 倍液灌根,每株用药 250～500ml,10～15d 灌一次,效果更好。

④防治霜霉病可用 65％代森锌、70％百菌清可湿性粉剂、64％杀毒矾 500 倍液、70％普力克 600 倍液,7～10d 喷一次。

⑤防治枯萎病,可采用嫁接育苗技术防病,药剂防治只是一种补救措施,发病后主要用 200 倍双效灵、100 倍农抗 120 药液灌根。也可采用 70％甲基托布津或 70％敌克松 500～1 000 倍液灌根。以上农药在喷雾防治时,要交替使用和合理混用,以增强防病治病效果,扩大杀菌范围,防止病菌产生抗药性。

第十七章 白 菜

第一节 白菜的生物学特性

一、白菜的品种介绍

白菜原产于我国北方,是十字花科芸薹属叶用蔬菜,通常指大白菜;也包括小白菜以及由甘蓝的栽培变种结球甘蓝,即"圆白菜"或"洋白菜"。引种南方,南北各地均有栽培。19世纪传入日本及欧美各国。白菜种类很多,北方的大白菜有山东胶州大白菜、北京青白、天津青麻叶大白菜、东北大矮白菜、山西阳城的大毛边等。

白菜类型、品种繁多,适应性广泛,在中国江淮地区,除冬季和早春行简易覆盖栽培外,可多茬露地栽培;华南地区可周年生产。

二、白菜的生物学特性

白菜包括结球及不结球两大类群。

结球白菜统称北京白菜又叫大白菜,叶浅绿色,有皱,叶球抱合紧密。其中一个类型天津白菜,叶球细长,圆柱状,高约45cm。白菜在美国久已栽培,用作沙拉蔬菜。纳帕白菜叶球较短较粗,高30cm。

不结球白菜统称中国白菜又称中国芥菜、小白菜,叶光泽,深绿色;叶柄厚,白色,脆;不形成叶球;黄色的菜心很受欢迎。所有白菜均味美鲜嫩,故能与许多食物搭配食用。韩国泡菜是到处可见的食品,常用白菜制成。

白菜具有浅根性、须根发达、再生力强的特点,适于育苗移载。茎在营养生长期为短缩茎,遇高温或过分密植时也会伸长。短缩茎上着生莲座叶,为主要食用部分,又是同化器官。

叶圆、卵圆、倒卵圆或椭圆形等,全缘、波状或有锯齿,浅绿、绿或深绿色;叶面光滑或有皱缩,少数具茸毛;叶柄肥厚,横切面呈现扁平、半圆或偏圆形,一般无叶翼,白、绿白、浅绿或绿色;叶序为 2/5 或 3/8,单株叶数一般十几片。

花茎叶一般无柄,抱茎或半抱茎。复总状花序,完全花,花冠黄色,花瓣 4,十字形排列;雄蕊 6,花丝 4 长 2 短;雌蕊 1;位于花的中央。异花授粉,虫媒花。长角果,内有种子 10～20 粒;成熟的角果易开裂,需及时收获。种子近圆形,红褐或黄褐色,千粒重 1.5～2.2g。

性喜冷凉,适应性较强,比大白菜耐寒耐热,生长最适温度为 18℃～20℃,在零下 2℃～3℃能安全越冬。乌塌菜能耐－8℃～－10℃低温,经霜雪后,其味更加甜美。25℃以上高温及干燥气候条件,生长弱,品质差,南方各省有少数耐热品种,能作夏白菜栽培。萌动的种子或绿体植物阶段在低温(0℃～5℃或 10℃)条件下 30～40d 通过春化阶段,在长日照及较高温度条件下抽薹开花。根系发达,分布较浅,对土壤适应性强,但以富含有机质、保水保肥力强的黏土或冲积土为良,由于以叶为产品,且生长期短而迅速,要求以氮肥为主

三、白菜的土壤质地选择

大白菜属浅根系蔬菜,以肥沃而物理性状良好的壤土、沙壤土或轻黏土较好。

大白菜对土壤的酸碱度也有一定要求,在微酸性到弱碱性(PH＝6.5～8)都能正常生长。若 PH 超过 8,含盐量为 0.2%～0.3%,地下水位又较低,如不注意水肥管理,容易出现"干烧心"现象。

第二节　白菜的栽培技术

一、白菜的品种选择

大白菜的品种较多,如早熟 5 号、改良 3 号、青杂一号、青华一号、87-114、德高一号等。大白菜早熟品种有春时极早生、春翠、韩国白菜、热抗百 45、四季王白菜、春秋 54、韩国快白菜、小杂 55 与 56、鲁白一号、连早等;中

熟品种有鲁白2号、辽丰等；中晚熟品种有核桃纹、冀杂一号、冀菜3号、晋菜2号、玉青、麻叶、二包头等。应根据需要选择适宜品种，播种量在1.5kg/hm² 左右。

大白菜喜温暖凉爽的气候，耐寒性、耐热性弱，根据栽培季节，主要分为春季耐抽薹品种、夏季耐热品种和秋季耐贮藏品种。

早期播种应选择耐热、抗病、结球性好、生长期较短的品种，如夏优、夏阳、夏丰等；中期播种应选择耐热、抗病、结球期耐低温、不裂球、耐运输的品种，如小杂55、小杂56、青杂5号等。

二、白菜的种子处理

大白菜在播种前，对大白菜种子要进行处理，饱满的种子含有养分多。种子发芽大都依靠种子本身贮存的养分，因而饱满的种子发芽势、发芽率都高；萌发的幼芽也苗壮。因此在播种前应进行筛选，去掉秕粒、破伤种子和瘦弱的种子，选用整齐、籽粒饱满、生活力强的种子播种。一般大白菜要求播种种子的千粒重达 2.5～3g。北京地区大部分用蔬菜种子筛选机筛选，一般选用直径 0.8～1.1mm 的圆孔筛片，进行筛选加工，这样种子净度可达 98%～99%。筛选后还应当对种子进行发芽势和发芽率的试验。为了提高种子发芽势，在播种前可以将种子晾晒 2～3d，每天 2～3h，晒后放在阴凉处散热，这种方法可以提高长期贮藏后种子的活力。大白菜的大、中粒种子的田间出苗率极显著地优于特小粒种子，深色种皮的种子也显著地优于浅色种子。在生产上宜进行种子筛选，尽量选用大粒种子播种。

大白菜的病害较多，因此为预防病害，特别是黑腐病、霜霉病、黑斑病、白斑病等种子带菌的病害，可于播种前进行种子消毒处理。北京地区生产上一般用药剂拌种，用相当于种子重量的 0.4% 的福美双或 0.3% 的瑞毒霉拌种或用干处理或湿处理的方法来杀菌，如先将种子在冷水中浸泡 10min，再放于用 50℃～54℃左右温汤（用一杯刚沸腾的开水加等量冷水），浸泡种子 30min，温汤量掌握在种子体积 2～3 倍。处理结束后，立即将种子移于冷水中，冷却后把种子晾至不沾水即可播种。目前生产上干处理多采用药剂杀菌，如用 25% 甲霜灵，或者 50% 福美双、90% 乙磷铝 1：1 比例混合粉，或者 70%DTM，按种子重量 0.2%～0.3% 拌种后播种。用水剂处理比较麻烦，但若要进行春化处理的也可用，如常用的甲基托布津 1 500 倍水溶液。浸种时间不能过长，一般 10min 左右，浸后应将种子表面的药物清洗干净，否则会影响发芽率。

三、白菜的播种

大白菜适时播种非常重要,选择适宜的播种期,最大限度地满足大白菜各时期对环境条件的需要,是获得丰收的关键。播种方式分为直播和育苗两种。

①直播。直播是主要的栽培方式。直播是在整好的垄或畦内划沟,深约 1.5cm,人工顺沟播种,然后覆土、镇压,每亩用种量 150~200g。

②育苗。育苗畦要选择地势高、肥沃、排水良好的地块,秋季播种期可比直播提早 3~5d,苗期 20~25d。冬春季节气温低,幼苗生长缓慢,需40~50d 苗龄。春末、炎夏季节气温高,幼苗生长迅速,需 25~30d 苗龄。育苗时,要根据当地季节气候特点,采取适当的保护设施。冬播早熟栽培,因严冬季节寒冷,宜采用高效节能型日光温室播种育苗栽培;春播早熟栽培,因早春气温低,宜采用普通日光温室播种育苗栽培;春末夏栽,因春末早晚气温低,宜在塑料拱棚内播种育苗,露地定植;夏季早熟栽培,因夏季气候炎热而多雨,要采用阴棚降温播种育苗,或直播后覆草、浇水降温保苗栽培,并要注意雨后排水。

大白菜一般在 2℃~13℃经 10~25d 通过春化形成花芽而抽薹开花,因此春季苗床最低温度宜掌握在 15℃以上,定植后要尽量避开 10℃以下的低温。夏季高温期要注意遮阴降温育苗,注意浇水降温保苗。播种时要浇足底水,保持床土湿润,以利幼苗出土。分苗和定植时要及时浇水,特别是夏季高温期,定植后要连浇 1~2 次的缓苗水,以后 5~7d 浇一次,不宜大水漫灌,雨季要注意排水防涝,预防软腐病的发生。

四、白菜的杂交授粉

大棚白菜授粉,每授完一株到室外把衣服袖口用毛巾拍打干净,再用自来水冲洗手、指甲缝、镊子等授粉工具,然后用 70%酒精将手和镊子等授粉工具擦洗干净,再给下一株授粉。第一天授完粉的株系可等到第四天再进行授粉,依此类推。

五、白菜的光、温、水、肥、气管理

(一)发芽期的管理

夏大白菜的播种期正值炎热季节,为保证播种后苗全、苗齐、苗壮,必须及时浇水。一般采用三水齐苗措施,即播后浇一水,拱土浇二水,苗出齐后浇第三水。浇水一方面满足大白菜发芽出土的需要,更重要的是为了降低土壤温度,防止病毒病的发生。如果播后遇到阴天,可减少浇水次数。

(二)幼苗期的管理

夏大白菜从出苗至长出5～6片真叶为幼苗期。这时正处于高温干旱或炎热多雨的季节。其管理工作应贯彻五水定棵的原则,及时浇水,降低地温,保护幼苗根系正常生长,防止病毒病的感染。若雨水过多,就应及时排水,加强中耕散墒。为了保证全苗,可以经过两次间苗后再进行定苗。这样,既可避免幼苗过分拥挤,又可合理留苗,培育壮苗。间苗一般可在拉十字和3～4片真叶时进行,7～8片真叶定苗。第二次定苗后每亩应追施提苗肥5kg尿素。

(三)水分管理

夏季水分蒸发很快,应该保持田间土壤湿润,严防忽干忽湿,在高温干旱天气要注意经常浇水,一般在傍晚或清晨浇水为佳。雨后及时排除田间积水,以防根系受溃、烂根,导致病害严重。

(四)莲座期管理

适当浅锄,配合中耕去除杂草,同时注意浇水。在干旱的条件下,每隔5～6d就要浇一水。配合浇水还要进行第二次和第三次追肥。第二次追肥在莲座初期进行,每亩追施,或追施熠昌生物海藻素冲施肥20kg。第三次追肥在莲座后期进行,每亩追施磷酸二铵15～20kg。

(五)结球期的管理

管理措施仍以浇水和追肥为中心。浇水时间可适当延长,每隔8～9d浇一次水,结球前期有条件的话,可再追施一些化肥。

六、白菜的收获

大白菜性喜冷凉湿润,故贮藏大白菜要求低温条件。白菜叶片属于营养贮藏器官,缺乏外层保护结构,易出现腐烂、失水、萎蔫。早熟品种不耐贮藏,中晚熟品种较耐贮。青帮类型比白帮类型耐贮。

(一)采收

收获前 10d 内停止灌水,否则组织脆嫩、含水量高、机械伤严重、代谢旺盛,耐贮性和抗病性都会降低。适时收获是大白菜贮藏中的一个重要因素。采收过早,影响产量,同时气温较高,对运输和贮藏不利;采收过晚,易在田间受冻。大白菜的采收期应根据各地的具体情况而定。华北地区约在立冬到小雪期间采收。白菜收获时,在根长 3cm 左右处砍倒,也可以从叶球的底部砍倒。

(二)贮前处理

贮藏前的预处理主要包括预选整理、晾晒及药剂处理三个主要步骤。

(三)冷藏条件

控制适宜的温度、湿度和气体条件。

(四)贮藏期间的管理

贮藏期间必须保持温度稳定,防止空气循环流动不到的地方产生死角和冷风直接从冷风机吹向白菜表面而造成冻害。定期取大白菜样品,检测各项感官和生理指标,以便更好地把握贮藏效果。大白菜可贮藏 3～5 个月。贮藏过程中一旦有了易于萌发的条件,其生命活动会大大加强,内存物迅速消耗,此时就不宜再贮藏下去,应及时安排出库。

七、白菜的病虫害防治

(一)物理防治

利用蚜虫趋黄特性设黄板诱杀;也可亩用银灰色膜 5kg 地面覆盖或亩用 1.5kg 银灰色膜剪成的 15cm 的挂条,可有效避免蚜传毒。

（二）生物防治

选用 3％克菌康 1 000 倍液、72％农用链霉素 3 000 倍液喷雾,每隔 6～7d 一次,连喷 3 次,可预防软腐病、干烧心、黑腐病及细菌性角斑病,在甜菜夜蛾、甘蓝夜蛾、菜青虫、小菜蛾卵盛期和低龄幼虫期用敌敌畏 800～1 000 倍液喷雾防治。

（三）化学防治

①霜霉病:选用 75％百菌清可湿性粉剂 500 倍液,或 50％多菌灵可湿性粉剂 800 倍液,或 25％甲霜灵可湿性粉剂 800 倍液喷雾,7～10d 一次,连喷 3 次。

②病毒病:苗期及时防治蚜虫、飞虱,控制传毒昆虫,可减少病毒病危害。发病初期用 1.5％植病灵乳剂 400～500 倍液喷雾,隔 1d 喷第 2 次,7～10d 喷第 3 次。可有效预防病毒病。

③软腐病、干烧心、黑腐病、细菌性角斑病:选用 72％农用链霉素可溶性粉剂或新植霉素 3 000～4 000 倍液喷雾,7～10d 一次,连喷 2～3 次,选用 75％百菌清 500～600 倍液,30％菌必克 600 倍液或灭菌威 500～800 倍液交替喷雾,每隔 7～10d 一次,喷药时以轻病株及其周围植株为重点,着重喷施接近地表的叶柄及根茎部。

④根肿病:该病发生后难以用药剂防治。防治该病最根本的措施是与非十字花科作物实行 3 年以上轮作,避免土壤偏酸性。药剂防治可以在定植前 7～10d,每亩撒熟石灰粉 75～100kg;或者在白菜发病初期用 15％石灰乳灌根,每株灌 300～500ml。也可以在定植前每亩用 50％甲基托布津可湿性粉剂 1.5～3kg 拌细土 20～30kg,撒入沟中后栽苗;或者用 50％多菌灵可湿性粉剂 500 倍液灌根,每株 250ml。

⑤蚜虫、烟粉虱:用 40％乐果乳油 1 000～1 500 倍液,或 10％吡虫琳可湿性粉剂 1 000～2 000 倍液,或 50％抗蚜威可湿性粉剂 4 000～8 000 倍液,隔 5～7d 喷一次,90％万灵可湿性粉剂或 10％吡虫啉＋4.5％高效氯氰 2 500～3 000 倍液交替喷雾,间隔 7d,连续用药 3 次以上,可兼治烟粉虱,注意喷施叶背面,有更好的防治效果。

⑥甜菜夜蛾、甘蓝夜蛾、菜青虫、小菜蛾:用 BT 乳剂 1 000 倍稀释液（原药 100g/亩）,或敌敌畏乳油 1 000 倍液,或 2.5％功夫乳油 5 000 倍液喷雾防治。

第十八章 萝　卜

第一节　萝卜的生物学特性

一、萝卜的品种介绍

萝卜,根茎类蔬菜,又名莱菔、水萝卜,属植物界、十字花科、萝卜属。根肉质,长圆形、球形或圆锥形,原产我国,品种极多,有绿皮、红皮和白皮的。具有多种菜用和药用价值。

(一)阜南田集萝卜

田集萝卜产于田集镇长寿村,依 72 眼古井群优质地下水浇灌,其产品特点为皮薄、汁多、肉嫩、清脆、甘润,生食胜水果,是典型的地方特产。

(二)东北红萝卜

东北红萝卜是萝卜的一种,是我国东北地区的特产。为十字花科萝卜属,一、二年生草本,根肉质,球形,根皮红色,根肉为白色或淡粉色。东北红萝卜性微温,入肺、胃二经,具有清热、解毒、利湿、散淤、健胃消食、化痰止咳、顺气、利便、生津止渴、补中、安五脏等功能。由于因气候及品种等因素使得东北红萝卜具有极高的营养价值和药用价值。

(三)脉地湾萝卜

脉地湾,武汉市黄陂区中部低矮山区中的一个自然村湾,它左靠木兰云雾山,石依院基寺水库,紧靠木兰八景和锦里沟、大余湾。小山岗前后包绕,形如一个被挤扁的小盆地。一条小溪,从云雾山的主峰矿山南侧发源,蜿蜒横贯村子。当地先民们在小溪两侧用石块修砌出一块块小田。元代中期,当地就开始种植萝卜。独特的山间小环境、特殊的土壤、清凉的山泉水,没有工业污染,施用农家肥,这种有机的种植方式,使这里的萝卜仔水分和糖分上要优于普通萝卜,被人视为蔬菜中的贵族,明朝曾作为贡品送上皇室。脉地湾萝卜中的"扇子白",与韩国萝卜中的两个品种汉白玉、特新白玉春,做过一个营养成分比对测定。结果显示:"扇子白"在可溶性糖、维生素 C、粗蛋白等方面明显占优。这说明脉地湾萝卜更有营养。

(四)潍县萝卜

潍坊萝卜之传统名谓"潍县萝卜",因源于老潍县是潍坊市潍城区和奎文区的一部分。据说,潍县萝卜种子拿到外地种植,结果都不成。究其原因,水土异地。更有传言,潍坊萝卜仅一小块地而已。

然而,据有关人士考证,潍县萝卜有上乘精品。潍坊萝卜栽培已有300多年历史,品种也形成了大缨、小缨和二缨三个品系。三个品系的特征基本相似,叶均属花叶型,每叶有裂叶 8～10 对,叶色深绿。肉质根均呈圆柱形,地上部占全长四分之三,为青绿色,地下部分占四分之一,为白色,这便是潍县萝卜与其他品种的区别。上乘精品潍县萝卜,个高 20cm,直径 5cm,其缨叶绿色,外皮黑绿色,尾部白色,肉瓤青绿,绿无白糠花,清香,汁多且甜,皮微辛,甚是可口。潍县萝卜既可作蔬菜,也可生食。做菜凡炒、拌、炖、腌均可,为当地秋、冬、春三季主要蔬菜之一。

(五)天津青萝卜

天津青萝卜又称卫青萝卜,是沙窝萝卜、葛沽萝卜和灰堆萝卜的统称。属生食绿色品种。细长圆筒形,皮翠绿色,尾端玉白色。整个萝卜上部甘甜少辣味,至尾部辣味渐增,是地方优良品种,极耐贮藏。

(六)如皋萝卜

如皋,位于长江三角洲上海都市圈内,东濒黄海,南临长江,有着优越的气候条件,土壤为沙性土,适合萝卜的种植。如今"如皋萝卜"凭着自身皮薄、肉嫩、多汁,味甘不辣,木质素少,嚼而无渣等优点已经蜚声海内外。

(七)心里美萝卜

叶簇半直立或较平展,植株生长势较强,叶片着生较疏松,有叶片 26个,叶长 32cm,宽 12cm,花叶型或枚叶型,叶片深绿色。肉质根呈圆筒形,上部略小,根长 12cm,根粗 8cm,地上部根皮绿色,地下部白色,尾部浅红色,肉质根跟肉呈放射状紫红色,一般单根重 0.4～0.5kg,生长期 80d 左右,属中早熟品种,一般亩产 20 000kg 左右,它的抗病性强,耐贮藏,肉质脆,味甜,含水份略少,品种好,是主要的生食品种。

二、萝卜的生物学特性

(一)形态特征

萝卜的根系属直根系。据调查,一般小型萝卜的主根深 60～150cm,大型萝卜的主根可深达 180cm;而主根群分布在 20～45cm 的耕层中,有较强的吸收能力。萝卜的食品器官称为"肉质根"。根据对其产品器官形成过程中形态变化的观察,认为它是由缺乏增长而横向扩展的短缩茎、发达的子叶下轴和主根上部三部分共同膨大而形成的。因而它不是简单的根,而是一种复合器官。蔬菜栽培学上,一般将萝卜的肉质根分为根头、根颈和真根三部分。根头即短缩茎,其上着生芽和叶,在子叶下轴和主根上部膨大时叶随着增大,并保留着子叶脱落的痕迹。根茎即子叶下轴发育部分,表面光滑,没有侧根。真根由胚根发育而来,其上着生两列侧根,上部膨大,参与萝卜产品器官的组成。在肉质根形成过程中,次生构造发生的很早,第二片真叶展开时,次生构造就发生了。次生生长开始时,初生韧皮部内侧的原形成层细胞首先开始活动,形成一行到几行扁长方形细胞,排列略成弧形,并继续向两侧扩展,直达原生木质部外方的中柱鞘,这部分中柱鞘细胞也恢复了分生能力,共同组成形成层。在横切面上,形成层近似椭圆形。形成层向内分化次生木质部,向外分化次生韧皮部,同时分化射线薄壁细胞。初生木质部被次生木质部包围在中央;而初生韧皮部则被挤压、压扁、退化消失。肉质根的次生生长使萝卜的中柱部分逐渐膨大,而初生皮层和表皮不能相应膨大,故发生破裂、萎缩和脱落,即表现为"破肚"(或称"破白")。

在"破肚"的同时,大部分的中柱鞘细胞平周分裂形成木栓形成层,向外产生极薄的几层木栓层,起保护作用;向内产生栓内层,为薄壁细胞,里面含有叶绿体,又称为"绿皮层"。因此,"破肚"后的萝卜皮,实际上是由木栓层、木栓形成层、栓内层、皮层、次生韧皮部、形成层组成。由于形成层和木栓形成层保持着旺盛的分生能力,使肉质根得以大幅度增大横径,并能保持圆形轮廓。萝卜肉质根解剖结构的特点之一是次生木质部发达,木质部薄壁细胞丰富,而导管数量较少,并且被射线薄壁细胞分离成辐射线状。萝卜肉质根解剖结构的另一个特点是具有三生构造。其发生情况是:在肉质根次生木质部里,次生导管附近的部分薄壁细胞首先分化成为"木质部内韧皮部",然后在其周围分化出"额外形成层"环状的额外形成层向圈内分生三生韧皮部,向圈外分生大量的生生薄壁细胞核少量的导管,使整个构造近似同心圆状。三生构造出现后,次生构造仍保持正常的结构形式,而三生构造在靠近中央部分自内而外地出现。

次生构造与三生构造按比例协调生长使肉质根的外形保持均匀、规整。观察肉质根的纵切面,可见三生构造系自上而下的连续束状结构,具有输送和贮藏光合产物的作用。

(二)生育周期

萝卜的生长发育过程,可分为营养生长和生殖生长两个时期。

1. 营养生长时期

萝卜的营养生长时期是从播种后种子萌动,出苗到形成肥大的肉质根的整个过程。在这个过程中由于生长点的变化,又分为发芽期、幼苗期、叶片生长期、肉质根生长盛期。

①发芽期:从种子萌动、发芽到子叶展开,需要 3～4d 的时间。这个时期的生长特点是"异养生长",即生长所需的能量来自种子内贮藏的养分。在这个时期,种子需求供给充足的水分和适宜的温度,才能发芽迅速,出土整齐,子叶也长得肥大。发芽期对肥料的吸收量很小,并以氮肥为多,其次是钾,磷最少。

②幼苗期:从子叶展开到团棵(5～7 片真叶)约需 18～22d。由于肉质根不断加粗生长,而外部初生皮层不能相应地生长和膨大,引起初生皮层断裂,称为"破肚"。这一现象为肉质根开始膨大的象征。此期是幼苗生长的迅速时期,植株吸收以氮最多,钾次之,磷最少。要求充足的营养及良好的光照和土壤条件。所以,要淡肥勤浇,并及时间苗、定苗、中耕、培土,以促进苗齐、苗壮。

③肉质根生长期:肉质根生长前期从破肚到露肩,约需 20～30d。所谓露肩,就是肉质根的跟头部分变宽露出地面。此期叶数不断增加,叶面积迅速扩大,光合产物增多,根吸收水分、养分增多,肉质根延长生长与加粗生长都很迅速,但地上部分的生长量仍超过地下部的生长量。吸收肥料的量以钾最多,氮次之,再次为磷。在栽培技术上,莲座初期与中期,应增施水肥,促进形成大的莲座叶,此后应有较低的夜温,并适当控制水肥。使莲座叶的生长稳定下来。在莲座叶生长的后期又要大量追施完全肥料,为以后肉质根生长盛期打下基础。

④肉质根生长盛期:从露肩到收获。约需 40～60d。这个时期叶片生长趋于缓慢,而肉质根的生长速度加快,同化产物大量贮藏于肉质根内。到后期叶重仅占肉质根重的 1/5～1/2。对肥水的要求最多,吸收量仍以钾最

多,氮次之,磷最少。在栽培技术上,此期的前期和中期要有足够的肥水供应以利养分的积累与肉质根的膨大。到后期,仍应适当浇水,保持土壤湿润,避免干燥引起空心。

2.生殖生长期

收获后的萝卜仔低温贮藏中通过春化阶段。第二年春季作为种株栽植于露地,在长日照和温暖的环境中开始生殖生长,贮藏器官中的养分便向花中运输,使花迅速伸长,随后开花、授粉。雌蕊受精后,先是果实生长,以后才是种子生长,待到种子生长充实,萝卜便完成它的一个生活周期。植株抽薹分枝后,自上而下开花。萝卜自现蕾至开花,一般需要 10~30d,长的可达 40d,至种子成熟还需要 30d 左右。

三、萝卜的土壤质地选择

萝卜种植以土层深厚,富含有机质,保水和排水良好,疏松肥沃的砂壤土为最好。土层过浅,心土紧实,易引起直根分歧;土壤过于黏重或排水不良,都会影响萝卜的品质。萝卜吸肥能力强,施肥应以迟效性有机肥为主,并注意氮、磷、钾的配合。特别是肉质根生长盛期,增施钾肥能显著提高品质,除了肥料三要素外,多施有机肥,补充微肥是萝卜必要的营养成份。

第二节 萝卜的栽培技术

一、品种选择

北选技术措施:株选混采中心圃的采种方式,是为南繁提供用种的可靠途径。

①株选:在东北大面积母株生产田中严格按标准挑选采种母株。但应注意,母株生产田的用种必须用上年当地繁制的母根种子。

②混采:大白菜是天然异花授粉植物,其遗传性十分复杂,必须拥有一定的授粉群体才能较稳定地保持原品种的特性。

③中心圃:为保证繁殖用种的纯度能较稳定,应将入选种株的最典型代表株定值在采种地的中间,将这部分种株上采集的种子作为南繁用种,其余可作为下年母根生产田用种。

适宜半高山和高山种植的萝卜品种,选用品种要本着早熟、耐寒、高产、优质的原则进行。由于红萝卜市场需求量小,所以夏秋栽培以白萝卜为主。

二、种子处理

从播种到出苗,是种子最易受到不良环境影响的时期,缩短这一时期,有可能改善田间的生产性能。生产上播种前对种子进行浸种、植物生长调节剂处理是促进种子萌发的主要措施。水分是种子萌发的首要条件,种子在萌发前,必须吸足一定的水分。

三、播种

①适时播种:萝卜的品种繁多,播种期选择应按照市场的需要及品种的特性,创造适宜的栽培条件,尽量把播种期安排在适宜生长的季节里,特别是要把肉质根膨大期安排在月平均温度最适宜的季节。四季萝卜耐寒,抗性较强,一般在"立春"至"惊蛰"播种。秋萝卜抗热性较差,而且生长期较长,河南省一般在立秋前后播种比较合适。

②播种方法:萝卜均采用直播法,播种方法分为平畦和高垄两种方式。平畦为撒播,高垄的有条插和穴播两种。春季凡是平畦撒播的都是先浇水再播种而后覆土,凡是高垄栽培的不论是春季或秋季,不论是条播或穴播,都是先播种,盖土后再浇水。覆土的厚度,春季一般 3.3cm,秋季 1.7cm,播种过浅,土壤易干,且出苗后易倒伏,胚轴弯曲,将来根形不直,播种过深,不仅影响出苗的速度与植株健壮,还会影响肉质根的长度和颜色。播量决定于品种和播种方法,每亩用种量,大型品种穴播的需 0.34~0.5kg,每穴点播 6~7 粒,中型品种条播的需 0.6~1.2kg,小型品种撒播 1.8~2kg。一般行株距的标准为:大型品种行距 50~60cm,株距 25~40cm;中型品种行距 40~50cm,株距 15~25cm;小型间距 10~15cm 左右,播种深度约 1.5~2cm。

四、田间管理

俗语"有收无收在于种,收多收少在于管,三分种,气分管"。萝卜播种出苗后需适时适度地进行间苗、浇水、追肥、中耕、除草、病虫害防治等一系列管理工作。其目的在于很好地控制地上与地下的生长平衡促使前期根深叶茂,为后期光合产物的积累与生长肥大的肉质根打好基础。

①间苗、定苗:幼苗出土后生长迅速,要及时间苗,保证幼苗有一定的营

养面积,对获得壮苗有很大作用。否则相互拥挤,遮阴、光照不足,形成的幼苗细弱徒长,会使胚轴部分延长而倒伏。间苗的次数与时间要依据气候情况、病虫危害程度及播种量大小而定。一般应该以"早间苗,分次间苗,晚定苗"为原则,保证苗全苗壮。间苗早,苗小,拔苗时不致损伤留用苗的须根;晚定苗比早定苗会减轻因病虫危害而造成的缺苗。一般是在第一片真叶展开时,进行第一次间苗;出现第2~3片真叶时进行第二次间苗;拔除弱苗、病苗、畸形苗及不具原品种特征的苗。在"大破肚"时,进行定苗。

②合理浇水:萝卜需水较多,不耐旱,如果缺水,肉质根就会生长细弱、皮厚、肉硬,而且辣味大;如果水分供应不匀,肉质根也会生长不整齐,或者裂根。但是水分过多,又容易使根部发育不良,或者腐烂,所以浇水要根据降雨量多少,空气和土壤的湿度大小,地下水位高低等条件来决定,其次数和每次浇水的数量,要根据它的不同生长发育阶段灵活掌握。

发芽期:比重后要充分浇水,保证地面湿润,使发芽迅速,出苗整齐,这时如果缺水或者土面板结,就会出现"芽干"现象,或者种子出芽的时候"顶锅盖"而不能出土,造成严重缺苗。所以一般播种后,应立即浇一次水。保证种子能够吸收足够的水分,以利于发芽。

幼苗期:因为苗小根浅,需要的水分不多,所以浇水要小,如果当时天气炎热、外界温度高,地面蒸发量大就要适当浇水,以免幼苗因缺水而生长停滞,发生病毒病。同时要注意疏水防涝。

叶片生长盛期:此期根部逐渐肥大,需水渐多,因此要适量的浇水,以保证叶部的发育。但也不能浇水过多,否则,便会使叶片徒长而互相遮阴,妨碍通风透光;同时营养生长太旺盛,也会减少养分的积累,所以这个时期应采取蹲苗的办法来控制植株地上部的生长,一般是蹲苗以前浇一次足水,然后中耕,蹲苗,蹲苗期一般为15~20d,但要根据植株表现而定。清晨到田间去观察如果发现株上露水比较大,叶色嫩而发黄,则应当继续蹲苗;若叶子上没有露水,叶色黑绿,即应当结束蹲苗开始浇水。

肉质根生长期:此期植株需要充分均匀的水肥使土壤保持湿润,直到采收以前为止,若此时受旱,会使萝卜的肉质根发育缓慢和外皮变硬,以后遇到降雨或大量浇水,其内部组织突然膨大,容易裂根而引起糜烂,后期缺水,容易使萝卜空心,味辣,肉硬,降低品质和产量。

③分期追肥:施肥要根据萝卜仔生长期对营养元素需要的规律进行。在追肥时要做到"三看一巧",即看天、看地、看作物,在巧字上狠下功夫,以求得合理施肥。做到选择适宜的施肥时间,菜农的经验是:"破心追轻,破肚追重"。一般施肥的时间和次数是:第一次追肥在幼苗生出1片真叶时进行,每亩施用硫酸铵12.5~15kg,在浇水之前,把肥料撒在垄的背阴面距植

株 7～10cm 处,然后再浇水。第二次追肥应在第一次追肥之后半个月左右进行,每亩顺水追施粪稀 1 000kg,或硫胺 15～20kg,加草木灰 100～200kg,或粪稀 1 000kg,增施过磷酸钙、硫酸钾各 5kg。

④中耕除草及培土:秋萝卜的幼苗期正是高温多雨的季节。杂草生长旺盛,如果不及时除草,就会影响幼苗生长,杂草还是害虫、病菌泛指寄生的地方。幼苗期要勤中耕,勤除草,使地面经常保持干净,使土壤经常保持疏松和通气良好,同时也利于保墒。第一次中耕,幼苗根系入土浅要浅中耕,锄破地皮就行,随着植株的生长,第二次中耕就要加深,切勿碰上苗根,以免引起杈根、裂口或腐烂。

五、萝卜的光、温、水、肥、气管理

萝卜为半耐寒性蔬菜,生长的温度范围为 6℃～25℃,生长适温度为 20℃左右。在高温情况下,植株生长衰弱,也容易引起病虫害发生,尤其是蚜虫和病毒害的发生。在 6℃ 以下生长缓慢,并容易通过春花阶段而导致未熟抽薹。

萝卜一般属于要求中等光照强度的蔬菜,阳光充足,植株生长健壮,光合作用强,物质积累多,有利于肉质根的膨大。若光照不足,往往叶柄伸长,下部叶因营养不良而提早衰亡,影响萝卜的品质和产量。萝卜属于长日性植物,完成春化的植株,在 12h 以上的长日条件下,花芽分化及花枝抽生都比较快,因此。萝卜春播时容易发生未熟抽薹现象。

种植萝卜以土层深厚,保水和排水良好,疏松透气的沙质土壤为好。土壤 PH 以 5.3～7.0 较为适宜。萝卜对营养元素的吸收量以钾最多,氮次之,磷最少。每生产 1 000kg 萝卜,约吸收 5.55kg 氮、2.60kg 磷、6.37kg 钾,氮、磷、钾的吸收比率是 2.1：1：2.5。

土壤水分是影响萝卜产量和品质的重要原因之一。在肉质根形成期,若土壤干旱,气候炎热,肉质根膨大受阻,皮粗糙,辣味增强,糖和维生素含量降低,易糠心,品质下降。若土壤含水量偏高,则土壤通气不良,肉质根皮孔加大,影响商品品质。肉质根生长盛期,土壤含水量稳定在 20% 左右较为适宜。若土壤干湿骤变,则易造成肉质根裂口。

六、收获

萝卜的收获期依品种、栽培季节、用途和供应要求而定。一般当田间萝卜肉质根充分膨大,叶色转淡,渐变黄绿时,为收获适期,春播和夏播的都要适时收获,以防抽薹糠心和老化。秋播的多为中晚熟品种,需要贮藏或延期供应,稍迟收获,但须防糠心,防受冻,一定要在霜冻前收获(10月中旬)。

七、萝卜的病虫害防治

(一)蚜虫

在高温干旱时发生最重。萝卜幼苗期正是蚜虫大量发生期,其聚集于萝卜叶片的背面吸食汁液,形成褪色斑点,叶色变黄,叶片卷缩,植株矮小,萝卜正常生长受阻,蚜虫还传播病毒病。防治蚜虫一般以药剂防治为主。可用50%抗蚜威可湿性粉剂2 000～3 000倍液,或50%马拉硫酸乳油1 000～2 000倍液喷洒,在晴天进行,如喷药后遇雨,天晴后应补防1次。

(二)菜青虫

菜青虫是菜粉蝶的幼虫,主要危害萝卜等十字花科蔬菜。其幼虫体青绿色,腹节有4～5条横的皱纹,背面密生细毛和小黑点。成虫为白色粉蝶。菜青虫的幼虫食叶,2龄前只能啃食叶肉,留下一层透明的表皮,3龄后可食整个叶片,轻则虫孔累累,重则仅剩叶脉,影响植株生长。

防治方法主要为药剂防治:50%辛硫磷1 000倍液或40%水胺硫磷800～1 000倍液或40%乐果乳油800倍液+20%杀灭菊酯5 000倍液,或40%水胺硫磷1 000倍液+20%杀灭菊酯50 000倍液。

(三)菜螟

菜螟又叫菜心虫、钻心虫、萝卜螟,主要危害十字花科蔬菜,以萝卜受害最重。幼虫体长1.2～1.4cm,头部黑色,胸腹部淡黄色或浅黄绿色,背面有5条深褐色纵纹。成虫灰褐色,体长0.7cm。幼虫吐丝结网将萝卜心叶结成一闭,并躲在里面把萝卜心叶和髓吃空,只剩下几个外叶。受害轻的幼苗生长停滞,严重的造成幼苗死亡,形成缺苗断垄,还可传播软腐病。萝卜播种早受害重,沙壤土比黏土菜地发生较重。

防治方法:①适当调节播种期,使菜苗3～5片真叶期与菜螟盛发期错开,可减轻危害。②结合间苗、定苗及时拔除虫苗。③药剂防治应掌握在1～2龄幼虫盛发期。当发现幼苗心叶被害时,应立即喷药防治,以后每隔5～7d,喷药1次,连喷3～4次。药剂20%杀灭菊酯乳油3 000～4 000倍,或2.5%敌杀死乳油3 000～5 000倍,或50%辛硫磷乳油1 000～2 000倍或40%水胺硫磷800～1 000倍。

(四)病毒害

病毒害的症状是出现花叶叶片卷曲、弯曲。受害严重的植株矮小、畸形和根部发育不良,造成缺株,减产。病毒害是一种由病毒引起的病害,一般由蚜虫传播,主要为害秋老萝卜。当天气炎热干旱,土壤水分不足,植株生长衰弱及有刺蚜为害严重的时候,容易发生此病。

防治方法:①选用抗病品种及一代杂交种,不在病株上采种。②适时播种,躲过高温季节,做到适期早播。③注意轮作倒茬,实行高垄栽培。④清洁田园,铲除杂草,消灭毒源。⑤注意苗期浇水,降低地温,防治土壤干旱及地温升高。⑥苗期防蚜,至关重要。

第十九章　番　茄

第一节　番茄的生物学特性

一、番茄的品种介绍

番茄按生长类型可分为两大类。

第一类为无限生长型。自主茎生长7～9叶后,开始着生第一个花序(晚熟品种第10～12片真叶后才生第一个花序),以后每隔2～3叶着生一个花序。花序下的侧芽可继续向上生长。由叶腋抽生的侧枝上也能同样发生花序。因此,这一类型的植株高大,每个主茎可生5～6个到7～8个或更多的花序,结7～8穗果实,该类型开花结果期长,总产量高。

第二类为有限生长型。在主茎生长6～8片真叶后,开始生第一个花序,以后每隔1～2节生一个花序(有些品种可以连续每节生花序)。但在主茎着生2～3个花序后,不再向上伸长而自行封顶;由叶腋抽生的侧枝,一般也只能生1～2个花序就自行封顶。因此,这一类型的植株矮小,开花结果早而集中,供应期较短,但早期产量高。

下面主要介绍几个品种。

TF412:植株无限生长型,早熟性好,早于L402和毛粉802,抗逆性好,抗病性强;单产7 000kg左右,大架栽培高产可达10 000kg以上;果粉红色,单果重260g左右,果均匀,圆形,品味佳,鲜食性好,是目前国内番茄品种中口感最好的;耐贮运。适于春秋大棚、冬季温室和露地栽培。

TF419:植株有限生长型,高自封顶,植株高于TF418,早熟性好,早于利生1号;抗逆性好,抗病性强,抗病毒病,耐青枯病;单产7 000kg以上,高产可达7 500kg左右;果大红色,单果重290g左右,大果重600g以上,扁圆形,品味佳,鲜食性好,耐贮运。适于春秋大棚、冬季温室、秋延后和春露地栽培。

TF423：植株无限生长型，生长旺盛，适于温室大架栽培，中早熟，抗逆性好，抗病性强，抗病毒病，耐青枯病，耐旱、晚疫病；单产 7 000kg 左右，大架栽培高产可达 10 000kg 以上；果鲜红色，单果重 160g 左右，果均匀，微边扁圆形，耐贮运，货架时间长。适于春秋大棚、冬季温室、秋延后和春露地栽培，可做大架栽培。此品种可用做以色列同类品种的替代品种。

TF915：植株有限生长型，三穗左右封顶，早熟性好，早于 L402 和毛粉802，前期产量高；抗逆性好，抗病性强；单产 7 000kg 左右；果粉红色，单果重 350g 左右，果均匀，圆形，品味佳，鲜食性好，耐贮运。适于春秋大棚、冬季温室和露地栽培。此品种经多点试种，优于对照合作 906。

TF916：植株有限生长型，株高 70cm 左右，早熟性好；抗逆性好，抗病性强，抗病毒病，耐青枯病；单产 6 500kg 以上，高产可达 8 500kg 左右；果大红色，单果重 300g 左右，果实均一，高圆形，品味佳，鲜食性好，耐贮运。适于春秋大棚、冬季温室、秋延后和春露地栽培。此品种经多点试种，优于对照合作 903。

二、番茄的生物学特性

番茄植株的各个器官——根、茎、叶、花、果的生长高峰期不是同时出现的。一般而言，在植物生长初期，茎的伸长生长较快。进入开花期后，茎的生长速度显著减慢，而根的生长则加快，尤以根的数目增加迅速。当根的增长迅速下降后，茎的伸长生长又增加。到结果数目迅速增加时，根茎均基本停止生长。

（一）根

番茄根系较强大，分布广而深，盛果期主根深入土壤达 1.5m 以上，根展能达 2.5m，大多根群在 30～50cm 的耕作层中。根的再生能力很强，其在茎节上易生不定根，所以扦插繁殖容易成活。

（二）茎

番茄茎属半直立性匍匐茎。幼苗时可直立，中后期需要搭架。少数品种为直立茎。茎枝力强，所以需整枝打杈。据茎的生长情况分为：自封顶类型（一般早熟）、无限生长类型（一般中晚熟）。

（三）叶

番茄叶分子叶、真叶两种。真叶表面有茸毛，裂痕大，是耐旱性叶。早熟品种叶小，晚熟品种叶大，大田栽培叶深，设施叶小，低温叶发紫，高温下小叶内卷，叶茎上有茸毛和分泌腺，能分泌有特殊气味的汁液，菜青虫恶之，虫害较少。

（四）花

两性花，每一花序的花数一般为5～8朵，多的20余朵。自花授粉。在不良环境下，特别是低温下，易形成畸形花，易形成畸形果或落掉。个别品种或有的品种在某些条件影响下可以异花授粉，天然杂交率4％～10％。

（五）果实

从授粉到成熟需40～50d，果实形状多种多样，有圆球形的、扁园形、梨形、长园形；果实颜色多种多样，有红色的、粉红色、橙红色、黄色、绿色、白色等。

（六）种子

番茄种子为肾形，千粒重3～3.3g，寿命4～5年，生产上多用1～2年的新种子。

三、番茄的土壤质地选择

番茄适应性强，对土壤要求不严，但为获取高产，应选择耕层深厚、排水良好、富含有机质、保肥保水能力强、透气性好的肥沃壤土。一般砂壤土透气性良好，土温上升快，在低温季节栽培可促进早熟；黏壤土保肥能力强，能获得高产；微碱性土壤中幼苗生长缓慢，但植株长大后，长势良好，产量高，品质也较好。番茄在生育过程中需从土壤中吸收大量的营养物质，据研究每生产 1 000kg 果实需消耗氮（N）2～3.54kg，五氧化二磷（P_2O_5）0.95～1kg，氧化钾（K_2O）3.89～6.6kg，这些元素的73％左右存在于果实中，27％左右存在于根、茎、叶等营养器官中。氮肥对茎叶生长和果实发育有重要作用，氮素营养须充足；磷素吸收量虽不多，但对番茄根系及果实发育作用显著，吸收的磷素绝大多数存在于果实及种子中，幼苗期增施磷肥对花芽分化和生长发育都有良好的效果；钾素吸收量最大，尤其是在果实迅速膨大期，钾素对糖的合成、运转及增高细胞原生质浓度，都有着重要作用，一旦钾素供应不足,不但会引起叶片变黄,还会形成大量的筋腐果。

第二节　番茄的栽培技术

一、番茄的品种选择

番茄选种时要注意这几点:一是能够获得高产的品种;二是耐弱光性好的品种;三是抗病性强、耐潮湿、对温度适应性强的品种;四是适应消费市场的品种。而购买番茄种子时,不但要考虑以上几点因素,而且还要注意下面这些问题:不能盲目求新,在每一个地区都有几个常规大量栽培的品种,一般都是适应性强、高产,很受市场欢迎。但有些菜农总认为买新奇品种好,事实恰好相反,没有经过试种的品种,极易失败。现在蔬菜种子花样繁多,流通渠道广,种子销售门头更是百花齐放,你问哪个品种,他们都说好,叫人无从适从,但主意还是要自己拿,一定要选自己已种过的或看见别人种过好的品种才行。不盲目选购外地品种,品种有着较为严格的地区性,在甲地抗病高产是良种,到乙地可能就是多病低产的劣种。买种不要图便宜,目前市场上销售的种子都是杂交一代,二代作种就严格分离退化减产。而有些杂交一代种子价格高,特别是一些由国外引进的种子,价格近于黄金,几毛钱一粒。有些种子商看到有利可图,就用二代种子或其他种子顶替而低价销售,给生产者造成巨大损失。所以,买种不能光看说明书和包装,也要看销售者的信誉度。最后,还有根据市场需要买种,各地区市场对蔬菜品种都有不同需要,如有的地区需要粉果型品种,以该地区销售为主的菜农就要选毛粉系列的、金棚无线、雅琪、华冠三号等粉色果品种;有的以满足外地长途贩运为主的就要选瑞克斯旺的百利、以色列泽文的秀丽、以色列 6 号等耐运输、耐贮存的品种。芽枯病、病毒病严重地区就选耐热型和抗病毒品种。

二、番茄的种子处理

播前种子处理,可减少番茄种子带菌,提高种子活力,促使出苗整齐一致,增强幼苗抗性。下面就是番茄种子处理的三种方法。

(1)浸种。使番茄种子在有利于吸水的温度条件下,在短时间内吸足从种子萌动到出苗所需的水量。浸种可用干净的瓦盆、瓷盆或塑料盆,不要用金属或带油污的容器。通常采用 22℃～28℃ 干净的清水浸泡番茄种子。水要浸没种子,不断搅动,把浮在水面上的瘪籽去掉,用手搓洗种子,去掉沾在种子上的果肉、果皮和黏液等,然后再换清洁的同等温度的温水浸泡 6～8h,可使种子充分吸水。这种浸种方法简便安全,但对种子没有消毒杀菌作用。近年来随着栽培技术的不断提高,常采用以下方法处理种子。

①微量元素处理:具体做法是首先按一定比例配制多种微量元素的溶液。其配方为冷开水 5 000kg,加硫酸铜 2g,硼酸 2g,硫酸锌 2g,硫酸锰 1.5g,硫酸铵 0.1g。然后将番茄种子用纱布包好,浸入此溶液中 24h 后取出,稍荫干后再浸 12h,可促进番茄早熟,提高产量。

②赤霉素处理:5％～10％的赤霉素溶液浸种可促进发芽和秧苗生长,但浓度不能过高,否则会引起秧苗徒长。

此外,还可用 1％的碳酸氢钠溶液浸种 24h,能促进植株发育,促进早熟。

(2)种子消毒。番茄种子传播的病害较多,如猝倒病、叶霉病、病毒病、早疫病、枯萎病、斑枯病、溃疡病等,因此,在播种前必须对种子进行消毒处理。种子消毒的方法很多,可根据当地条件任选一种。

(3)温汤浸种。将番茄种子在凉水中浸泡 10min,然后放入 50℃ 的热水中,不断快速地搅动,使种子受热均匀,并随时补充热水,用棒状温度计测水温,使水温稳定在 50℃～52℃,20～30min 后捞出放在凉水中散去余热,然后浸种在 25℃～30℃ 的温水中 4～6h。此法简便,成本低,杀菌力强,是常用的消毒方法。

(4)高温处理。将干燥种子放入 70℃ 恒温箱中,处理 72h,然后再浸种、催芽、播种,对番茄病毒病有一定防治效果。

(5)药剂浸种。将种子用杀菌药剂处理,消毒种子表面附着的病原菌。主要的常用药剂如下。

①福尔马林。先将种子放入清水中浸泡 4～5h 后,再放入 1％福尔马林溶液中(即 40％甲醛溶液 1 份兑水 99 份),浸泡 15～20min 后取出用湿布包好,放在密闭容器中闷 2～3h,熏蒸消毒,然后再用清水反复冲洗干净。可以减轻和控制番茄早疫病和枯萎病。

②抗枯宁。用每支(2ml)抗枯宁加水 10～15kg,浸种 4～5h,然后将种子用清水反复洗净,稍晾干,对枯萎病等有防治效果。

③高锰酸钾。先将种子于 40℃ 温水中浸泡 3～4h,然后放入 1％高锰酸钾溶液中泡 10～15min,利用强氧化作用杀死种子表面病菌。将种子取出后用清水冲洗干净,可减轻溃疡病和烟草花叶病毒病的危害。

④瑞多霉。用 25％瑞多霉 1 000 倍液消毒可防止种子表面带有晚疫

病、绵腐病病菌。

⑤盐酸。用0.5％稀盐酸溶液浸种3h,能消灭着生在种子表面的病菌。

⑥药剂拌种。用70％敌克松粉剂拌种,用药量为种子重量的0.3％;用50％的二氯萘酰可湿性粉剂拌种,用药量为种子重量的0.2％,对防止番茄苗期立枯病有显著作用。拌种时所用药量应精确,与种子混拌应均匀,拌种的种子要干燥,操作人员应戴上口罩和手套,确保安全。

(6)催芽。种子浸种消毒后,为促使幼胚迅速发育而催芽。在催芽过程中,要提供适宜的温度、水分和空气环境。番茄种子催芽的适宜温度为25℃～30℃,相对湿度为90％以上。在催芽过程中,应经常检查和翻动种子,每天要按时用30℃左右的温水冲洗种子1～2次,甩干种子表面水分或稍晾后继续催芽,以便保持湿度,更换空气,促使所有种子发芽均匀。在适宜的条件下,经2～3d番茄种子即可发芽,常用的催芽方法有以下几种。

①瓦盆催芽法:将浸种消毒后的种子洗净,用干净的湿纱布包好,放入垫有稻秸的瓦盆里,以免底部积水而霉烂种子,上面盖上潮湿的麻袋或毛巾,以保持湿度,然后把瓦盆放在压火道、热坑头或催芽箱内催芽。

②电热控温催芽法:通过在催芽箱内安装电子控温仪控制温度,并保持适宜的空气湿度。对催芽温度的掌握,开始要稍低,以后逐渐增高,当胚根将要突破种皮时再降低(降至20℃～24℃),促使胚根粗壮。当70％左右的种子胚根露白时,应将种子用湿毛巾包好放入冰箱内,温度在5℃左右并保持适宜的湿度,待条件良好时,再行播种。

③掺沙催芽法:将浸种消毒后洗干净的种子与洗干净的河沙按1∶1.5的比例拌匀,装入瓦盆内,盖上湿沙或湿布,然后放在适温处催芽。

三、番茄的播种

播种应选在"阴天尾,晴天头"的上午进行。播种当日清晨提前先将育苗床土浇透,灌足底水一般地床水深5～7cm,要使8～10cm土层含水达至饱和;如果是育苗盒、育苗穴盘、育苗块播种,浇水达至盒下渗出水为宜。底水渗下后,在床土上撒一层过筛无肥的细潮干土,以防种子与泥泞床土直接接触,影响出芽,撒完底土即可播种。

四、番茄的杂交授粉

人工去雄授粉是番茄杂交制种中最为关键的技术环节,严格而正确的操作不仅能提高种子的产量,而且能确保种子的质量。其技术要点如下。

①准备工作。去雄授粉前,认真检查制种田,彻底拔除杂株,尤其父本田,有时认不准宁可错拔而不漏拔,否则,一株的混杂便可造成不可挽救的损失。同时,将母本植株上全部已开之花和已结之果彻底摘除,同时进行整枝,掰除多余的腋芽。

②去雄。去雄工作在早上露水干后至天黑前全天均可进行。选择适宜大小的花蕾去雄是保证种子杂交纯度的关键。选蕾偏大影响纯度,选蕾太小则影响坐果及产籽率。一般应选择发育正常、开花前 36～48h 的花蕾去雄。此时花药的颜色因品种及温湿度的不同而异。花蕾太小则花药呈绿色,花蕾太大则花药呈黄色。在温度低、湿度大的时候,选花药颜色偏黄的花蕾;而温度偏高、空气干燥时则选花药颜色偏绿的花蕾去雄。去雄时用左手中指和无名指夹持花柄,拇指与食指夹持花蕾基部,右手持镊子,顺着花瓣中心线,在离花蕾顶部约 2/3 处将镊子插入花药筒中,然后放松镊子,使其弹开,将花药筒分成两半,此时将镊子向下轻压,即可将花药筒全部去掉。个别品种去雄较难,可用镊子分两次夹出分成两半的药筒。去雄一定要干净彻底,不能留下一个或半个花粉囊,否则将产生自交,影响纯度。针对不同的品种,每穗选留健壮整齐的 4～6 朵花去雄,及早摘除小尾花和畸形花。去雄时绝不能用力挟持或转动花蕾,更不能用镊子碰伤子房及花柱。去掉的花药一定要落地,以免散粉造成自交。在去雄时有时花瓣连同花药一同脱落,原因一般是选蕾偏大或空气干燥及土壤湿度小。而去雄时花药夹断,造成去雄不尽,一般是因为选蕾偏小,往往在去雄后花瓣严重内卷,花蕾不能正常开放,严重降低坐果率。在改善空气及土壤湿度的同时,选择适宜的花蕾去雄,是减少以上问题发生的有效途径。大小适宜的花蕾去雄后,一般花瓣自然张开,与花柱呈 30°～45°夹角。

③采制花粉。一般在上午露水干后,采摘当日盛开、发育正常、花药鲜黄的父本花,取出花药,扔掉其他部分。然后将花药采用花荫晾干。掌握温度不能超过 35℃,以免花粉老化和死亡。花药达到 8～9 成干时,即可用花粉筛筛取花粉。本文介绍一种用碗摇粉的方法:将经干燥处理的花药放入一个干净的瓷碗中,再放入 1～2 枚硬币,然后用细纱巾蒙紧碗口,再用一个稍小的塑料碗扣严,然后翻转一下,开始摇动,花粉即可落入下面的塑料碗中,最后用毛笔收集花粉,装入花粉管或花粉瓶中放阴凉干燥处备用。

④授粉。一般在去雄后 36～48h 母本花开展,花瓣鲜黄时授粉。选择露水干后,避开中午高温,气温 15℃～28℃时授粉为宜。应把一天中最适宜的时间安排授粉。如遇高温、干燥、或有大风的天气,应提早授粉,以免柱头变黑,影响受精结实。授粉时用左手拇指和食指稳住花朵基部,右手握玻璃管授粉器,拇指堵住授粉器顶部的小孔,以防花粉散出。用授粉管和食指

夹住两个相邻的萼片,往外下侧稍用力将萼片从基部去掉作为授粉标记,然后将拇指移开授粉口,将母本柱头插入授粉器的口中,使花粉沾满柱头即可。操作中一定要先去掉萼片再授粉,以免振落花粉。作标记要用相邻的两个萼片,并且要去得彻底,否则会造成标记不清,将来无法采收,从而造成不应有的损失。在授粉后遇雨要在雨后进行重复授粉,以保证结实。如果有人力,花粉充足,最好在授粉次日进行二次授粉,可明显提高结籽率。授粉时要采用新鲜花粉,量不足时掺入少量储备花粉,但是比例不能超过 50%。

五、番茄的光、温、水、肥、气管理

(一)温度

番茄喜温,生长发育适温 15℃~33℃,其中白天以 22℃~26℃、夜间以 15℃~18℃最为适宜。温度小于 15℃,不能开花。温度小于 10℃,生长不良。−1℃~−2℃冻死,但低温锻炼后没事。长时间 5℃以下的低温植株停止生长,甚至能引起低温危害。种子发芽适温 28℃~30℃,最低 12℃左右。

(二)光照

番茄为喜光作物,一般情况下,我国各地光照条件基本能满足番茄的生长、发育。光饱和点为 7 万,一般 3 万~3.5 万以上生长发育正常。

(三)水分

番茄半耐旱,但因为番茄生长量大,产量高,耗水多,所以在生长期尤其是在结果期要保证水分的供给,并要求浇水均衡,否则易裂果。

定植时浇透水,勤中耕松土。5~7d 后浇一次缓苗水,以后连续中耕 2~3 次,根据品种、苗龄、土质、土壤墒情、幼苗生长情况适当蹲苗。自封顶的早熟品种、大龄苗、老化苗、土壤干旱、砂质土壤的,蹲苗期要短,当第一穗果有豌豆粒大小时结束蹲苗;反之则要长一些,当第一穗果乒乓球大小时结束蹲苗。进入结果期,要保持土壤湿润状态,土壤含水量达到 80%,低温季节 6~7d 浇一次水,高温季节 3~4d 浇一次水。灌水要均匀,避免忽干忽湿。保护地栽培要在晴天上午浇水,浇水后要加大通风量。空气相对湿度控制在 45%~65%。

(四)肥料

小架栽培留 2～3 穗果,可在每穗果乒乓球大小时追肥一次。高架栽培,留果穗数多的,可在第一、第三、第五、第七穗果乒乓球大小时分别追肥一次。结合浇水每次每亩施腐熟粪肥 1 000kg,或腐熟饼肥 50kg,或草木灰 100kg,或硫酸钾 25kg,或钙镁磷肥 25kg,最好将上述肥料进行交替使用。用 0.2% 的磷酸二氢钾和 0.3% 的尿素溶液,3%～5% 的氯化钙溶液 10～15d 喷施叶片一次。保护地栽培的施用二氧化碳气体施肥料,浓度为800～1 200ml/m³。

六、番茄的收获

番茄果实成熟过程可分为五个时期:即青熟期(绿熟果)、果实基本停止生长,果顶白,尚未着色;转色期(顶红果),果顶部由绿白色转为淡黄至粉红色;半熟期(半红果),果实表面约 50% 着色;坚熟期(红熟的硬果),整果着色,肉质较硬;完熟期(软熟期),果实全部着色,肉质变软。

一般番茄果实全红即可采收,如果番茄果实需长途运销加工时,应在转色期采收,待运至加工地时,果实已后熟达成熟期,正适宜加工。如产地距离加工厂很近,但仍需短途运输和装卸,应在番茄的成熟期采收。即果面 80% 以上转红或完全着色,肉质尚坚实,风味最佳时采收。如果产地与加工厂很近,番茄果实不需长途运输或装卸,主要加工酱或汁的产品时,亦可在完熟期采收。

番茄采收时,应轻摘轻放,尽量防止机械损伤,采后装筐,立即运往收购工厂交售加工。中、后期采收时,果实多在枝叶覆盖之下,要翻蔓检查采摘,翻蔓宜轻,翻后立即复还原位,以防茎叶和果实受伤。特别是中期高温季节,原受茎叶覆盖的果实,一旦直接暴晒在强烈的阳光下,就会得日烧病,不能全红,植株内部枝叶一旦翻出,受强烈日光照射后也会枯黄。

七、番茄的病虫害防治

(一)番茄早疫病

1. 症状

苗期成株期均可发病,危害叶、茎、花、果。叶片上初呈针尖大的小黑点,后发展为不断扩展的轮纹。茎部多在分枝处和叶柄处,产生不规则椭圆形病斑,叶柄处是轮纹斑,表面生灰黑色霉状物。青果染病,始于花萼附近,也是椭圆形或不定形褐色或黑色斑凹陷,直径 10～20mm,后期果实开裂,病部较硬,密生黑色霉层。

2.防治

预防可用 75％百菌清 600 倍液或瀚生蓝 400 倍液或好润 40g。发病时施用百倍 5g 或更胜 10g 或优鲜 10ml 或盖牌 5ml。上述药剂交替使用,每隔 7～10d 喷 1 次,连续 2～3 次。尽量应用烟剂和粉尘剂。

(二)番茄晚疫病

1.症状

幼苗、叶、茎和果实均可受害。以叶和青果受害重。叶片染病多从植株下部叶尖或叶缘开始发病,开始为暗绿色水浸状不规则形病斑,扩大后转为褐色。高湿时叶背病健部交界处长白霉,果实染病主要发生在青果上,病斑初呈油浸状暗绿色,后变成暗褐色至棕色,稍凹陷,边缘明显,云纹不规则,果实一般不变软,湿度大时其上长少量白霉迅速腐烂。

2.防治

采用满分 10g,超赞 10g,拔萃 20g 喷雾,每亩用药液 50～60kg,7～10g 喷一次,连续防治 4～5 次。

(三)番茄灰霉病

1.症状

花、果实、叶片及茎均可受害,果实以青果受害重。残留的柱头或花瓣多先被侵染,后向果面或果柄扩展,致果皮呈灰白色,软腐病部长出大量灰绿色霉层。果实失水后僵化,叶片染病多始自叶尖,病斑呈"V"字形向内扩展,有时具轮纹,后干枯表面生有灰霉致叶片枯死。茎染病开始时呈水浸状小点,后扩展为长椭圆形或长条形斑,湿度大时病斑上长出灰褐色霉层。发病条件是湿度大,田间通风不良。沾花是重要的人为传播途径,花期是侵染高峰。

2.防治

沾花时在 2,4-D 或防落素中加入 0.1％的 50％腐霉利可湿粉或 50％异菌脲可湿粉进行沾花或涂抹使花器着药。发病初期喷洒灰洒 20g 或 20％嘧霉胺 20 克(注意使用温度)喷雾,也可使用烟剂。

(四)番茄叶霉病

1. 症状

叶片正反两面出现褪绿黄斑,近圆形,边缘不明显,后期背面黄斑处出现黑色或紫黑色霉层,正面褪绿变黄,严重时叶片干枯卷缩。嫩茎和果柄上也可产生相似斑,花器发病易脱落。果实发病,果蒂附近或果面上形成黑色圆形或不规则斑块,硬化凹陷。

2. 防治

防治可用傲凯、菌洁,发病初期采用准好 10g,或百倍 10g,或品星 3g。

(五)番茄病毒病

1. 症状

花叶型:叶片显黄绿相间或深浅相间的斑驳、或略有皱缩现象。蕨叶型:植株矮化、上部叶片成线状、中下部叶片微卷,花冠增大成巨花(注意区分生理性卷叶);条斑型:叶片发生褐色斑或云斑、或茎蔓上发生褐色斑块,变色部分仅处在表皮组织,不深入内部;卷叶型:叶脉间黄化,叶片边缘向上方弯卷,小叶扭曲、畸形,植株萎缩或丛生;黄顶型:顶部叶片褪绿或黄化,叶片变小,叶面皱缩,边缘卷起,植株矮化,不定枝丛生;坏死型:部分叶片或整株叶片黄化,发生黄褐色坏死斑,病斑呈不规则状,多从边缘坏死、干枯,病株果实呈淡灰绿色,有半透明状浅白色斑点透出。

2. 防治

注意防治白粉虱等害虫,加入瀚生删毒 10g,或盐酸吗啉胍 20g,再加钾肥。

(六)番茄枯萎病

1. 症状

番茄枯萎病又称"萎蔫病",该病主要危害根茎部。成株期发病初始,叶片在中午萎蔫下垂,并由下而上变黄,而后变褐萎垂,早晚又恢复正常,叶色变淡,似缺水状,病情由下向上发展,反复数天后,逐渐遍及整株叶片萎蔫下垂,叶片不再复原,最后全株枯死。横剖病茎,病部维管束呈褐色。湿度高时,死株的茎基部常布粉红色霉层。

2. 防治

前期使用准好、品星、恶霉灵灌根,后期直接拔掉。病穴中撒入石灰或乙酸铜消毒。切忌大水漫灌,防止病菌传染。

（七）番茄斑枯病

1. 症状

斑枯病主要为害番茄的叶片、茎和花萼,尤其在开花结果期的叶片上发生最多,果柄和果实很少受害。叶片初发病时,叶片背面出现水渍状小圆斑,不久正反两面都出现近圆形的病斑,边缘深褐色,中央灰白色,凹陷,一般直径 2～3mm,密生黑色小粒点。由于病斑形状如鱼目,故有鱼目斑病之称。发病严重时,叶片逐渐枯黄,植株早衰,成早期落叶。茎上病斑随圆形,褐色。果实上病斑圆形,边缘深褐色,中央颜色浅,周围晕圈。

2. 防治

同早疫病。

（八）细菌性溃疡病

1. 症状

植株叶片卷曲、皱缩,青黄褐色干枯,垂悬于茎上而不脱落。病茎拐曲,生突疣或不定根,病重时病茎开裂,髓变褐、中空。果实发病产生圆形小病斑,稍隆起,白色,后中部变褐,呈"鸟眼状"。病重时许多病斑连片,使果实表面十分粗糙。

2. 防治

世泰 20g,或农用链霉素、春雷霉素等。

（九）细菌性斑疹病

1. 症状

可为害叶、茎、花、叶柄和果实,尤以叶缘及未成熟果实最明显。叶片染病,产生深褐色至黑色斑点,四周常具黄色晕圈;叶柄和茎染病,产生黑色斑点;幼嫩绿染病,初现稍隆起的小斑点。

2. 防治

氢氧化铜、农用链霉素、世泰 20g、噻菌铜等。

第二十章　辣　　椒

第一节　辣椒的生物学特性

一、辣椒的品种介绍

辣椒，又叫番椒、海椒、辣子、辣角、秦椒等，是一种茄科辣椒属植物。辣椒属一年或多年生草本植物。果实通常呈圆锥形或长圆形，未成熟时呈绿色，成熟后变鲜红色、黄色或紫色，以红色最为常见。辣椒的果实因果皮含有辣椒素而含有辣味，能增进食欲。辣椒中维生素 C 的含量在蔬菜中居第一位，原产墨西哥，明朝末年传入中国。

二、辣椒的生物学特性

（一）辣椒的植物学特性

辣椒为直根系，与其他茄果类蔬菜相比，主根不发达，根较细，根量小，入土浅，根系集中分布于 10～15cm 的耕层内。茎直小，木质化程度较低，主茎较矮，株型较紧凑，茎顶端出现花芽后，以双杈或三杈分枝继续生长。叶色较绿，单叶互生，叶片较小。雌雄同花，花白色单生或丛生。果实为浆果，下垂或介于两者之间，果形有圆形、灯笼形、方形、牛角形、羊角形、线形和樱桃形。种子扁平，近圆形，表皮微皱，淡黄色，千粒重 6g 左右。

（二）辣椒对环境条件的要求

辣椒原产于中南美洲热带地区，在长期的系统发育中形成了喜温暖而不耐高温，喜光照而不耐强光，喜湿润环境而不耐旱涝，喜肥而耐土壤高盐分浓度等一些重要生物学特性。

温度：种子发芽的适宜温度为 20℃～30℃,低于 15℃ 或高于 35℃ 时都不能发芽。植株生长的适温为 20℃～30℃,开花结果初期稍低,盛花盛果期稍高,夜间适宜温度为 15℃～20℃。

光照：辣椒对光照强度的要求不高,仅是番茄光照强度的一半,在茄果类蔬菜中属于较适宜弱光的作物,辣椒的光补偿点为 1 500lx,光饱和点为 3 000lx。光照过强抑制辣椒的生长,易引起日灼病；光照过弱易徒长,导致落花落果。辣椒对日照长短的要求也不太严格,但尽量延长棚内光照时间,有利果实生长发育,提高产量。

水份：辣椒的需水量不大,但对土壤水分要求比较严格,既不耐旱又不耐涝,生产中应经常保持土壤湿润,见干见湿。空气湿度保持在 60%～80%。

三、辣椒的土壤质地选择

以土层深厚,排水良好,疏松肥沃的土壤为好,对氮、磷、钾三元素的需求比例大体为 1∶0.5∶1,且需求量较大。

第二节　辣椒的栽培技术

一、辣椒的品种选择

各地普遍栽培的辣椒有两大类型,即灯笼椒类型,包括大甜椒、大柿子椒、小圆椒；长辣椒类型,包括短羊角椒、长羊角椒和线辣椒。不论哪种类型都有甜味、辣味和微甜的果实。

辣椒消费的区域性较强,四川、湖南、江西及西北地区喜欢辣味浓的长辣椒,华东大部分地区喜欢甜味浓的灯笼椒,东北、华北地区灯笼椒、长辣椒均有销路。近年来冬季早春反季节栽培辣椒,以长辣椒最受欢迎,夏秋季灯笼椒,特别是大型甜味大柿子椒销路较好。

辣椒在茄果类蔬菜中,适应能力比较差,在露地栽培夏季的强光、高温,容易使植株发生生理障碍,造成减产。保护地设施栽培,可以根据辣椒的需要调节环境,多数品种都能正常生长发育。产量高低、采收期长短,完全取决于栽培技术措施。

二、辣椒的种子处理

温水浸种:用常温水浸种就是促进种子在短时间内吸足发芽所需要的绝大部分水分。其方法是:将种子浸入约30℃的清洁温水中,水的用量至少能把种子全部淹没,辣椒种子的浸种时间为7～8h,其中最好还翻动换水一次。

温汤浸种:这实际上是一种简便易行的浸种消毒法。它能够杀死附在种子表面和一部分潜伏在种子内部的病菌。具体做法是:将种子装在砂袋中(只装半袋,以便搅动种子),首先将种子袋放在常温水中浸15min,后转入55℃～60℃的温汤热水中,水量为种子量的5～6倍。为使种子受热均匀,要不断搅动,并及时补充热水,使水温维持在所需温度范围内达15min。然后,让水温逐渐下降至30℃或转入30℃的温水中,继续浸泡5～6h。最后洗净附于种皮上的黏质。

三、辣椒的播种

播种前,育苗床内先灌水,使床土含有充足的水分,以供给种子发芽出苗。这些灌水量一般要求渗透到20～30cm的土层。夏秋季播种浇凉水,冬季或早春最好浇热水,好处是既能迅速提高土温,又可消灭有害生物。如用育苗盘播种,将装好营养土的育苗盘用喷壶浇透即可。待水渗下后,在苗床或育苗盘中薄薄地撒一层过了筛的细土,可防止种子撒在稀泥中,造成泡籽现象。然后均匀地撒播已催好芽的辣椒种子(不要过密),播后覆盖0.5～1.0cm厚的细土或营养土。也有在覆土中加砂子的,每3～4份床土加1份沙子与床土充分混合,这种方法可以防止表土板结,有利于透水透气,使长出的苗苗壮。覆土要均匀,厚薄合适。覆土过厚,出苗延迟或不出苗;覆土过薄,苗床内水分蒸发过快,土壤易干燥,影响种子发芽出苗,而且覆土过薄,土壤压力小,幼苗出土时种皮不易脱落,造成"戴帽"出土,使子叶不能顺利展开,妨碍光合作用,从而使幼苗营养不良,成为弱苗。覆土后盖上塑料薄膜,以保持温度和提高土温。待3～5d随时检查苗床,当70%的种子发芽出土后,马上把薄膜撤掉。如果阴天或温度低时,可支起小拱棚,再盖一段时间,待晴天后撤掉。

四、辣椒的杂交授粉

(一)严格隔离

虽然辣椒是常异花授粉作物,但辣椒花易吸引昆虫,容易引起混杂,影响种子质量。因此,辣椒制种田与其他辣椒品种隔离距离要求在 500m 以上。

(二)适期播种

辣椒花粉萌发的最适温度为 20℃～25℃,故应通过调节播种期和控制温度来培育适龄秧苗。为使亲本在杂交适期能达到盛花期,可采用冷床育苗,早熟和中熟品种于 11 月上旬播种,晚熟品种于 10 月中旬至下旬播种,使其在 5 月中下旬能很好地开花并顺利授粉。

五、辣椒的光、温、水、肥、气管理

(一)温度

定植后 10～15d 不要通风,白天保持 25℃～30℃,夜间 10℃～15℃。4 月上、中旬可适当通小风,白天达 32℃时开始通风,降至 20℃时及时关闭通风口。5 月上、中旬要通大风,夜间可不关闭通风口,使棚温在 30℃左右。6—7 月份可以将前缘及天窗、后墙口全部大开,昼夜通风或适当用草苫遮荫。9 月底 10 月初要封棚防寒。进入 11 月盖草苫子防冻至 12 月初拔秧。

(二)水

定植后 1 个月内不要浇水,防止降低地温。深锄 3～4 次,以利通气增温。始花期进行第一次培土。门椒坐住后,可亩追尿素 10～15kg,并进行 2 次培土,同时浇 1 次半沟水,切忌灌大水。浇水后墒情适宜时将沟底划锄。对椒坐住后门椒已采收,可每隔 10～15d 浇 1 次半沟水土,此时更要防止大水漫灌和沟中长期积水,以保持土壤湿润为宜。

不论大棚或中棚,汛期一定要防止大雨进棚。大棚遇暴雨封严棚,小、中棚暴雨时要临时盖棚,雨后再揭开。一旦沟里积水,应及时排除。

（三）施肥

门椒采收后，追第一次肥。全生育期要追肥 3～4 次，每次亩追尿素或三元复合肥 5～10kg。每追 1 次肥要浇水 1～2 次；四门斗椒采收后，叶面喷施 0.2％～0.3％的磷酸二氢钾或 0.2％的尿素水溶液，也可喷辣椒植保素和其他微肥，防止早衰。

（四）光

定植后晴天要早揭晚盖草苫子，使其多见光，见强光，延长见光时间。定植 1 个月内，遇连阴天气，气温在 0℃以上时，下雨也要揭掉草苫子，使其多见散射光，防止久雨骤晴突然揭苫子造成闷苗。病虫：要及时调查，及时防治。对蚜虫、蛀果夜蛾、病毒病、根腐病等，要以防为主。剪枝去叶：为通风透光，减少养分消耗，结果中、后期可把下部的黄叶和无效枝剪除，并可剪掉大部分无效弱枝。

六、辣椒的收获

（一）急摘湿椒不可取

辣椒整秧收获后，有些椒农急于将辣椒出手卖高价，而不顾椒果含水量的高低，盲目摘湿椒，再行晒干，以为这样脱水快，结果是事与愿违，不但椒果干得慢，而且椒蒂脱离植株形成的创伤面遭受真菌和细菌的侵染，极易发生霉变。为什么整秧晾晒比单晒椒果脱水快呢？这是因为椒果在秧上时水分可以通过输导组织向整个植株散发，而摘下的湿椒好似一个密封的容器，其表面的角质膜阻止了水分的散发，所以要在整秧晾晒达到标准后再摘椒。

（二）"手摇籽响"正当时

10 月中下旬辣椒收获后，此时的辣椒含水量约 50％～70％，当整秧晾晒辣椒含水量降低到 18％～20％时，是恰当的摘椒时机，怎样掌握呢？用椒农的说法叫做"手摇籽响"时，即用水摇晃辣椒秧能听到辣椒籽撞击辣椒壁的声音，当晾晒的辣椒有 85％以上达到这一程度时，即可摘椒。

（三）"人工回潮"好干活

人工回潮是指在辣椒秧（主要是椒果与秧的接触部位）上喷雾。高质量的辣椒干握在手里感觉微有弹性，又不破碎。实际操作中总有椒果过于干燥易破碎不好摘椒的情况。椒农的做法是在摘椒前5～12h用喷雾器喷水，水温25℃～35℃。这样做的好处是：洁净椒面，清除灰尘和泥巴；降低辣味对人的刺激；好干活，椒果破损少。

(四)巧用劲，保"封堵"

封堵即椒蒂部位的黄色果肉，它是一个椒果"王国"的门户，是其安全的守护"神"。摘椒的方式不对，极易破损封堵，造成椒果的不完整，使病菌的危害有可乘之机。所以摘椒时，既不要"掐"，也不要"揪"，而要巧用"掰"劲。

(五)"阴干"而不要"晒干"

摘下经过人工回潮的椒干，要进行第二次脱水干燥的过程，这一工作要在遮阴的条件下进行才好，比如在通风的阴棚下或通风条件好的室内，不要在阳光下直晒。多年的生产实践发现经晒干的辣椒，本应鲜红的色泽变得暗淡，红中发白，使辣椒外观商品形状变差。原因是辣椒中所含的红色物质——辣椒红素，在阳光照射下逐渐发生光解反应。经过一阶段的阴干，水分含量达到14％左右标准后，经过挑选分级，辣椒即可出售或存放待价而沽。实际操作中把椒干对折一下，然后再打开，在对折线上有一条明显的白印，但对折处没有裂痕，此时辣椒的水分含量就是14％左右。特别应指出的是，在整秧晾晒、摘椒和分级挑选过程中也要尽量避开阳光的直晒，长期存放时避光最好。

七、辣椒的病虫害防治

(一)辣椒猝倒病

防治方法：①尽量避免使用带菌土壤，苗床用地依进行消毒，可控制苗期立枯、猝倒、枯萎等病害。②不使用未腐熟肥料。③做好苗床的通风透气工作。④药剂防治：发病前及发病初期喷腐光(含氟乙蒜素)乳油 1 500～2 000倍液或均剁(80％乙蒜素)乳油 1 500～2 000 倍液。

(二)辣椒灰霉病

防治方法：①本病主要是床土带菌、低温高湿、气流传播引起的，因此床内要保持较高的温度和良好的通风条件。②彻底清除中心病株并喷药消毒。③发病前喷腐光(含氟乙蒜素)乳油 1 500～2 000 倍液进行预防，发病初期喷施耐功水剂 1 000 倍液1～2次进行治疗。

第二十一章 茄　子

第一节　茄子的生物学特性

一、茄子的品种介绍

①圆茄:植株高大、果实大,圆球、扁球或椭圆球形,中国北方栽培较多。

②长茄:植株长势中等,果实细长棒状,中国南方普遍栽培。

③矮茄:植株较矮,果实小,卵或长卵。

④灯笼红茄:幼枝、叶、花梗、花萼均有星状绒毛。单叶互生。倒卵或椭圆形,绿或紫绿色。花两性,花冠合瓣,顶部辅状 5 裂,淡紫或白色,花萼宿存,有刺。雄蕊 5 枚,生于花冠管喉部,雌蕊 1 枚,子房上位。浆果圆球形,紫红色。

全国茄子栽培面积约 300 多万亩,广东约 10 万亩,分布于全省各地,以湛江市等北运基地较为集中。广东栽培的茄子果形以长茄为主,也有卵圆形和圆形等,果色以紫红色为主,也有白色、青色和紫黑色。近年来,随着北运市场需求量的增大,北运基地也喜欢种紫黑色,有亮泽的长茄、卵圆茄和圆茄。

二、茄子的生物学特性

茄子根系发达,主根在不受损害情况下,能深入土中 1.3～1.7m,横向伸展 1～1.3m,主要根群分布在 33cm 土层中。但根系木质化较早,不定根发生能力弱。因此,育苗期间不宜多次移植。

茄子茎木质化,粗壮直立,栽培不需搭架。茎和叶柄颜色与果实颜色有相关性。紫色茄,茎及叶柄为紫色;绿色茄和白色茄,茎及叶柄为绿色。

当主茎长到一定叶片数时,顶芽变为花芽,而顶芽下面的两个腑芽抽生侧枝代替主茎生长,两个侧枝几乎均衡生长,构成双权分枝。侧枝长出 2～3 个叶片后,顶芽又形成花芽,下面两个腋芽又以同样方式形成侧枝;以后每隔 2～3 叶形成一花,又分枝一次。

三、茄子的土壤质地选择

茄子对土壤的适应性较强,但以富含有机质、土层深厚,保肥保水力强、排水良好、微酸至微碱性的壤土为宜。茄子忌连作,不宜与其他茄果类作物及花生连作,需间隔 3 年以上,最好与水稻或其他水生作物轮作,无条件轮作的地方可淹水洗田、客土、改地沟、挖底土等方法补救,以减少青枯病及其他土传性病害的传染。

在前作收获后,抓紧深翻晒一段时间,使土壤松散,有利于风化和养分的分解。定植前,再翻耕 1 次,每亩撒施 30～50kg 石灰与土壤混合。然后整地起畦,单行植,畦宽 1.3m(包沟),双行植,畦宽 1.7～2.0m(包沟),沟深 30cm 左右。若土质黏重或地下水位过高,茄子容易烂根,则畦沟要更深,才能起到排灌作用。

第二节 茄子的栽培技术

一、茄子的品种选择

(一)布利塔

早熟,植株开展度大,叶片中等大小,花萼小,无刺,丰产性好,果实生长速度快,采收期长。果实长 25～35cm,横径 6～8cm,单果重 400～450g。果实紫黑色,质地光滑油亮,绿把、绿萼,味道较鲜美。货架期长,受市场欢迎。适宜冬季温室和早春保护地种植。每年每亩产量 18 000kg 以上。

(二)大龙

紫色萼片品种,果长 35～40cm,果实黑紫色,有光泽,极亮丽,条直不打弯,品质佳,商品性好,耐贮运。茎分枝旺盛,丰产强,高抗黄萎病。

（三）其他长茄品种

有长获、黑丽人和黑帅等。

二、茄子的种子处理

（一）选晒种

浸种前 2～3d，将种子放到室外阳光下暴晒 6～8h，可促进发芽。用 1％食盐水反复搅拌漂去秕籽，捞出晾干待进行药剂处理或温汤浸种。

（二）药剂处理

为杀灭种子所带病菌，可采取下列药剂进行处理：或在 300 倍的福尔马林溶液中浸泡 15min，或用 1％高锰酸钾溶液浸泡 30min。药剂浸种后都要用清水反复冲洗净种子上的药液，然后再浸种。为了促进种子发芽，有的在上述药液中同时加入了九二〇 100ml/kg（1g 药兑水 10kg）。用 1 000～2 000倍的双氧水浸种，具有消毒和促进种子发芽的双重作用。

（三）温汤浸种

温汤浸种既可加速种子吸水，又可杀灭种子上的病原菌。方法是将种子放到洁净的容器内，倒入预先兑好的 55℃ 的热水，用量相当于干种子重的 5～6 倍。不停地搅拌并不断地添加热水，使水温保持在 50℃～55℃。10min 后加入冷水使水温降至 30℃，而后在水中继续浸泡 8h。随后在水中加入相当于种子重量 1％的小苏打，反复搓洗，并用清水冲净种子上面的黏液，准备拿去催芽。

三、茄子的播种

播种前用 55℃～60℃ 的温水烫种，边倒边搅拌，温度下降到 20℃ 左右时停止搅动，浸泡一昼夜捞出，搓掉种子上的黏液，再用清水冲洗干净，并放在 25℃～30℃ 的地方催芽，催芽期间应维持 85％的环境湿度，有 30％～50％种子露白即可播种。播种时，苗床先用温水洒透，然后将种子均匀撒到床内，覆细土 0.8～1cm 厚。播后立即扣上拱棚，夜晚加盖草苫保温，出苗前白天床温保持在 26℃～28℃，夜晚 20℃ 左右，约 4～5d 即可出苗 50％～60％，出苗后及时降温，白天 25℃ 左右，夜晚 15℃～17℃，阴天可稍低些。

四、茄子的嫁接或杂交授粉

茄子开花结果最适宜温度为 25℃～30℃，17℃以下，40℃以上，不能受精结果。花开放为早晨 6 时左右，7 时以后花药开始开裂，因此每天适宜的授粉时间为 8 时以后。杂交授粉要在母本花开放的前一天下午，选择花冠伸出花蕾 1/2、淡紫、尚未开放的花蕾去雄，去雄必须彻底，以免产生假杂交。去雄后第二天父本花开放时取粉（以当天开花的花粉授粉结实率最高），将花粉涂抹在母本的柱头上。应选用对茄（2 个果）和四门斗（1 个果）做杂交，杂交坐果后其他花蕾应全部摘除。据试验重复授粉可以提高（即杂种一代）10％的种子产量。对杂交制种田要加强田间管理，及时防治病虫害，天旱时要灌水，雨后及时排水，注意勿使种果接触地面。授粉后 55～60d 种果充分黄褐老熟后将种果摘下，后熟 5～7d 后剖籽，晾到种籽含水量 7％左右装袋，放在干燥冷凉条件下贮藏备用。

五、茄子的光、温、水、肥、气管理

茄子开花结果期一定要充分利用光照和温度条件。保持棚内气温适宜和地温稳定，及时摘除老叶和侧枝，并经常清扫棚面，保持清洁适光，促进果实生长着色，及时采收出售。

茄子从定植至缓苗、坐果，应科学搞好肥水管理。把握"小肥水养根，中肥水促苗，大生物肥水养果"的原则。壮苗生长期浇肥水量不宜过大，应选择生物菌肥进行冲施，并采取隔行浇水的方法。

加强棚室内温度管理。开花结果前，尽可能保持气温在 15℃～20℃，促进花芽多形成妆花柱，提高结实率。开花结果后，要注意提高棚内温度，尤其要注意地温，最好能保持在 20℃以上，最低也要保持在 15℃以上，中午气温的管理可以提高 2℃～3℃，确保夜间温度适宜。浇水之后，为保持地温，要适时提高棚温，并保持棚内空气干燥，降低茄果发病率。

六、茄子的收获

茄子充分膨大，果实呈紫色、有光泽时及早采收，以提高前期产量，增加产值。收获时最好从果柄处剪断，减少碰伤。

七、茄子的病虫害防治

5月后,茄子病虫害主要为灰/绵疫病、白粉病。灰疫病表现为成熟果实上出现淡褐色至褐色病斑,微有凹陷,病害加重时,整个果实呈黑褐色,如果湿度增加,果面产生灰白色霜状霉层,逐渐软化腐烂,发出恶臭,有时,在茄子运输途中及店铺的摊位上发病。高温、高湿环境下最有利于绵疫病病菌的生长发育,当然也有利于其他病菌侵染。所以在夏季高温多雨时,可以看到大量的茄子腐烂并迅速长出又长又密的白毛,即将成熟的大量茄子果实,被绵疫菌侵染后,会很快形成烂茄子。

(一)茄子黄萎病

1.发病特征

茄子黄萎病,定植后不久即会发病,遇低温定植,发病早且重,但以坐果后发病面积最大,病情最重。发病初期植株半边下部叶片近叶柄的叶缘及叶脉间发黄,后渐渐发展为半边叶或整叶,叶缘稍向上卷曲,有时病斑仅限于半边叶,引起叶片歪曲。早期发病茄株呈萎蔫状,早晚或雨后可恢复,后叶片变为褐色,全株萎蔫,叶片脱光,整株死亡。严重时,往往全叶黄萎,变褐枯死。该病多数为全株发病,少数仍有部分无病健枝。发病时:多由植株下部向上逐渐发展,严重时全株叶片脱落。发病株矮小,株形不舒展,果小,长形果有时弯曲。纵切根茎部可见到木质部维管束变色,呈黄褐色或棕褐色。

2.发病规律

茄子的黄萎病是真菌侵染引起。病菌以休眠菌丝、厚垣孢子和微菌核随病残体在土壤越冬,成为翌年的初侵染源。病菌通过混有病残体的肥料、带菌土壤和茄科杂草,借风、雨、人、畜及农具传到无病田。第二年病菌从根部的伤口或直接从幼根表皮、根毛侵入,后在维管束繁殖,并扩展到枝叶,该病在当年不进行重复侵染。发病最适温度为19℃～24℃,菌丝、菌核在6℃时10min后致死。一般气温低,定植时根部伤口愈合慢,利于病菌侵入,地势低洼,施用未腐熟的有机肥,灌水不当及连作地发病重。

3.防治方法

①与非茄科或瓜类作物轮作3～4年。

②选用无病种子和抗病品种;施足腐熟有机肥。

③及时拔除病株深埋或烧毁,并在根际土壤中灌注药液消毒杀菌。

④种子消毒处理,种子先用冷水预浸 3～4h,再用 55℃ 温水浸种 15min,阴干备用。

⑤药剂防治方法,定植时施药。茄苗定植时用 1 菌根消 1 000 倍液浸苗根部,定植后并用此药液灌根,每株灌药液 250ml。70％敌克松可湿性粉剂 500 倍液,每株 500ml 每 10～15d 一次,连灌 2～3 次。

(二)细菌性叶斑病

1.发病特征

该病主要危害叶片,病斑多从叶缘开始,从叶缘向内沿叶脉扩展,病斑形状不规则,有的外观似闪电状或近似河流的分支,淡褐色至褐色。患部病征不明显,露水干前,手摸斑面有质黏感。

2.发病规律

该病病菌以菌丝体随病残体遗落在土中存活越冬,依靠雨水溅射而传播,从水孔或伤口侵入致病,温暖多湿的天气及通风不畅有利于感病。

3.防治方法

①与茄科蔬菜实行 3 年以上轮作,并对种子采用 78℃～85℃ 的热水处理。

②精选无菌良种,并进行消毒。

③对大棚和土壤进行杀菌消毒。

④实行全方位地膜覆盖,防止浇水过大,并及时通风排湿。

⑤药剂防治。发病初期,可喷施叶叶青可湿性粉剂 50％1 000 倍液,每隔 7～10d 喷 1 次。

褐纹病、绵疫病通过嫁接解决了茄子黄萎病、立枯病、青枯病以及根结线虫病等土壤病虫害,这为建立无农药残留的茄子生产模式奠定了基础。对于地上部分的病害,如褐纹病、绵疫病等的防治同样需要采用食品安全允许采用的防治方法,如物理植保技术、环境安全型温室、许可使用的农药进行防治。物理植保技术是通过设置空间电场来预防茄子地上部分遭遇的病害。

第二十二章　菜　花

第一节　菜花的生物学特性

一、菜花的品种介绍

菜花，又名花菜、花椰菜、椰菜花，是一种蔬菜。有白、绿两种，绿色的叫西兰花、青花菜。为十字花科芸薹属一年生植物，与西兰花（青花菜）和结球甘蓝同为甘蓝的变种。可分为以下三个品种。

（一）早熟品种

苗期 28d 左右，从定植到采收 40～60d。冬性弱，幼苗茎粗 8mm 左右即可接受低温影响，完成春化过程。主要品种有澄海早花、福州 60 日、同安早花菜、上海四季 60 天耶尔福等。花球重 0.3～1kg。

（二）中熟品种

苗期 30d 左右，从定植到采收 80～90d。冬性稍强，幼苗茎粗 10mm 可接受低温影响，完成春化过程。主要品种有福建 80 天、福农 10 号、同安短叶 90 天、洪都 15 号、荷兰雪球、瑞士雪球等。花球重一般 1kg 以上。适应性强。

（三）晚熟品种

定植到采收需 100～120d。植株较高大，耐寒性和冬性较强，幼苗茎粗 15mm 以上才能接受低温影响，完成春化过程。单个花球重 1～2kg 以上。主要品种有福建 120 天，同安城阳晚花菜，广州竹子种、广州鹤洞迟花，台湾喜树晚生，江浙地区栽培的旺心种等。

二、菜花的生物学特性

根系发达,再生能力强,适于育苗移栽。0℃以下易受冻害,25℃以上形成花球困难,主要根群分布在 30cm 耕层。主基根部粗大,茎直立,粗壮,有分枝。叶丛生长与抽薹开花要求温暖,适温 20℃～25℃,为披针形或长卵形,表面有蜡粉,20 多片叶子构成叶丛,花球由主轴和 50～60 个一级花梗组成,主花球收获后各叶腋又可产生侧花球,正常花球呈半球形,表面呈颗粒状,质地细密,可供食用,适温 20℃～25℃。花球形成要经过低温春化阶段。花菜对光照条件要求不严格,而对水分要求比较严格,既不耐涝,又不耐旱。对土壤的适应性强,但以有机质高、土层深厚的砂壤土最好。适宜的土壤酸碱度为 5.5～6.6。耐盐性强,在食盐量为 0.3%～0.5%的土壤上仍能正常生长。

三、菜花的土壤质地选择

菜花对土壤的适应性较广,只要排灌便利的土壤都适宜栽培,如肥沃的壤土或砂壤土。适宜的 pH 值为 5.5～8.0,以 pH 值 6.0 左右最好。绿菜花需肥量大,要求有充足的氮,在花球发育期还需大量的磷、钾,另外还需适量的硼、镁等微量元素。据测算,每亩应施农肥 3 000～4 000kg 作底肥,磷酸二铵每亩 12.5～15kg,硫酸钾每亩 5～8kg 做种肥,播种或定植时施入。

第二节　菜花的栽培技术

一、菜花的品种选择

根据成熟期的不同,绿菜花的品种可分为早熟品种、中熟品种和晚熟品种。绿菜花的优良品种很多,目前我国栽培的绿菜花品种大多从国外引进,主要有"优秀"、"里绿"、"绿岭"、"哈依姿"、"素丹"、"蔓陀绿"、"福特"等。在众多的引进品种中,优秀、里绿、福特是时下较受欢迎的品种。

二、菜花的种子处理

众所周知,不论对于农业再生产,还是对于植物遗传资源的保护而言,种子贮藏都是必要的。然而,作为活的生物体,种子会随着时间的推移而衰老,活力逐渐下降,以致丧失发芽力。所以如何延缓种子衰老进程,是人们一直关注的。对于菜花种子的处理主要应从两方面着手:一是人工提供适宜环境控制其衰老,保持其活力;二是播种前期对种子进行湿润、浸泡处理。

三、菜花的播种

大棚栽培 2 月中旬播种育苗,4 月上旬定植;露地栽培 3 月上旬播种育苗,4 月下旬定植;秋季大棚栽培,6 月中旬播种育苗,7 月中旬定植;秋季露地栽培,6 月上旬播种育苗或露地直播。播种育苗方法:畦宽 1～1.2m,浇透底水每平方米播量 5～7g,覆土厚度 0.5cm,2 片真叶分苗,也可用 6.5cm×6.5cm 育苗钵直接播种育苗。

四、菜花的嫁接或杂交授粉

菜花是异花虫媒授粉植物,单性花,雌雄异花同株。用做生产杂交制种的母本为连续出现雌花,少雄花的雌性系。母本系的雌花留花菜时,清除雄花,借助昆虫传粉,达到提高产量的目的。

五、菜花的光、温、水、肥、气管理

光照管理:菜花喜光,特别是结球期光照不足花球颜色浅,花茎容易伸长,不但花球肥大,还影响产量和品质。冬季、早春应早揭晚盖草苫,阴天也要揭开草苫。每天揭开草苫后要清洁前屋面薄膜,争取多见阳光。

温度管理:保护地栽培绿菜花,冬春季以保温为主,按绿菜花不同生长阶段对温度的要求进行调节。缓苗期不超过 30℃不用放风,在高温高湿环境下促进缓苗;莲座期白天保持 23℃～24℃,夜间 11℃～12℃;花球形成期白天保持 18℃～20℃,夜间 8℃～10℃。

水肥管理:绿菜花生长期间,可重点追肥 3 次。第一次在定植后 20～30d 植株 10～12 片叶时进行,早熟种可稍提早,施硫铵 15kg,或尿素 10kg、氯化钾 5kg、过磷酸钙 10kg。植株具 17～20 片叶时进入花球初现期,需进行第二次追肥。每亩施硫铵 20kg,氯化钾 5kg,过磷酸钙 7kg,或用复合肥 15kg。进入采收期后,在每次采收后,要施尿素 5kg。主侧花球兼用型品种,当主花球采收后,可追肥 1～2 次,肥量同第二次追肥,目的是促进侧花球生长。绿菜花花球污染后很难洗净,因此,花球初显后,禁用人畜粪肥。绿菜花在整个生长期内,要保持土壤湿润,特别是花球发育期,土壤切勿过干。雨天要及时排水,切忌积水。夏季高温期灌水要注意在水凉、地凉时的夜间进行。

气管理:保护地栽培空气湿度大,容易发生气传病害,所以每次浇水后,都要加强放风,以排除室内湿气。

六、菜花的收获

适时采收,在花蕾尚未开放时及时采收,把花蕾连同肥嫩的花茎一起割下,主茎上的腋芽又能生出侧枝,一般留 2～3 个侧枝,其上端又能生出花蕾簇,可连续采收 2～3 次。注意需在花球充分长大、表面圆整、边缘即将散开时采收,花球下带几片叶子,以保护花球。

七、菜花的病虫害防治

(一)虫害防治

1. 黄条跳甲

黄条跳甲主要危害幼苗,必须在出苗后用菊酯类杀虫剂如敌杀死 2.5％乳油 2 000 倍或快克 25％乳油 1 500 倍液及时喷雾防治,在出苗时喷一次,隔 7d 再喷一次,计喷 2 次。

2. 小菜蛾

小菜蛾俗称吊死鬼小青虫,是近年来甘蓝及花椰菜危害最严重的一种害虫,成虫为灰褐色小蛾子,体长 6～7mm,幼虫头尾尖细,呈纺锤形,黄绿色,体长 10mm 左右,初龄幼虫取食叶肉,留下表皮,3～4 龄幼虫可将叶食成孔洞和缺刻,严重时全叶被吃成网状,影响结球。可用杀螨类农药防治,用 1.8％虫螨克乳油 600 倍液,或 24.5％敌杀死乳油 2 000 倍液,或 58％风雷激乳油 1 000 倍液防治。

（二）病害防治

1. 黑斑病

黑斑病为真菌病，主要危害叶片、叶柄，病斑较大，圆形或纵条状，灰褐色或褐色，潮湿时表面产生黑色霉状物，高温高湿发病严重。防治方法：可用代森锌70％可湿性粉剂400～500倍液或百菌清75％可湿性粉剂500～800倍液于发病前或发病初期喷雾，每隔7～10d一次，计喷2～3次。

2. 霜霉病

霜霉病为真菌病，发病初期危害叶片出现黄绿色斑块，潮湿时病斑背面长出白色霉状物，扩大后因受叶脉限制，病斑呈多角形，病重时病斑连片枯黄。进入结球中期，气温偏高，雨水多或田间湿度高、多露或多雾条件下，病害易流行，造成全株腐烂。

防治方法：露地栽培雨水过多，要注意排水和蹲苗。大棚栽培要注意增施磷钾肥以提高植株抗性，浇水后要注意及时通风排湿，药剂防治选用25％瑞毒霉可湿性粉剂，按种子重0.3％拌种，田间于发病前或发病初期用75％百菌清可湿性粉剂500～600倍或用普力克72.2％水溶性液剂600～900倍液或杜邦克72％可湿性粉剂800倍液防治。

第二十三章　大　　葱

第一节　大葱的生物学特性

一、大葱的品种介绍

大葱味辛,性微温,具有发表通阳、解毒调味的作用。主要用于风寒感冒、恶寒发热、头痛鼻塞、阴寒腹痛、痢疾泄泻、虫积内阻、乳汁不通、二便不利等。大葱含有挥发油,油中主要成分为蒜素,又含有二烯内基硫醚、草酸钙。此外,还含有脂肪,糖类,胡萝卜素,维生素 B、C,烟酸,钙、镁、铁等成分。大葱可分为普通大葱、分葱、胡葱和楼葱四个类型。山东安丘是中国最大的大葱种植、加工、出口基地,现在主要种植日本品种大葱。

二、大葱的生物学特性

普通大葱:品种多,品质佳,栽培面积大。按其葱白的长短,又有长葱白和短葱白之分。长葱白类辣味而肥厚,著名品种有辽宁盖平大葱、北京高脚白、陕西华县谷葱等;短葱白类葱白短粗而肥厚,著名品种有山东章丘鸡腿葱、河北的对叶葱等。

分葱:叶色浓,葱白为纯白色,分蘖力强,辣味淡,品质佳。

楼葱:洁白而味甜,分蘖力强,葱叶短小,品质欠佳。

胡葱:多在南方栽培,质柔味淡,以食葱叶为主。

大葱按照生长时间的长短在北方地区又有羊角葱、地羊角葱、小葱、改良葱、水沟葱、青葱、老葱等品种。

羊角葱(又名黄葱):是由棵小的老葱叶齐留要,屯在温室池子里长成的,叶色金黄,茎白,味鲜嫩。

地羊角葱:是头年生长不够成熟留到来年开春再上市的葱。茎白,叶绿,叶厚,生吃很辣。

小葱:其根白、茎青、叶绿,生吃有甜味,4 月份上市。

改良葱:是用秋末的小葱秧栽后长成的。小葱上市完了,改良葱便上市,以补不足。改良葱味较辣,叶长,叶深绿色。

水沟葱:条杆粗,茎白,但叶老不能食用。

青葱:是在霜降后上市的一种老葱,这种葱一般种植较密,生长中不上土或上土少。

老葱:生长期长,棵健壮。最好的老葱是鸡腿葱,根部粗大,向上逐渐细,形似鸡腿,皮白,瓷实,冬天存放不会空心,香味大,宜做调料,每年在霜降以后供应市场。

三、大葱的土壤质地选择

大葱育苗应选择地势开阔、向阳,土层比较深厚,疏松肥沃,排水良好,距水源较近的壤土作育苗地最好,既有利于幼苗生长发育,又便于苗期管理。

在大葱栽培上,应选择向阳、疏松肥沃、保水保肥力强、排水良好、酸碱适度(pH 值 7～7.4)的壤土或沿江冲积土作栽培土,或与其他蔬菜粮食作物轮作栽培,切忌连作。

第二节 大葱的栽培技术

一、大葱的品种选择

在海南省中南部秋大葱主产区,常选择丰产性好、抗病力强、口感辛辣的隆尧鸡腿葱、高脚白等优良品种。大葱应选择抗病、优质、高产、抗逆性强、适应性广、商品性好的大葱品种。

章丘巨葱:株高 1.3～1.5m,管状叶绿色,葱白细长粗壮,上冲,葱白长 60～70cm,不分蘖,基部葱白膨大不明显,质地细脆,纤维少,品质优、抗风、抗病、抗逆性能强,单株重 0.5～1.5kg,亩产 5 000～6 000kg。

良章丘巨葱:株高 1m 以上,叶直立,浓绿色,葱白长 60～70cm,单株重约500g,亩产 6 000～8 000kg,不分蘖,葱白肉质脆味甜,耐寒性强,品质好。

世纪葱王:株高 1.2m 以上,叶直立,浓绿色,葱白长 60～70cm,单株重约500g,亩产 7 000～9 000kg,不分蘖,葱白肉质脆味甜,耐寒性强,较耐贮运,品质好。

辽葱 2 号:该品种由辽宁农业科学院园艺研究所育成。2002 年通过辽宁省科技厅组织的专家鉴定。植株生长旺盛、整齐,株高 115cm 左右,最高可达 160cm,葱白长 45～55cm,横茎 3.0～4.5cm。不分蘖,平均单株重量250g,最大可达 800g。定植后 90d 左右即可做冬贮葱收获。

辽葱 1 号:该品种于 2000 年通过辽宁省农作物品种鉴定委员会审定。株高 110cm 左右,最高可达 150cm,葱白长 50cm 左右,横茎 3～4cm,叶肉较厚、表面蜡粉多,叶片上冲,较抗风,生长期间功能叶面片 4～6 片,植株不分蘖;平均单株鲜重 0.25kg,最大单株鲜重可达 0.75kg。生长速度快,既可秋播又适合春播。抗病毒,较抗紫斑病、霜霉病、锈病等;含糖量较高,风味佳,品质好。一般产量为 4 000kg/亩,最大可达 6 000kg/亩。

二、大葱的种子处理

催芽播种:葱种子较小,种皮厚,吸水力弱,出土较慢,出土后幼芽生长缓慢,育苗期较长。在生产上大多采用种子消毒,浸种催芽,播种培育健壮秧苗后再移栽到大田。

种子消毒:将当年采收的种子用纱布包好后置于 55℃温水中,自然冷却浸泡 8～10h;或用 55％的多菌灵 500 倍液浸种 30min,然后用清水冲洗15～20min,再置于清洁水中浸泡 8～10h,使种子充分吸水,增强种子活力,促进种胚萌动,为催芽做好准备工作。

三、大葱的播种

消毒浸泡的种子吊在深井距水面 33～66cm 处,或置于水厢内贮藏室最底层进行变温催芽。每天把种子取出用清洁水漂洗一次,一般经 4～5d后出芽,种子出芽达 80％以上及时播种。种子撒播均匀后,施清淡人畜粪水,再覆盖细石谷子土或河沙约 0.5～1cm 厚,以不见种子为宜,用地膜或塑料薄膜盖,保温保湿,促进种子迅速出苗。

四、大葱的光、温、水、肥、气管理

(一)苗期管理

强苗期管理,才能培育出健壮的秧苗。播种后约5~6d幼苗出土,揭去地膜,待子叶伸直后,浇施一次清淡猪粪水,促进幼苗根系生长发育。秋播秧苗,较春季栽培应适当减少施肥数量,使根系和植株强健生长,幼苗具2~3片真叶,株高10cm左右,假茎粗0.4cm以下,既可安全越冬,又可防止幼苗过大引起先期抽薹。秧苗具5片真叶时匀苗假植,达到培育壮苗的目的。

施基肥:畦沟做好后,在沟底施基肥。基肥以腐熟的对厩肥为主,施5 000kg/亩,配合适量化肥10~15kg/亩,磷肥20kg/亩,钾肥15kg/亩,与堆厩肥拌匀后施入沟底,基肥与沟底土壤混合均匀,锄细待定植。

定植:当葱苗高33cm,具6~7片真叶时即可定植。定植前除去病、弱苗和抽薹苗,选择叶片较多、高度一致的幼苗,分级定植。株距1.6cm,1.7万株/亩。葱苗靠北壁,将葱秧茎部按入沟底松土内,再覆土埋至葱秧外叶分杈外,然后稍压紧,将葱摆在沟埂上,顺沟浇施清淡畜粪水,使葱苗迅速返青成活。秋播或早冬播种者,在早春定植培土。

(二)培土

大葱定植后,随着植株向上生长,应进行分次培土,使入土部分假茎不被阳光照射而逐渐变白,增加葱白长度,达到软化栽培的目的。

培土时期及厚度:葱软化栽培一般培土3~4次为宜。第一次培土在葱株旺盛生长之前,将沟壁泥土拌细,填沟深的一半;大葱植株旺盛生长时期,进行第二天培土,摆沟壁泥土削下拌细,将沟填平;再间隔15d左右进行第三次培土,将壁土欠细培在葱株基部形成低埂;再间隔15d左右进行第四次培土,将余下的埂土挖松欠细,填在低埂上形成高埂。通过四次培土,使栽葱的沟变成埂,取土的埂变成了沟,大葱植株随培土次数的增加而向上生长,葱白逐渐增长,品质、商品性和产量逐渐提高。

培土时值得注意的技术问题:培土宜在早、晚或阴天进行。培土时先将葱苗挑起来,以免泥土压倒或损伤葱苗,影响大葱生长发育。最后一次培土时如果遇上低温时期,可将葱杈(雅雀口、葱白)以上10cm通过培土埋入土中,既增加葱白长度,又可减少冻害损伤,其余前三次培土泥土埋没到葱杈为度,有利于大葱生长。

（三）田间管理

中耕除草：定植后，结合培土进行中耕除草，清除田间杂草，增加土壤通透性能，保持土壤肥力，促进大葱植株生长。

追施肥水：水管理应根据葱株生长发育和气候变化情况，不误农时地加强水肥管理。秋后到冬季，气温逐渐降低，葱株进入旺盛生长时，应结合第二、三次培土进行追肥，以适应葱株生长发育的需要。

五、大葱的收获

大葱从幼苗至葱白形成时期，随市场销售行情，均可陆续采收上市。大葱栽培季节不同，栽培方式不同，生长期长短不同，其含水量和耐贮运性也不同。露地不培土栽培，生长期短，含水量较高。因此，距销售市场较远的菜区，适宜发展大葱软化栽培，增加葱白长度，提高商品性和品质，增加耐贮运能力。收获后，适当晾干葱表水珠，及时用通透性好或大小适中的竹筐或塑料箱装箱运输，严防挤压，减少腐烂损失。

六、大葱的病虫害防治

大葱的病虫害主要有大葱霜霉病、大葱锈病、大葱灰霉病、葱蓟马、葱斑潜蝇及葱地种蝇等。防治上要实行农业防治和化学防治相结合的综合防治技术。

第二十四章　荆　　芥

第一节　荆芥的生物学特性

　　荆芥（Schizonepeta tenuifolia Briq）为双子叶唇形科植物荆芥属一年生草本药用植物，别名假苏、鼠实、姜芥、稳齿菜、四棱秆蒿等。主要分布在我国长江流域，多生长在草原、荒地、山坡、河沟两侧，主产江西、江苏、浙江、四川、河南、河北等省，北方除有栽培种植并有野生分布，湖北麻城生产的荆芥质量较佳。全草可入药，亦是栽培历史悠久的绿叶辛香蔬菜，是常用的调味品。

　　荆芥为常用祛风解表中药，全草入药，药用部分是地上部分，其花序称开花荆芥穗。全草含有多种挥发油类，含有挥发油 1%～2%，油中主要成分为右旋薄荷酮、消旋薄荷酮及少量柠檬酸，具解热、抑菌作用。荆芥味辛，性微温；入肺、肝经；生用能祛风解表散风，透疹；荆芥穗的发散力较强，用于感冒发热、头痛、麻疹不透等症。炒荆芥炭具有理血止血功效，用于便血、吐血、产后血晕等症。

　　荆芥忌干旱与积水，忌连作。种子发芽适温为 15℃～20℃。种子寿命为 1 年。一般 7 月上旬播种的荆芥，10 月中下旬种子即可成熟，但每年只能自交纯化一代。当前我国中药材育种的工作还不容乐观，研究基础还很薄弱，中药材的南繁育种则是一片空白，为加快荆芥自交系选育步伐，中国医科院药用植物研究所于 2005 年在海南试种荆芥，2006 年和 2007 年进行南繁加代。研究其营养器官和生殖器官生长的正常性，以确定荆芥南繁加代的可能性。

一、荆芥的生物学特性

（一）植物形态特征

　　一年生草本，为唇形科植物，植株生长快，成株高 60～90cm。野生于山坡、沟塘边与草丛。荆芥全草香气浓烈。茎直立,四棱形,上部多分枝,全株被短柔毛。叶对生,基部叶有柄;裂片线形至线状及针形,全缘,两面均被柔毛,下面具下凹小腺点,叶脉不明显。轮伞花序,多轮密集于枝端成穗状;花小,淡紫色,内透浅红;雄蕊 4,2 强;花柱基生,2 裂。小坚果 4,卵形或椭圆形,表面光滑,棕色。在翠绿的叶片衬托下美丽异常,气味香甜,可盆栽或花坛养,容易吸引蜜蜂,是绿化、园艺、美化的珍品。长 1.5~2cm,宽 2~4mm,全缘,两面均被柔毛,下面有凹陷腺点。6~8 月开花,轮伞花序,多轮密集于枝端,形成长穗状,长 3~8cm;具无柄条形苞叶;花小,花萼钟形,被毛,先端 5 齿裂;花冠二唇形,上下唇近等长,稍超出花萼,淡红白色。

(二)生长特性

荆芥野生于路边、沟塘边、草丛中,以及山地阳坡面。荆芥喜欢温暖潮湿的气候和阳光充足、雨量充沛的环境,山区、平原均可生长。对土壤要求不严格,但以疏松、肥沃、排水良好的砂质壤土为好。土壤黏重、瘠薄及低洼积水的地块不宜种植,荆芥怕旱又怕积。荆芥适应性强,喜温暖,生产上春、秋播都可以,不宜连作。种子容易萌发,发芽对温度要求不严格,在 19℃~25℃时,6~7 天就能出苗,幼苗能耐 0℃左右的低温,−2℃以下会出现冻害。出苗期要求土壤湿润,怕干旱和缺水。成苗期喜干燥的环境,雨水多则生长不良,短期积水会造成死亡。

(三)特征及特性

株高约 70cm,主根较发达,侧根较少。茎直立,四棱形,多分枝。叶对生,绿色,卵形或披针形,叶缘波状,叶腋间可萌发腋芽。穗状花序簇生于枝顶或叶腋,每轮约 6 朵花,花淡紫色或白色,2 唇形,有浓香。子房上位,结 4个小坚果,种子小,长圆形,黑色。花期 5~7 月,果期 7~9 月。

二、荆芥的土壤质地选择

荆芥主产新疆、甘肃、陕西、河南、山西、山东、湖北、贵州、四川及云南等地;多生于宅旁或灌丛中,海拔一般不超过 2 500m。选地、整地宜选较肥沃湿润、排水良好的砂壤土种植,地势以阳光充足的平坦地为好。

(一)选地整地

荆芥适应性强,喜湿耐热,在轻度盐碱地、庭院及瘠薄地上都能生长。但选地时以肥沃、有一定浇水条件的壤土地为好。荆芥 3~8 月份均可播种,但多是春播。荆芥除早春需进行育苗外,生产上多以露地种子直播为主。

荆芥种子细小,整地时应精耕细作,有利于出苗,时施足基肥。前茬作物收获后,选阳光充足,排灌条件好,疏松肥沃的土地种植。早耕地、深耕,前茬作物收获后,每亩(1 亩＝1/15hm²)施农家肥 3t、磷肥 15kg、尿素 10kg、深耕 25cm,整平,第 2 年开春解冻后再耕 1 次,耙平,然后深耕 25cm 左右,粉碎土块,反复细耙,整平,成宽 1.3m,高约 10cm 的畦。四周开好排水沟,再在畦面上横向开浅沟,沟距为 26～33cm,沟深约 2cm。

(二)种植地点与土地选择

种植地点在海南省万宁市中国医科院药用植物研究所海南分所育种实验地。当地年平均气温 24℃,最冷月份为 2 月,平均气温 18.7℃,最低气温 6℃～8℃,全年无霜冻。年平均降雨量 2 400mm 左右,日照长,年平均日照时数在 1 800h 以上,11 月到次年 3 月为干季,4 月至 6 月为小雨季。试验地地势平整、土层深厚、利于排灌、雨天不积水的砂壤农田。做高畦,高 0.2m,宽 1m,长 10m。两侧沟深 0.3m,以利排水。

(三)温室内精细整地

亩施入优质腐熟农家肥 3 000～5 000kg,饼肥 300～600kg,结合深翻土地 50cm 左右将肥分次施入,使土肥充分混匀后耙平,达到上虚下实土碎。地形南侧稍高于北侧作畦,畦宽 1.2～1.3m,用 25％百菌清烟雾剂 250g 分 5～6 处点燃熏烟作温室消毒。播种前浇足底墒水。

第二节　荆芥的栽培技术

一、荆芥的品种选择

荆芥主要有尖叶品种和圆叶品种,另有一些野生品种。圆叶品种植株虽不及尖叶品种高,但茎较粗,节间短,叶片肥大、脆嫩、品质好,故一般栽培多选圆叶品种。选株形大、枝繁叶茂、穗大、香气浓的植株作种用。10 月份,荆芥呈红色,种子呈深褐色或棕色时,把果穗剪下,放在场地里晒,晒干后抖动或拍打荆芥,使大量种脱落。收起种,除去杂质,或者把果穗扎成小把,晒干脱粒。装在布袋里,放在通风干燥处。目前当地生产用种主要有两个,一个是当地的农家种,一个是"大叶荆芥"。经试种,"大叶荆芥"生长快、叶大、商品性状好,可作温室生产用种。选种子饱满,颜色新鲜,净度达 90%以上,发芽率在 80%以上的优质种子。撒播亩用种 1.2~1.5kg。

二、荆芥的种子处理

秋季收获前,在田间选择株壮、枝繁、穗多而密、又无病虫害的单株作种株。收种时间须较产品收获晚 15~20d。当种子充分成熟、籽粒饱满、呈深褐色或棕褐色时采收,晾干脱粒,除杂,置布袋中,悬挂于通风干燥处贮放。

三、荆芥的播种

(一)播种方法

荆芥可采用种子繁殖、直播或育苗移栽。一般夏季直播,而春播采用育苗移栽。北方春播,南方春播、秋播均可。

①直播:北方宜春播,一般采用条播。在备好的地上,按行距 30cm 开 5cm 的浅沟,将处理过的种子均匀撒于沟内,覆土以不见种子为度,稍加镇压。每亩用种子 0.5kg。如温湿度适合,7d 即可出苗,每亩用种量为 0.5~0.75kg。5—6 月,麦收后立即整地作畦。也可秋播,但秋播占地时间较长,一般少采用。播种方法也可采用撒播。撒播要求播浅,播匀,播后用扫帚轻轻地拍一下地面,使种子和土能沾到一起。

②育苗移栽:春播宜早不宜迟,应在早春解冻后立即播种。3—4 月播种育苗。在备好的畦上,先浇稀薄人畜粪水湿润畦面,待粪水渗入畦床稍干后,将拌有火灰的种子均匀地撒播于湿润畦床上,用木板或其他物压实,使种子与土壤充分接触,最后盖草,保温、保湿,以利出苗,每亩用种 1kg。条播行距可缩小至 14~17cm,撒播,覆细土。以盖没种子为度,稍加镇压,并用稻草盖畦保湿。出苗后揭去覆盖物,苗期加强管理,苗高 6~7cm 时,按株距 5cm 间苗,以不见种子为度,稍加镇压,并用稻草盖畦保湿。在 5—6 月适时移栽。移栽前 1 天灌水湿润苗床,移栽时按行距 20cm,株距 20cm 的规格挖穴,每穴栽入大苗 2~3 株或小苗 3~4 株,栽后覆土将根部压紧,并浇定根水。

根据茬口安排,适时播种,如前茬是秋冬茬黄瓜、番茄,可在元月中、下旬播种。播种前用 30℃~50℃清水浸泡 30min,用清水淘洗后控水,拌入相当于种子重量3～5倍的细沙撒播,也可干籽播种。荆芥栽培用种子繁殖,可直播也可育苗移栽。一般夏季直播,而春播采用育苗移栽。为了出苗齐、出苗快,在播种前可进行催芽,即将种子放在35℃～37℃温水中,浸泡24h,取出后再用火炭拌种。

（二）适期播种

繁殖种子在土温19℃～25℃时,湿度适宜,1周左右出苗,若土温降至16℃～18℃时,需10～15d出苗。

（三）播种期

春播在4月上旬播种,夏播于6月下旬播种。

（四）做畦播种

荆芥播种期于6—7月麦收后,以条播为好。每亩用种子0.5kg。在整好的地上作畦,畦宽130cm,高10cm左右,四周开好排水沟,再在畦面上横向开浅沟,沟距为26～33cm,沟深约2cm,然后将种子用温水浸4～8h后与火土灰或细沙混合均匀制成种子灰均匀播入沟内,覆土1cm左右,以不见种子为度。挡平,稍加镇压。若土壤干燥,播后可适量浇水,保持湿润,5～6d即可发芽。

四、荆芥的嫁接或杂交授粉

开展有性杂交育种或杂种优势利用育种现有群体的选择往往难以获得有重大突破的新品种,必须通过有性杂交将不同亲本的有利性状结合起来,才可能获得高于现有群,但杂交育种在选配亲本时最好都来自同一个种,因为国家药典基本按种收录药材,如果不同种间杂交,特别涉及到非国家药典种,将会给新品种认定造成很大困难。荆芥在育种实践中,顶穗最先抽出并定型,然后一级、二级和三级穗逐次出现,因此根据顶穗的表现确立入选单株,然后利用一级穗自交或"杂交",可以较好地提高选择效率。荆芥参试品系间性状除顶穗轮数(X8)外变异系数都超过18%,较大的变异说明荆芥系统选育工作取得了明显成效,现有的种质资源有选育出优良品种的潜力。

五、荆芥的光、温、水、肥、气管理

荆芥的生长虽受环境的影响很大,但其经济产量和药的品质取决于田间管理水平。所以,加强田间管理对于保证荆芥的优质丰产,有着十分重要的影响。荆芥喜欢温暖潮湿的气候和阳光充足、雨量充沛的环境,对土壤要求不严格,但以疏松、肥沃、排水良好的砂质壤土为好。所以,在种植期间要保证充足的水源,舒适的温度以及适当的光照。夏季初秋要遮阳 40%～50%,并经常浇水和喷叶面水。冬春季节应利用横拱薄膜或塑料大棚、中棚等栽培,在夜间用电灯补光处理,延长光照至 14h,可提高产量和品质。另外还要注意田间管理,例如:苗高 10～15cm 时,结合间苗、补苗,进行中耕除草。移栽大田的幼苗缓苗后结合补苗进行中耕除草;苗高 30cm 时,再中耕除草 1 次。封行后不再中耕。每次中耕除草后均追肥 1 次。移栽缓苗后,结合中耕除草,每亩追施腐熟人畜粪水 1 000～1 500kg;苗高 30cm 时,每亩追施腐熟人畜粪水 1 500～2 000kg。苗期需水量大,遇干旱时应及时浇水。成株后,节制用水。荆芥怕涝,雨季要及时疏沟排水。

①间苗、补苗:出苗后应及时间苗,直播者苗高 10～15cm 时,按株距 15cm 定苗,移栽者要培土固苗,如有缺株,应及时补苗。苗期应保持土壤湿润,浇水注意不让叶沾上土,否则易造成小苗死亡。苗长 5cm 高时,结合间苗,要补苗,保证全苗。株距 5～10cm,苗期经常松土除草,封畦后停止。幼苗生长很弱的话,追施尿素,每亩 5kg。荆芥种子细小,直播的一般下种较多,出苗过密,应及时间苗,间苗时去掉弱苗、过密苗,使幼苗健壮生长。一般苗高 6～7cm 和 10～15cm 时进行间苗,按株距 10～12cm 定苗,移栽的苗要进行培土固苗,如果有缺株,应及时带土补苗。

②中耕除草:结合间苗进行,中耕要浅,以免压倒幼苗。撒播的只需除草。除草采取人工除草或拔草的方式,不使用各种除草剂。第一次是在苗高 5～7cm 时,结合间苗或定苗进行浅松表土和拔除杂草,中耕要浅,以免压倒幼苗。第二次是在苗高 10～15cm 时,结合定苗进行松土除草,封行以后不再中耕,可见草拔除。育苗移栽可视土壤板结和杂草情况,可中耕除草 1～2 次。移栽大田的幼苗缓苗后,结合补苗进行中耕除草;苗高 30cm 时,再中耕除草 1 次。封行后不再中耕。适时中耕除草,使地面疏松,无杂草,为荆芥创造良好的生长条件。一般直播每年中耕除草 3 次,结合二次间苗,进行浅松表土,拔除杂草;定苗后,苗高 30cm 左右时再进行一次,封行后便不需要中耕除草。移栽地于幼苗返青成活后,结合补苗进行。

③追肥:荆芥需氮肥较多,但为了秆壮穗多,应适当追施磷、钾肥。第一次在苗高 10cm 时每亩追施入粪尿 1 000～1 500kg;第二次在苗高 20cm 时每亩施入粪尿 1 500～2 000kg,以后看苗的生长情况,使秆壮穗多,可适量施入人畜粪与火土灰、饼肥混合堆沤后的复合肥 60kg,配施少量磷钾肥,于株间开沟施入,施后覆土盖肥。第三次在苗高 30cm 以上时,每亩撒施腐熟

饼肥 55kg,并可配施少量磷、钾肥。以后视苗生长情况,可将人粪尿与火土灰、饼肥混合后施入行间。每次中耕除草后均追肥 1 次。追肥应结合中耕除草进行。

④水肥管理:苗期要保持土壤湿润,应经常浇水,幼苗期需水量较大,遇干旱应及时浇水,以利生长。成株后抗旱能力增强,但忌水涝,雨季应及时疏沟排除积水。全生育期一般浇水 6～7 次。雨季积水过多时要及时排水。6—8 月间追肥 1～2 次,每次每亩施 10kg 复合肥。

六、荆芥的收获

春播者,当年 8～9 月采收;夏播者,当年 10 月采收;秋播者,翌年 5—6 月才能收获。秋后株下部叶片枯萎时一次性收割,晒至八九成干时捆成小捆,晾至全干即可。当花穗上部分种子变褐色,顶端的花尚未落尽时,于晴天露水干后,用镰刀从基部割下全株,晒干,即为全荆芥,如只收花穗,称荆芥穗,去穗的秸秆称荆芥秸。全荆芥以色绿茎粗,穗长而密者为佳。荆芥穗以穗长、无茎秆、香气浓郁、无杂质者为佳。春播亩产 400～500kg,夏播亩产 300kg 左右。作种用的荆芥种子收后,茎秆也可药用,称为荆芥梗,但质量差一些。当苗高达 8～10cm 时,开始第一次收获,收获时按 6～7cm 间距成条状间拔成带。第二次收获仍以间苗为主,密度过大易拥挤造成茎细叶小,降低商品价值。以后每隔 15～20d 收获一次。采摘主茎和侧枝的嫩茎叶,留下部的叶片可制造养分,供以后出茎生长,至 7～8 月份开花后停止采收。勤浇小水,保持土壤湿润。结合浇水,在第一次采收前 10 余天,亩追尿素 10kg,以后每次采摘后追施稀粪尿一次,浇水后及时中耕松土。生长、采收期间温度控制在 15℃～25℃。及时防治蚜虫及疫病。秋季收获前,在田间选择生长健壮、枝繁、无病虫害、穗多而密的单株或区块作留种母株或区块。收种时间须较产品收获晚 15～20d。当种子充分成熟、籽粒饱满、呈深褐色时采收,9 月份晾干脱粒,除杂,置布袋中,悬挂于通风干燥处贮藏。一般种子的寿命为一年。

当花盛开、花序下部有 2/3 已经结籽、果实变黄褐色时,选晴天齐地面割取或连根拔取全株。收取后直接晒干。连根拔取晒干的称全荆芥,将花穗剪下晾干的称荆芥穗,齐地面割取晒干的称荆芥。质量以身干、色淡黄绿、穗长而密、香气浓者为佳。荆芥在果穗 2/3 成熟,种 1/3 饱满,香气浓时,采收质量最好。在生产上要比正常采收时间提前 5～7d,此时花盛开或开过花,穗绿色,将要结籽,采收的药材质量较好。选晴天早晨露水刚过时,用镰刀割下,边割边运,在阴凉处阴干。阴干后捆成把为全荆芥,割下的穗为荆芥穗,余下的秆为荆芥梗。春播每公顷产种子 6～7.5t,夏播每公顷可产 4.5t。收茎叶宜于夏季孕穗而未抽穗时收割,收荆芥穗宜于秋季一半籽一半花时采收。如需收获种子,应在秋季收获前,在田间选择株壮、枝繁、穗多而密、又无病虫害的单株作种株。收种时间须较产品收获晚 15～20d。干燥的荆芥,打包成捆,每捆 50kg 左右。在荆芥生育期间随时注意防虫防病,发现病虫害及时使用药剂防治。虫害主要为蛾类幼虫和蚜虫。病害主要为猝倒病和黑斑病,雨天严重。果实成熟时收获,剪取成熟果穗,分类分别晒干制种包装。

荆芥的收获期长,可达 4 个月。食用荆芥采收嫩茎叶和芽,芽的采收标准是 4～6 片叶,嫩茎叶的采收标准是 10cm 以上就可采收。一般隔 7～10d 就可以采收一次,随时采摘。入药荆芥采收时,当花开到顶,花序下部有 2/3 已经结籽,果实变黄褐色时,选择晴天从地面割取或连根拔取全株,于晒场上晒干。因荆芥含有挥发油,不宜在烈日下曝晒,更不宜火烤,可用低温(40℃以下)烘干。

七、荆芥的病虫害防治

控制病虫,促进生长,减少损失。花椒病虫害较轻,防治时主要抓住两个关键时期进行喷药控制:一是春季发芽前喷洒波美 5 度石硫合剂,杀灭越冬病菌虫卵,为全年防治打好基础;二是在 5—7 月,重点喷洒吡虫啉、苦参碱、沼液等防治蚜虫,特别是喷沼液不但对蚜虫、螨类有较好的控制作用,而且沼液营养丰富,在生长期喷施能显著增强长势,提高产量、品质和生产效益。此期喷药应根据天气及蚜虫发生情况,掌握适期用药,以提高防治效果。

根据对 2002 年和 2003 年荆芥病虫害调查观察,结合药材规范化栽培要求,采取以农业防治为主、药剂防治为辅的综合防治措施,对病虫害进行科学合理的除治。

(一)农业防治措施

①田间施用的有机肥,包括农家肥,必须充分腐熟,达到无害化标准,以杜绝由肥料带来的病虫害。

②严格挑选种栽。用于移栽的种苗必须经过严格挑选,去除病虫种栽。

③秋季收获时,彻底清园,将枯枝落叶和残枝清出园外烧毁。

④收获后,冬耕晒垡,减少越冬病虫害来源。

(二)化学防治措施

①根腐病:7—8月高温多雨时期易发病。感病植株地上部迅速萎蔫,根及根茎部变黑腐烂,有较明显的发病中心。

防治方法:一般采用"拔除病株、处理病穴或点片施药"的方法进行防治,以免病害蔓延。具体方法是拔除病株后,将病穴用石灰粉或50％多菌灵可湿性粉或甲基托布津500倍液处理病穴。防治时,注意排水。播前每公顷用70％敌克松15kg,对土壤进行消毒。发病初期用五氯硝基苯200倍液浇灌根际。

②茎枯病:危害茎、叶和花穗。叶片感病后,呈开水烫伤状,叶柄出现水渍状病斑;茎部染病后,出现水浸状褐色病斑,后扩展成绕茎枯斑,造成上部茎叶萎蔫;花穗染病后呈黄色,不能开花。叶和叶柄被害呈水浸状后腐烂,穗部受害后呈黄褐色,不能开花。初有发病中心,后迅速蔓延。

防治方法:发病初期,可用50％多菌灵可湿性粉剂800倍液,或50％甲基硫菌灵可湿性粉剂1 000倍液喷雾防治,每隔7d喷1次,连喷3次。

③立枯病:多发生在5—6月,由低温多雨、土壤潮湿引起。发病初期苗的茎部发生褐色水渍状小黑点,逐渐扩大,呈褐色,茎基部变细,植株倒伏枯死。发病初期茎基部变褐,后收缩、腐烂、倒苗。

防治方法:选用良种,加强田间管理,做好排水工作。遇到低温多雨,喷洒1∶1∶100倍波尔多液,10d喷施1次,连喷2～3次。发病初期用50％甲基托布津1 500倍液,或可用50％多菌灵可湿性粉剂800倍液喷雾防治。

④黑斑病:叶片发病后,初期出现不规则的褐色小斑点,而后扩大,叶片变黑枯死;茎部发病后呈褐色变细,后下垂折倒。

防治方法:发病初期,可用65％代森锌可湿性粉剂500倍液,或50％多菌灵可湿性粉剂800倍液喷雾防治,每隔7d喷1次,连喷2～3次。

⑤虫害:苗期如发生地老虎等地下害虫为害,可用敌百虫毒饵诱杀。田间发生蚜虫、菜青虫、小菜蛾等害虫时,用植物农药清源宝500倍液喷雾防治。但虫口密度不高的情况下,尽量不用药防治。

主要病害有根腐病和茎枯病。采用低毒农药防治。根腐病危害根部,在高温积水时易发,应及时排涝;茎枯病危害茎、叶、穗。防治方法:耕作上与禾本科作物轮作;中耕时每亩用200kg堆制的菌肥耙入3～4cm的土层。发病初期可用适量的50％托布津100倍液和50％多菌灵800～100倍液进行防治,每7～10d喷1次,连续2次。虫害主要是地老虎、银纹夜蛾。防治方法是用适量的90％晶体敌百虫1 000倍液喷杀或采用生物防治。

第二十五章　百　　合

第一节　百合的生物学特性

一、百合的品种介绍

百合(lily)隶属百合科(liliceae)百合属(liliam)多年生鳞茎植物,其花大,香味浓,花色素雅高洁,花姿奇特,是艺术插花中的主导花材,特别是元旦、春节、情人节期间,市场上需求量大而且价格比较高。三亚可以利用得天独厚的气候优势冬季栽培百合,降低生产成本,而且反季节栽培百合,于春节前后切花上市,经济效益高,具有很多的开发和发展前景。

百合主要分布在亚洲东部、欧洲、北美洲等北半球温带地区,全球已发现有百多个品种,中国是其最主要的起源地,原产五十多种,是百合属植物自然分布中心。百合主要品种有:朝鲜百合(Lilium amabile)、山百合(Lilium auratum)、珠芽百合(Lilium bulbiferum)、布朗百合(Lilium brownii)、加拿大百合(Lilium canadense)、白百合(Lilium candidum)、渥丹(Lilium concolor)、台湾百合(Lilium formosanum)、日内瓦百合(Lilium cv. "Geneve")等。近年更有不少经过人工杂交而产生的新品种,如亚洲百合、麝香百合、香水百合等。

二、百合的生物学特征

(一)形态特征

百合属百合科多年生宿根植物,每年冬季地上都枯死,以鳞茎在土中越冬,鳞茎耐寒性极强,即使在我国北方也能安全越冬。根为须根,根毛少,着生在鳞茎盘下的根较肥大,称为肉质很。春季从越冬的鳞茎盘抽生地上茎,不分枝,直立坚硬,叶被针形或带状,夏季顶端开喇叭花,朔果,很少结籽。地上茎基部的入土部分,着生纤维状根,称为"罩根",具有吸收和固定地上部功能。百合鳞茎着生在地上茎的基部,呈扁圆球或圆球形,由许多肉质鳞片螺旋状排列,层层抱合在鳞茎盘上所组成。鳞片白或微黄,扁平肥厚或呈匙形,是一种贮藏器官,为主要产品部分。植株基部除产生大鳞茎外,有的种在地上茎基部入土部分产生小鳞茎。有的种在地上茎的叶腋间产生气生鳞茎,称为"珠芽"。小鳞茎和珠芽都可作繁殖用,也有的种不产生珠芽和小鳞茎。

(二)生长习性

①光照:百合喜光照充足,但略有遮荫的环境对大多数百合更为合适。在夏季全光照下,亚洲百合和麝香百合杂种系需遮光 50%,东方百合杂种系需遮光 70%。百合为长日照植物,长日处理可以增加花朵数目并加速生长。

②温度:耐寒性强,耐热性差,喜冷凉气候。生长适温:白天 20℃～25℃,夜间 10℃～15℃。5℃以下或 28℃以上生长受到影响。(A:生长前期,18/10℃,土温 12℃～15℃;中后期,23℃～25/12℃。O:前期,20/15℃,土温 15℃;中后期,25/15℃。L:25℃～28/18℃～20℃,低于 12℃生长变差)

③水分:土壤缺水或水分过量不利于百合的生长发育。前期需水较多,花期应适当减少浇水,防止鳞茎腐烂或落花落蕾。适宜 RH80%～85%,要求恒定。湿度的突然变化,极易引起叶烧。

④气体:乙烯、二氧化碳。

⑤土壤:喜肥沃的砂质壤土。(A、L——适宜 pH:6～7;O——适宜 pH:5.5～6.5;土壤 EC 不能超过 1.5ms/cm^2)

⑥肥料:对氯化物敏感。

三、百合的土壤质地选择

①栽植地选择:百合种植宜选择前茬未种植过百合科、石蒜科等植物的土质疏松、排水良好、肥沃的砂壤土,其 pH 值在 5.5～6.5 之间,忌盐分高,总盐分不超过 1.5ms/cm,土壤中氟和氯的含量均要求在 50mg/L 以下。百合的反季节栽培,目的是提高观赏价值和经济效益,因此建议在大棚里种植,以利于调节控制光温和防雨、防风。

②土壤处理：由于培育百合花卉不像大田作物占地广阔，可以用局部换土的办法改良土壤环境。先在准备种植百合的行上挖去原有土壤，用腐叶土、泥炭、发酵过的木屑、蛭石、珍珠岩等介质与土壤按一定比例混合并填入种植百合的行沟中。或以上述物质 1/3 至 1/2 的比例与一般土壤混合后，栽种百合，这也是非常理想的土壤介质。还可单砖砌高 30cm。有条件的可建高栽植床，即用水泥板、砖等建筑材料高于地面 50～80cm，建槽式栽植床，内置人工配制营养基质，这样利于排水、透气和通风，便于土壤消毒，也切断了与地面土壤的连接而减少了地下病菌感染的机会。但此种设施造价较高，种植者应量力而行。基质放入种植床后，用硫磺粉或石灰等物质 pH值在 5.5～6.5 之间，或根据不同百合对土壤的要求调配 pH 值，土壤深度以 40cm 为宜。百合对盐类敏感，高盐分会阻碍生长，总盐量不可太高，若施太多盐性有机肥或化学肥料，很容易超过限度。因此，至少搭种植前 6周，就应进行土壤分析，盐分太高的进行冲洗。土壤应无病虫害，可用蒸汽或敌克松、辛硫磷等杀菌及杀虫剂进行土壤消毒。

第二节　百合的栽培技术

一、百合的品种选择

南繁的实验项目中选用了 6 个国内外名优百合品种。其中西伯利亚（siberia）、索蚌（sorbonne）、马可波罗（marcopolo）为常规品种，康斯坦莎（constanta）、曼尼莎（manissa）、康卡多（concad'or）为近年来新品种。

二、百合的种子处理

选用单个重 100g 左右、鳞片紧密、无腐烂、鳞茎洁白的百合球，轻轻分瓣，按大、中、小分级后作为种用。每亩用种量 350～500kg。播种前用 50%多菌灵胶悬剂 200g 加 50%辛硫磷 100g 对水 25kg，浸种 15min。

三、百合的播种

播种育苗：秋季种子成熟后，收集除杂，立即播种。若翌年春播，则需湿砂层积贮藏,保持 8℃～15℃ 的温度,清明后播种。圃地每亩施已腐熟的厩肥或堆肥 1 000～1 500kg,按行距 10cm 开 3cm 深的沟,将种子均匀播下。轻压,覆盖一层细沙或腐殖土,以不见种为度。盖草帘、浇水保湿。幼苗出土后揭帘,加强苗期的松土、除草、间苗、肥水等管理。3 年可收获,大鳞茎加工成商品,小鳞茎留作繁殖。

四、百合种植的田间管理方法及地块选择

(一)繁殖方法

栽培百合的方法是用种球生产百合鳞茎。种球一般是由珠芽、小鳞茎,鳞片和种子培育的。加强百合良种建设,湖南龙山已在海拔 600 米以上的召市、茅坪、贾坝等乡镇建立百合良种繁育基地,形成年繁育百合良种 1 万 t 的规模。

①小鳞茎繁殖:生产上一般采用小鳞茎繁殖,但百合鳞茎易传播病虫,须选用底盘完整、无病斑、无机械损伤的健壮鳞茎作种源,以保证出苗整齐、病害轻,当年种植,翌年即可以获收。如种源不足也可用鳞片和珠芽繁殖,但须连续种植三年才能收获。

②鳞片繁殖:选择健壮无病虫侵染的鳞茎鳞片作种源,用恶霉灵 1 700～2 000 倍,密霉胺 660～750 倍,5％阿维菌素 1 500 倍,辛硫磷 500 倍,10％特螨清 500～560 倍,福美双 500 倍浸种 20min。先将鳞片在基部逐个剥下,将鳞片凹面向上,以 3～4cm 的间距将鳞片在播种沟内摆成 3～4 行,不使重叠,然后覆土,促使小鳞茎尽快形成。3 月下旬,鳞片凹面基部形成小鳞茎,4 月下旬小鳞茎叶片开始伸出土面,9 月叶片枯黄,第 2 年春出苗经一年培育成大田栽培的籽球。

③珠芽繁殖:珠芽于 6 月下旬成熟后采收,与湿润细砂混合贮藏阴凉通风处,9～10 月在苗床开沟条播,播后覆细土盖籽,经一年培育在翌年 9 月收获可用于大田栽培的籽球。

(二)地块选择及整地

①地块选择原则:选择交通便利、土地平整或者是阳坡的梯田,要求土壤疏松、土层深厚、富含腐殖质的土壤,土壤偏沙性最佳。前作以水稻为好,不宜连茬种植,主要是百合根系能分泌出有害物质,与土壤中的碱性物质结合,对百合自身有害。

②整地、施底肥:种植前,在 8 月份深翻土壤,栽种前施足基肥,深翻细

耙,施硫酸钾型 N－P－K(15∶15∶15)复合肥 30～40kg/亩,基肥要占总用量 30％以上,整地作畦,畦面宽 80～100cm,畦高 20～30cm,主沟及围沟深度为 30～40cm,以挖到犁底层以下为宜,腰沟比主沟浅 3～5cm,厢沟比腰沟浅 3～5cm,使排水十分通畅,雨后沟中不积水,然后开沟种植,沟底施腐熟的有机肥,施 1 200～1 500kg/亩,上覆一层薄土,后下种,种球不能接触有机肥;大型养猪和养鸡场的猪粪和鸡粪不宜施用,防止种蝇繁殖和增加土壤盐分。

(三)田间管理

①中耕、除草、培土:百合定植后,年前要中耕除草 1～2 次,也可用草甘磷 1.5～2kg/亩兑水 60kg 在晴天喷雾;开春后,要中耕除草 3～4 次,3 月份在禾本科杂草生长旺盛时期可用盖草能,盖草能主要作为茎叶处理剂,用在阔叶作物田防除一年生和多年生的禾本科杂草,而对百合这样的宽叶作物无不良影响。药效受气温和土壤墒情影响较大,在气温低、土壤墒情差时施药,除草效果不好,在气温高、土壤墒情好、杂草生长旺盛时施药,除草效果好。防治一年生禾本科杂草,3～4 叶期,每亩用 10.8％高效盖草能 25～30ml;4～5 叶期,每亩用 30～35ml;5 叶期以上;百合的根系入土较浅,再生能力弱,因此中耕宜浅不宜深。追肥后进行中耕结合培土,防止鳞茎露出地面和促进流水畅通;培土不能过厚,以免影响植株发育。生长至封行后,可不再中耕锄草,少量的杂草能起到遮阴降温作用,对鳞茎生长有利。

②追肥:一般追肥三次,第一次在 12 月中下旬施冬肥,以有机肥为主,加施适量复合肥,第二次在 4 月上中旬苗高 10cm 左右,施 20kg/亩复合肥,或 5kg/亩尿素的提苗肥,在 5 月上中旬百合植株已从茎叶生长向鳞茎膨大转变,但上面叶片未全部展开,应通过摘顶来控制茎叶生长,促进百合鳞茎有膨大,第三次施复合肥 30kg/亩、打顶后不再施用尿素等氮肥,第四次在 6 月上中旬收获珠芽后,追施速效复合肥 10kg/亩。此外用 0.2％磷酸二氢钾或 0.1％硝酸钾＋0.1％磷酸二氢钾叶面追肥,分别在苗期、打顶期和珠芽收获后三次喷施,增产效果明显。

③灌水、排水:做到及时清沟排水。百合怕涝又怕旱。排水不良,容易生腐烂病;春末夏初地下部新的鳞茎形成后,温度高,湿度大,土壤板结,病害极易发生,因此,应做到沟路畅通,下雨后立即排除积水,做到雨停水干,7—8 月鳞茎增大进入夏季休眠,更要保持土壤干燥疏松,切忌水涝。在雨天及雨后防止人员下田踩踏,以免踏实土壤,造成渍水引起鳞茎腐烂,拔草也应在晴天土壤干燥时进行。

④适时打顶和摘除珠芽:5 月 20—25 日为打顶适合时期,及时摘除植

株顶心,一般植株高度 40～50cm,叶片 60～70 片展开时打顶最适时,这样既能保证有足够的叶片数,又可及时调控植株生长,促进光合产物向鳞茎转送,有利于鳞茎的膨大,打顶一般在晴天中午进行,有利于伤口愈合;6 月上中旬珠芽成熟,晴天用短棒轻敲植株基部,珠芽自行脱落地上,或人工摘除珠芽。

⑤预防人畜为害:雨后地未干时,不准人下地;否则,踩一个脚印后遇雨积水,就会烂掉几个鳞茎。出苗后不能让畜禽往地里跑,因为碰断茎秆会烂鳞茎。

五、百合的光、温、水、肥、气管理

(一)光

百合栽培前期 1 个月,用遮光率 80％～90％的遮阳网进行遮阳,促进茎干的伸长。长期拆除遮阳网,全日照,利于植株的生长,叶秆坚实,使花苞着色良好,防止消苞,以提升花朵质量。

(二)温度

百合在温度 16℃～28℃范围内最适合生长。当温度高于 28℃时,百合就停止生长,出现叶片烧焦、花蕾掉落、花苞变形;当温度低于 16℃以下,百合停止生长,花苞变软、变形;5℃以下就会出现受冻、凋萎、坏死和脱落等症状。

(三)水

种植前应先浇水,种植后用滴灌或喷灌的方法浇透水,除非夏季否则禁止大水漫灌法。以后床间见干就浇水,浇到和下层湿土相接为准。忌积水以防烂根,太干燥的天气可向叶面喷水,保持空气相对湿度 70％左右。

(四)肥料

百合种植后的 3～4 周不施肥,鳞茎发芽出土后要及时追肥,每 10m² 的土壤加入 1 000g 硝酸钙。若栽植后期有轻微黄化,乃是缺氮引起,可每 100m² 施用 1 000g 尿素或硝酸铵。百合需要多种养分,而化肥大多只含一种肥料元素。为了满足百合生长需要,往往需要几种化肥混合施用,可用 N：P：K 为 5：10：5 的复合肥,每平方米施 30g。生长期间每平方米追施硫酸铵 15g,过磷酸钙 45g,硫酸钾 15g,可对水追施。或用硝酸钾 3 000g

＋硫酸钾 1 000g＋过磷酸钙 5 000g 溶解稀释 1 000 倍，另加柠檬酸铁 30g＋硼酸 10g＋硫酸盐 5g＋硫酸铜 0.5g＋硫酸锌 0.5g＋钼酸铵 0.5g 溶解稀释 1 000 倍作百合的追肥效果好。必要时还可进行叶面喷肥。

(五)气

通风对调节棚内温度和湿度是重要的。在云南，热委棚内温度可达45℃，对百合生长不利，必须通风。可用风机使空气对流和揭开塑料棚膜的方式通风，一般棚顶开窗的大棚降温效果好。但降温时，空气湿度不可下降太快，否则易发生烧叶。如用计算机自控温室栽培百合最为理想。

六、百合的收获

一般在第一朵花蕾充分膨胀着色时采收，若有着生 10 朵以上花蕾，必须在有 2～3 个花蕾着色时才可采收。采收应在上午 10 点以前进行，剪下插入水桶中，以免脱水影响切花品质，分级捆扎。

七、百合的病虫害防治

百合种植期间的主要病虫害：病毒病、叶枯病、灰霉病、根腐病、炭疽病、茎腐病、疫病、棉蚜、根螨等，要加强防治。病害的防治坚持以防为主，综合防治的原则，在做好栽培基质消毒的基础上，在花芽分化期至现蕾期认真做好水分调控，防治叶烧病的发生；发现根腐病病株时应及时拔除并烧毁；栽培期间主要是防治蚜虫，可以选用 10％的吡虫啉 0.1％浓度的溶液或 20％的杀灭菊酯 0.05％浓度的溶液防治。

第二十六章 牛　　膝

第一节　牛膝的生物学特性

一、牛膝的品种介绍

牛膝为苋科牛膝属的植物。分布于非洲、俄罗斯、越南、印度、马来西亚、菲律宾、朝鲜以及中国除东北外全国各地等地,生长于海拔 200m 至 1 750m 的地区,常生长在山坡林下。

牛膝是多年生草本,高 70～120cm。根圆柱形,直径 5～10mm,土黄色。茎有棱角或四方形,绿色或带紫色,有白色贴生或开展柔毛,或近无毛,分枝对生,节膨大。单叶对生;叶柄长 5～30mm;叶片膜质,椭圆形或椭圆状,披针形长 5～12cm,宽 2～6cm,先端渐尖,基部宽楔形,全缘,两面被柔毛,穗状花序顶生及腋生,长 3～5cm,花期后反折;总花梗长 1～2cm,有白色柔毛;花多数,密生,长 5mm;苞片宽卵形,长 2～3mm,先端长渐尖;小苞片刺状,长 2.5～3mm,先端弯曲,基部两侧各有 1 卵形膜质小裂片,长约 1mm;花被片披针形,长 3～5mm,光亮,先端急尖,有 1 中脉;雄蕊长 2～2.5mm;退化雄蕊先端平圆,稍有缺刻状细锯齿。胞果长圆形,长 2～2.5mm,黄褐色,光滑。种子长圆形,长 1mm,黄褐色。花期 7—9 月,果期 9—10 月。牛膝具有中药属性,其别名有百倍、牛茎、脚斯蹬、铁牛膝、杜牛膝、怀牛膝、怀夕、真夕、怀膝、土牛膝、淮牛膝、红牛膝、牛磕膝、牛克膝、牛盖膝、粘草子根、牛胳膝盖、野牛充膝、接骨丹、牛盖膝头。牛膝的主要成分是根含三萜皂甙,水解后生成齐墩果酸,亦含蜕皮甾酮、牛膝甾酮、紫茎牛膝甾酮、尚含多糖类、氨基酸、生物碱类、香豆素类.根含大量钾盐及甜菜碱、蔗糖等。

二、牛膝的生物学特性

牛膝为深根系植物,喜温暖干燥气候;不耐严寒,在气温－17℃时植株易冻死。以土层深厚的砂质壤土栽培为宜;黏土及碱性土不宜生长。

三、牛膝的土壤质地选择

牛膝的根肉质粗长,应选择地势平整、土层深厚的砂壤农田,以利于排灌,并可防止出现雨天积水的情况。砂壤土栽培为宜;黏土及碱性土不宜生长。

第二节　牛膝的栽培技术

海南省三亚市及其周边的陵水县、乐东县部分地区拥有中国独特的热带气候资源,为异地培育提供了坚实的物质基础,南繁的主要目的是利用海南岛优越的光温条件,进行种子的加代、繁育、制种、科研、鉴定等工作,从而达到加快育种进程,加快新品种推广速度的目的。过去南繁的主要对象是棉花、水稻、玉米等农作物,药用植物的南繁育种则是一片空白。中国医学科学院药用物研究所与海南分所率先对药用植物进行南繁育种工作,从2005年开始对牛膝优良品种进行南繁加代筛选育种试验,并总结出一套牛膝南繁加代栽培技术。

一、栽培环境

万宁的气温比三亚低,雨量比三亚多,牛膝植株营养生长量较大,种子量也相对较多。但遇低温年份,如2008年,因温度低、连续阴雨时间长,开花授粉受到影响,产生牛膝结果少、种子不饱满、花期延长的徒长情况。如遇开花不断、结果量少的情况,可在3月行打顶,留株高25cm左右,牛膝重新抽穗开花结果,5月成熟收获。在万宁最适的播种为12月至翌年1月。2007年在万宁进行大棚种植,减少开花期的雨水影响,提高了牛膝的结果量,效果较好。栽培地点选择在海南省万宁市兴隆镇。该地区年平均气温

24℃,最冷气温 6℃～8℃,最热 37℃～39℃;最冷月平均气温 18.7℃,最热月平均气温 28.5℃;全年无霜冻,气候适宜,阳光充足,雨量充沛;年平均降雨量 2 400mm 左右;年日照时数平均在 1 800 h 以上。

二、牛膝的地块选择

选地:牛膝的根肉质粗长,应选择地势平整,土层深厚的砂壤农田,以利于排灌,并可防止出现雨天积水的情况。

整地:耕地前每 100m² 施用过磷酸钙 6kg,干牛粪 0.5m³。耕耙完后人工起畦,捡除草根。畦高 25cm,宽 1m,长 10m。两侧沟深 35cm,以利雨天排水。

三、牛膝的播种

从播种到全部出苗约 13d。播种 45～50d 开始现蕾、抽穗,现蕾到开花约需 7d 左右。因播种时间、地区不同,整个生长发育周期为 93～116d(表1),每株可得种子约 130 550 粒,种子千粒重约 4.38g。同一地区、不同月份播种,随着生长发育阶段的气温升高,生长发育周期相对缩短 2～4d。不同地区,同一月份播种,气温高的地区生长周期相对缩短 2～8d。

表 1　不同地区、不同播种时间牛膝生长周期对照

地点	年均气温	11 月	12 月	1 月	2 月
三亚	25.4℃	98d	96d	95d	93d
万宁	24℃	116d	113d	97d	97d

三亚的气温比万宁高,牛膝生长发育稍快,种子成熟早,收获早。在三亚低温年份对牛膝的开花结果影响不大,只是生长周期延长 10d 左右。最宜播种期在 11～12 月。

四、牛膝的田间管理

①中耕松土:一般播种后 7～10d 可出苗,苗高 2～3cm 时,用手刮锄进行中耕松土,同时进行疏苗除草。

②行间定苗:苗高 5cm 进行间定苗,拔除田间杂草。

③灌溉播种后,浇一次透水。出苗前后保持土壤湿润,株高 5cm 以后,观察种苗生长情况,一般 10d 左右浇灌一次透水则可,成苗现蕾后,5d 左右浇灌一次透水。牛膝比较耐旱,水分过多容易导致根腐烂,只要正常生长就不必浇灌。

④除草、间苗:种子出苗后,及时拔除小苗边上的杂草。在牛膝株高 5cm 左右时,大量杂草生长,除草 1 次,用锄头铲除株行间杂草;除完株行间杂草后,开始间苗培土,每穴留苗 2 株。苗高 10～15cm 时定苗 1 株,同时培土成包子面,保证雨天根部不积水。

⑤追肥:生长期间根据牛膝生长情况,使用复合肥 1∶500 的水溶液追肥 2～3 次;牛膝花期前后,根椐苗势生长情况,用磷酸二氢钾 1∶500 的水溶液叶面追肥 2～3 次。

⑥打顶促根:生产天进入 8 月份,对植株生长过旺田,留 30～40cm 高植株后,上部用镰刀割顶,可减少养分消耗,促进主根加粗。

五、牛膝的收获

①留种:于秋季"霜降"前后收取根部,选取顶端细、中部粗、侧根少的壮根,进行窖中贮藏,翌春按行株距 20cm×10cm 移栽,加强栽后田间管理,秋后可收获种子。

②收根:于 10 月上旬采收,把株茎割除,然后顺垅开挖,不要折断根,抖净泥土,剪掉芦头,晒至 7 成干后捆成 0.5kg 左右的小药把晾晒全干即可成商品。一般亩产 150～200kg。

③种子收获:在牛膝开始抽穗时单株套袋,用四条长 1.4m 的竹片当支柱,插在苗四周,用高 1.4m,长、宽 0.4m×0.4m 防虫网袋套苗,下部用土压严,防止风吹及昆虫进出造成杂交授粉。

种子成熟时剪取果穗、挖根。果穗使用防虫网套袋装好,连网袋一起日晒 1～2d,手工脱粒,筛去碎叶、不饱满的种子等杂质后,放在通风处晾干包装,做好原始记录和标签。根要观察药材形态,晒干后称取重量,做好原始记录和标签。根据原始记录,或淘汰或继续培育筛选,对品种稳定的进行产地对照试种。

六、牛膝的病虫防害治

(一)虫害防治

在牛膝生育期间随时注意防治虫害,发现虫害要及时使用药剂防治,特别是对根线虫的防治。虫害期间 7～10d 喷药 1 次,达到控制为止。

1.蛾类幼虫的防治

蛾类幼虫,主要在整个生长期间咬吃小苗及叶片,用 2.5％的功夫 2 500倍水溶液,或 52.25％的农地乐 1 500 倍水溶液等农药叶面喷洒。

2.地老虎、蝼蛄、蟋蟀的防治

用 90％的敌百虫 800 倍水溶液,或 50％的辛硫磷 100 倍水溶液,或 2.5％的敌杀死 1 200 倍水溶液,或 20％速灭杀丁 1 200 倍水溶液等农药,种后浇灌。出苗后根据虫害情况浇灌。

3.蚜虫的防治

用 70％的灭蚜松 1 000 倍水溶液,或 80％的敌敌畏 1 500 倍水溶液,或 40％的氧化乐果 1 000 倍水溶液,或 20％的灭扫利 3 000 倍水溶液等农药喷洒。

4.根线虫的防治

用扫线宝(0.5％的阿维菌素颗粒剂),或 3％的米乐尔颗粒剂,或 10％的福气多颗粒剂等农药,100m^2 用药 200～300g,穴施拌匀。另外结合地老虎、蝼蛄、蟋蟀等害虫的防治有明显的效果。

(二)病害防治

病害在小苗阶段为猝倒病,大苗为根腐病,雨天严重。发病期间,根据病情,7～10d 喷药 1 次,达到控制为止。

1.猝倒病的防治

播种后使用 75％的敌克松,按 1 500 倍水溶液,或 50％的多菌灵 1 000 倍水溶液浇灌,出苗后发现病害及时使用同类药物浇灌。同时注意及时疏沟排水,降低田湿度。

2.根腐病的防治

以防为主,猝倒病的防治对根腐病的防治同时有效;地老虎、蝼蛄、蟋蟀的危害,特别是根线虫的危害,使根腐病的发生更加严重,及时对地老虎、蝼蛄、蟋蟀、线虫的防治,可以减少或不发生根腐病。在发病前后,使用50%的甲基托布津500倍水溶液,或50%的多菌灵800倍水溶液,或80%的代森锰锌500倍水溶液浇灌。

参考文献

[1]袁隆平.杂交水稻超高产育种.杂交水稻,1997(06)

[2]石明松.晚粳自然两用系选育及应用初报.湖北农业科学,1981(07)

[3]张洋.玉米南繁关键技术探讨.辽宁农业科学,2009(05)

[4]姜军.南繁玉米的病虫危害及防治对策.玉米科学,2004(12)

[5]关英军.海南岛气候与玉米种子南繁关系初探.辽宁气象,1998(4)

[6]任其云.玉米施肥.北京:农业出版社,1990

[7]王培民.玉米的种植技术.北京:中国民艺出版社,2006

[8]中国科学院遗传所三室四组.春小麦科春41早熟性的选育.遗传学报,1976,3(4)

[9]阎润涛等.关于小麦对温光反应特性的综述.麦类作物,1984(05)

[10]北條良夫等著;郑王尧等译.作物的形态与机能.北京:农业出版社,1983

[11]孙宝启,郭天财,曹广才.中国北方专用小麦.北京:气象出版社,2004

[12]张利华,张永强,仲维建,张仁祖.徐州地区小麦产量预报模型研究.安徽农业科学,2010(33)

[13]张剑.邱立宽春小麦南繁对光温反应研究.种子世界,1993(03)

[14]王朝云,严文淦,揭雨成.氮钾对萱麻产量和品质的影响.作物杂志,1991(01)

[15]于天峰.春小麦南繁——关键措施.农业科技通讯,1999(03)

[16]沈其荣.土壤肥料学通论.北京:高等教育出版社,2008

[17]王彦霞,王省芬,马峙英等.棉花高效嫁接新方法及其应用.中国农业科学,2007(02)

[18]郭长生.棉花嫁接的优势及其嫁接关键技术.现代农业科技,2010(24)

[19]张玲.优质棉花高产栽培技术.现代农业科技,2010(15)

[20]刘忠元.新疆彩棉机械化发展之路.农村机械化,1999(04)

[21]陈其瑛.棉花病虫害综合防治技术.北京:农业出版社,1993

[22]祝建波,朱新霞,王爱英等.海南多雨条件下棉花播种技术探讨.中国棉花,2000,27(11)

[23]黎绍惠,王坤波,张香娣等.海南冬季植棉特点.中国棉花,2000,27(11)

[24]杨洪理.棉花海南冬繁栽培技术.中国棉花,2001,28(3)

[25]沈其益.棉花病害基础研究与防治.北京:科学出版社,1992

[26]刘喜建,侯东生.冬季南繁棉花栽培技术要点.耕作与栽培,2012(2)

[27]王坤波,胡育昌,张西岭等.南繁棉花的水肥管理和化控.中国种业,2009(6)

[28]王坤波,黎绍惠,宋国立等.海南冬季棉花生育期分析.棉花学报,2006,18(6)

[29]黎绍惠,王坤波,张西岭等.南繁棉花田间管理前稳中促后控技术.中国种业,2009(2)

[30]王坤波,宋国立,黎绍惠等.国家棉花种质圃工作进展,棉花学报,2002,14(6)

[31]魏栋华,孙和平,刘继艺等.大悟县花生产业现状及发展思路.花生学报,2004,33(1)

[32]陈华,杨海棠.我国花生生产发展现状与对策措施.中国种业,2008(3)

[33]杜红亮,费洪平,宋金平.我国花生产业优势与问题分析.花生学报,2003,32(3)

[34]中国农业科学院.中国棉花栽培学.上海:上海科技出版社,1982

[35]西北农学院.植物病理学.北京:农业出版社,1986

[36]西北农学院.土壤学.北京:农业出版社,1986

[37]西北农学院.昆虫学.北京:农业出版社,1986

[38]祝建波,朱新霞,王爱英等.海南多雨条件下棉花播种技术探讨.中国棉花,2000,27(1)

[39]吴俊江.大豆南繁加代应注意的几个问题.大豆通报,1999(05)

[40]于伟.南繁大豆生长特点及丰产栽培技术措施.大豆科技,2012(05)

[41]刘发,万培蔚,张乃发,王涛.对大豆南繁工作的总结与建议.大豆通报,2000(03)

[42]胡明祥,于德洋.关于大豆南繁南育与性状选择问题.大豆科学,1982(01)

[43]于凤瑶,于宝泉,辛秀君,周顺启,张代军.海南南繁大豆栽培技术措施.种子世界,2008(07)

[44]杜伟,黄启星,左娇等.南繁条件下转基因大豆对根际土壤可培养微生物的影响.热带作物学报,2012(03)

[45]姜翠兰,王德亮,姜玉久等.大豆海南南繁生物逆境栽培管理措施.大豆科技,2010(05)

[46]汤丰收.优质花生栽培技术.郑州:中原农民出版社,2006

[47]万书波.中国花生栽培学.上海:上海科学技术出版社,2003

[48]吴翠平.AnM栽培法在夏直播花生上应用效果浅析.安徽农业科学,2007,35(12)

[49]黄长志,周秋峰.低垄作覆膜花生抗旱栽培技术.农技服务,2005(02)

[50]曹耿全,李凤兰,张为社等.大花生丰花1号的特征特性及高产栽培技术.安徽农业科学,2004,32(03)

[51]史惠平,李跃,王继国等.大花生丰花3号的特征特性和高产栽培技术.农技服务,2007,24(04)

[52]谢吉先,鞠章网,刘军民等.优质花生新品种——泰花3号的选育及栽培要点.安徽农业科学,2003,31(03)

[53]蔡有华.青海省马铃薯产业现状及今后发展思路.中国马铃薯,2005(05)

[54]张树丛.马铃薯退化及解决途径.宁夏科技,1996(03)

[55]王祖训.青海农业新技术.西宁:青海人民出版社,1999

[56]纳添仓.马铃薯地膜高产栽培技术.青海农林科技,2004(02)

[57]李春梅.高原山旱地马铃薯双垄全膜覆盖.青海科技,2009(02)

[58]纳添仓.青海高原马铃薯双膜栽培技术措施.中国种业,2004(02)

[59]冯瑞琴.氮钾肥配施对马铃薯产量的影响.青海大学学报,2005(04)

[60]郭得志,车国强,徐玲.马铃薯高产栽培技术.青海农业农林,2001(03)

[61]顾成刚,顾成勇.马铃薯优质高效栽培技术.新疆农业科技,2006(01)

[62]王同朝,郭红艳,李新美等.甜高粱综合开发利用现状与前景.河南农业科学,2004(08)

[63]严福忠,成慧娟,王立新等.国鉴优质酿造高粱新品种赤杂24号的选育及其杂交种繁制.内蒙古农业科技,2011(1)

[64]成慧娟,严福忠,马尚耀等.影响高粱种子出苗率下降的原因及预防措施.内蒙古农业科技,2011(4)

[65]马尚耀,成慧娟,王立新等.优良酿造型高粱新品种——赤杂28.内蒙古农业科技,2010(05)

[66]王显萍.提高南繁青稞杂交成功率的关键技术.种子,2011(8)

[67]韩建琪,马德林.青稞新品种"柴青1号".农村百事通,2011(12)

[68]李涛,王金水,李露等.青稞特性及其应用现状.农产品加工(学刊),2009(09)

[69]李美清,张英俊,李洁等.不同栽培方式对甜菜产质量的影响.中国糖料,2009(3)

[70]贾金萍.甜菜双膜穴播高产栽培技术.现代农业科技,2009(05)

[71]热汗古丽.霍城县清水河镇甜菜优质高产综合栽培技术.新疆农业科技,2010(04)

[72]薛世柱.新疆168团甜菜膜下滴灌试验与效益分析.科技信息,2008(03)

[73]何富才,陈刚,刘春友.不同种植方式对甜菜产质量的影响.黑龙江八一农垦大学学报,2008,20(04)

[74]代瑞平,高喜杰,王忠玉.甜菜公顷产量超60吨的主要栽培措施.中国糖料,2008(03)

[75]肖华,危常州,刘日明.不同播期对地膜甜菜产量及质量影响初探.

石河子大学学报(自然科学版),2001,5(3)

[76]王少槐,王作山,张国翠等.地膜甜菜适时早播好处多.中国糖料,2000(2)

[77]张德才,宋晓清,郝金陆.甜菜43cm垄距栽培模式初探.中国糖料,2008(3)

[78]王燕飞.新疆甜菜优质高产栽培技术.乌鲁木齐:新疆科学技术出版社,2009

[79]肖克拉提.克力木,罗新湖等.氮磷钾肥对甜菜产量及施肥效果影响的研究.新疆农业科技,2009(05)

[80]谷金国,尚红燕,王宪君等.甜菜纸筒育苗专用肥肥效试验.中国糖料,2009(03)

[81]罗志桢,马静.稀土微肥在甜菜上的应用效果.中国糖料,2008(02)

[82]沈国昌,郭坤友,肖明.复旦禾乐在甜菜上应用示范总结.现代化农业,2009(06)

[83]李盛湖,马建华.甜菜营养调节剂对提高块根含糖量的效应研究.新疆农业科学,1997(2)

[84]周建朝,潘绍英.甜菜吸收植酸能力及植酸酶效应研究.中国糖料,1997(03)

[85]徐艳丽,陈志,王成龙等.博乐市甜菜膜下滴灌高产高糖栽培技术.中国糖料,2010(2)

[86]冶军,陈军,朱新在.不同灌溉方式对新疆甜菜生长发育的影响.现代农业科技,2009(07)

[87]黄杭华等.南繁甜菜块根气候生态与产质量关系的研究.中国农业气象,1992(5)

[88]黄统华.江苏制种甜菜冻害调查研究.中国农业气象,1989(02)

[89]曲文章.甜菜生理.哈尔滨:黑龙江科学技术出版社,1990

[90]中国农业科学院甜菜研究所.中国甜菜栽培学.北京:农业出版社,1980

[91]北京农业大学主编.农业气象学.北京:科学出版社,1982

[92]上海植物生理研究所.关于甜菜发育生理的几个问题.甜菜糖业,1976(02)

[93]赵益强.烤烟栽培技术.农业科学技术丛书(种植卷).成都:四川科学技术出版社,2003

[94]王焕校,常学秀.环境与发展.北京:高等教育出版社,2003

[95]刘枫.铅胁迫对白菜种子萌发及生理特性的影响.现代农业科技,2011(17)

[96]张杰,梁永超,娄运生等.镉胁迫对两个白菜品种幼苗光合参数、可溶性糖和植株生长的影响.植物营养与肥料学报,2005(11)

[97]浙江农业大学主编.作物营养与施肥.北京:农业出版社,1990

[98]秦遂初.作物营养障碍的诊断及其防治.杭州:浙江科学技术出版社,1988

[99]董庆武.药用蔬菜荆芥的栽培技术.现代农业,2006(12)

[100]张新军,郭凌云.香药草——荆芥栽培技术.新疆农垦科技,2004(04)

[101]吴婷,丁安伟,张丽.荆芥现代研究概况.江苏中医药,2004(10)

[102]国家中医药管理局.中华本草.上海:上海科学技术出版社,1999,9(7)

[103]罗光明,邓子超,杨世林等.药用植物优良品种选育研究现状.中药研究与信息,2003(09)

[104]陈冠铭,曹兵,李劲松等.农业南繁的形成发展与重要影响.中国种业,2006(12)

[105]孙可群,张应麟.花卉及观赏树木栽培手册.北京:中国林业出版社,1985

[106]蔡素炳,沈赞坤,林汉武等.索邦百合高产优质栽培技术.农业科技通讯,2005(09)

[107]王静,邹国元,王益权.影响花卉生长和花期的环境因子研究.中国农学通报,2004(04)

[108]章守玉.花卉园艺.沈阳:辽宁科学技术出版社,1982

[109]宁景华.中国花卉园艺.北京:中国花卉园艺出版社,2006

[110]丁照华,孟昭东,张发军等.我国南繁育种工作概况及问题探析.中国种业,2006(01)